教育部—微软精品课程建设立项项目

高等学校计算机课程规划教材

U0377953

数据结构与算法（C++版）
实验和课程设计（第2版）

游洪跃　唐宁九　主　编

孙界平　朱　宏　张卫华　副主编
周　欣　杨秋辉

清华大学出版社
北京

内 容 简 介

本书是"十二五"普通高等教育本科国家级规划教材《数据结构与算法(C++版)(第2版)》(ISBN 978-7-302-55774-6)的配套教材。全书分为3部分,第1部分介绍数据结构与算法基础知识,第2部分为实验,第3部分为数据结构与算法课程设计。

本书结合C++面向对象程序设计的特点,讨论了数据结构与算法基础知识,构建了实验与课程设计,对所有算法都在 Visual C++ 6.0、Visual C++ 2017、Dev-C++ v5.11 和 CodeBlocks v16.01 开发环境中进行了严格的测试,同时还提供了大量的教学支持内容。通过扫描二维码可观看全书所有实验与课程设计的测试程序演示视频。

本书可作为高等院校计算机及相关专业的教材,也可供从事软件开发工作的读者学习参考使用。

图书在版编目(CIP)数据

数据结构与算法(C++版)实验和课程设计/游洪跃,唐宁九主编.—2版.—北京:清华大学出版社,2020.9(2023.8重印)

高等学校计算机课程规划教材

ISBN 978-7-302-55775-3

Ⅰ.①数… Ⅱ.①游… ②唐… Ⅲ.①数据结构－高等学校－教学参考资料 ②算法分析－高等学校－教学参考资料 ③C语言－程序设计－高等学校－教学参考资料 Ⅳ.①TP311.12 ②TP312.8

中国版本图书馆 CIP 数据核字(2020)第 105639 号

责任编辑:汪汉友
封面设计:傅瑞学
责任校对:时翠兰
责任印制:宋 林

出版发行:清华大学出版社
      网 址:http://www.tup.com.cn, http://www.wqbook.com
      地 址:北京清华大学学研大厦 A 座   邮 编:100084
      社 总 机:010-83470000   邮 购:010-62786544
      投稿与读者服务:010-62776969,c-service@tup.tsinghua.edu.cn
      质量反馈:010-62772015,zhiliang@tup.tsinghua.edu.cn
      课件下载:http://www.tup.com.cn,010-83470236
印 装 者:三河市铭诚印务有限公司
经 销:全国新华书店
开 本:185mm×260mm   印 张:21.25   字 数:510 千字
版 次:2008 年 11 月第 1 版   2020 年 11 月第 2 版   印 次:2023 年 8 月第 3 次印刷
定 价:65.00 元

产品编号:086339-01

出　版　说　明

　　信息时代早已显现其诱人魅力,当前几乎每个人随身都携有多个媒体、信息和通信设备,享受其带来的快乐和便宜。

　　我国高等教育早已进入大众化教育时代。而且计算机技术发展很快,知识更新速度也在快速增长,社会对计算机专业学生的专业能力要求也在不断翻新。这就使得我国目前的计算机教育面临严峻挑战。我们必须更新教育观念——弱化知识培养目的,强化对学生兴趣的培养,加强培养学生理论学习、快速学习的能力,强调培养学生的实践能力、动手能力、研究能力和创新能力。

　　教育观念的更新,必然伴随教材的更新。一流的计算机人才需要一流的名师指导,而一流的名师需要精品教材的辅助,而精品教材也将有助于催生更多一流名师。名师们在长期的一线教学改革实践中,总结出了一整套面向学生的独特的教法、经验、教学内容等。本套丛书的目的就是推广他们的经验,并促使广大教育工作者更新教育观念。

　　在教育部相关教学指导委员会专家的帮助和指导下,在各大学计算机院系领导的协助下,清华大学出版社规划并出版了本系列教材,以满足计算机课程群建设和课程教学的需要,并将各重点大学的优势专业学科的教育优势充分发挥出来。

　　本系列教材行文注重趣味性,立足课程改革和教材创新,广纳全国高校计算机优秀一线专业名师参与,从中精选出佳作予以出版。

　　本系列教材具有以下特点。

1. 有的放矢

　　针对计算机专业学生并站在计算机课程群建设、技术市场需求、创新人才培养的高度,规划相关课程群内各门课程的教学关系,以达到教学内容互相衔接、补充、相互贯穿和相互促进的目的。各门课程功能定位明确,并去掉课程中相互重复的部分,使学生既能够掌握这些课程的实质部分,又能节约一些课时,为开设社会需求的新技术课程准备条件。

2. 内容趣味性强

　　按照教学需求组织教学材料,注重教学内容的趣味性,在培养学习观念、学习兴趣的同时,注重创新教育,加强“创新思维”,“创新能力”的培养、训练;强调实践,案例选题注重实际和兴趣度,大部分课程各模块的内容分为基本、加深和拓宽内容 3 个层次。

3. 名师精品多

　　广罗名师参与,对于名师精品,予以重点扶持,教辅、教参、教案、PPT、实验大纲和实验指导等配套齐全,资源丰富。同一门课程,不同名师分出多个版本,方便选用。

4. 一线教师亲力

　　专家咨询指导,一线教师亲力;内容组织以教学需求为线索;注重理论知识学习,注重学习能力培养,强调案例分析,注重工程技术能力锻炼。

经济要发展,国力要增强,教育必须先行。教育要靠教师和教材,因此建立一支高水平的教材编写队伍是社会发展的关键,特希望有志于教材建设的教师能够加入到本团队。通过本系列教材的辐射,培养一批热心为读者奉献的编写教师团队。

清华大学出版社

前　言

“数据结构与算法”课程涉及的内容十分丰富,包含了计算机科学与技术专业的许多重要知识,许多分析、解决问题的方法新颖,技巧性强,对学生计算机软件素质的培养作用明显。为培养、训练学生选用合适的数据结构与算法设计方法编写质量高、风格好的应用程序,学生需要不断地进行编程实践,将实验与课程设计实践环节与理论教学相融合,通过实践教学促进数据结构与算法理论知识的学习,有效提高教学效果和教学水平。

本书是游洪跃、唐宁九主编,清华大学出版社出版的《数据结构与算法(C++版)(第2版)》(ISBN 978-7-302-55774-6,后面简称为主教材)的配套教材。全书分为3部分,具体如下。

第1部分总结了主教材所述的数据结构与算法基础知识。主要目的是帮助读者回顾所学知识,顺利完成后续的实验与课程设计。

第2部分包含了22个实验。这些实验题目包括了主教材正文内容的不同实现方式(例如实现不带头节点形式的单链表),包括了对主教材内容的改进(例如对主教材的哈夫曼树类模板的方法 EnCode 加以改进,将查找字符位置通过指向函数的指针来实现),包括了对主教材算法的优化(例如用赋值语句代替交换两个数据元素的方法,来优化快速排序算法与堆排序),包括了对主教材算法的改造与提高(例如改进最小生成树的 Kruskal 算法),还包括了数据结构与算法的有趣应用(例如要求在一个 $n \times n$ 的棋盘上放置 n 个皇后并且放置的 n 个皇后不会互相吃掉),通过实验极大提高读者数据结构与算法的应用能力。每个实验都包括目的与要求、工具及准备工作、实验分析、实验步骤、测试与结论以及思考与感悟几部分。实验给出了具体操作步骤以及具体、实用的指导,让初学者面对实验题目不会束手无策。希望读者通过实验能够学有所思,得到启迪与感悟。

第3部分包含了11个课程设计项目。简单的项目可以一个人单独完成,复杂的项目可由几个人共同完成。这些项目包括对主教材中实例研究的改进(例如从键盘上输入中缀算术表达式,包括括号,计算出表达式的值),包括接近实际课题的项目(例如采用哈夫曼算法开发一个压缩软件,以及采用图的知识开发公园导游系统),包括容易引起读者兴趣的项目(例如词典变位词检索系统),还包括开拓学生视野的项目(例如用具有自学习功能的专家系统思想实现《动物游戏》的开发)。课程设计项目一般都提供功能的扩展方法,基础较差的读者可只实现基础功能,对数据结构与算法有兴趣的读者可实现更强的功能,这样使不同层次的读者都会有所收获。读者通过做这些项目能快速提高解决实际问题的能力。每个项目都给出了分析与实现方法,还给出了一些改进建议,读者可以在完成基本任务的前提下,对程序加以改进和提高。

本书所有实验与课程设计都在 Visual C++ 6.0、Visual C++ 2017、Dev-C++ v5.11 和 CodeBlocks v16.01 中通过测试。

为满足不同层次的教学需求,本教材使用了分层的思想,分层方法如下:没加星号“＊”及“＊＊”的部分是基本内容,适合所有读者学习;加有星号“＊”的部分是适合计算机专业的读者深入学习的选学部分;加有两个星号"**"的部分适合感兴趣的同学研究,尤其适合那些准备参加 ACM 竞赛的读者加以深入研究。作者为本书提供了全面的教学支持,读者可在清华大学出版社官网的本书页面下载如下教学资源。

(1) 本书作者开发软件包(包含所有本书所讲的数据结构与算法的类模板与函数模板)。

(2) 全书所有实验与课程设计的在 Visual C++ 6.0、Visual C++ 2017、Dev-C++ v5.11 和 CodeBlocks v16.01 开发环境中的测试程序。

(3) 数据结构与算法相关的其他资料(例如 Dev-C++ v5.11 与 CodeBlocks v16.01 软件等开源 C++ 编译器)。

通过扫描二维码可观看全书所有实验与课程设计的测试程序演示视频,其中第 1 个二维码对应 Visual C++ 6.0 开发环境的测试程序演示视频,第 2 个二维码对应 Visual C++ 2017 开发环境的测试程序演示视频,第 3 个二维码对应 Dev-C++ v5.11 开发环境的测试程序演示视频,第 4 个二维码对应 CodeBlocks v16.01 开发环境的测试程序演示视频。

在附录 D 中介绍 Visual C++ 6.0、Visual C++ 2017、Dev-C++ v5.11 和 CodeBlocks v16.01 开发环境建立工程的步骤,可通过扫描二维码观看具体操作视频。

扫描下面的二维码可以获得赠送的配套资源。

程艳红、袁平、陈良银、游倩、张银、文芝明等人对本书做了大量的工作,包括提供资料,调试算法,参与了部分内容的编写,在此特向他们表示感谢;作者还要感谢为本书提供直接或间接帮助的每一个朋友,由于你们的热情帮助和鼓励,才激发了作者写好本书的信心和写作热情。

本书的出版要感谢清华大学出版社的相关编校人员大力支持,由于他们为本书的出版倾注了大量热情,也由于他们的前瞻性眼光,才让读者有机会看到本书。

尽管作者有认真负责的态度,并做了最大努力,但由于作者水平有限,书中难免出现不妥之处,敬请各位读者不吝赐教,以便及时修正,提高本书的水准。

作者

2020 年 9 月

目　　录

第 1 部分　基 础 知 识

第2部分　实　　验

第 3 部分　课程设计

第 1 部分

基 础 知 识

　　本书是《数据结构与算法（C++版）（第2版）》的配套教材，因此两本书配合使用才能达到较好的学习效果。在没有主教材的情况下，读者直接进行配套的实验与课程设计是非常困难的。为了便于学习，本书特增加这一部分，对数据结构与算法的基础知识进行了梳理、总结，为读者能独立进行数据结构与算法的实验与课程设计打下基础。

第1章 绪 论

1.1 数据结构的基本概念

1. 数据

数据是客观事物的符号表示,是计算机中可以操作的对象,是一切能输入计算机中并能被处理的符号的总称。

2. 数据元素与数据项

一般情况下,在计算机中能作为整体进行处理的数据基本单位称为**数据元素**或记录,有的数据元素由若干**数据项**所组成,比如在员工基本信息表中,每个员工的记录就是一个数据元素,而员工的编号、姓名、性别、籍贯、家庭住址、生日等内容就是数据项,数据项是不可分割的最小单位。

3. 数据结构

在现实世界中,不同的数据元素之间并不是孤立的,它们彼此之间存在着特定的关系,这些关系称为**结构**。**数据结构**是指相互之间存在特定关系的数据元素的集合。

为了便于观察、理解,人们用一种示意图来表示数据结构,这种示意图称为**逻辑结构图**。其具体表示为,用小圆圈表示数据元素,用小圆圈之间带有箭头的线段表示数据元素的有序对,例如,对于有序对$<u,v>$可表示为图 1.1.1 所示的数据结构。图中,u 称为 v 的直接前驱,简称为前驱;v 称为 u 的直接后继,简称为后继。数据元素之间的**关系**定义为有序对的集合。

根据数据元素之间关系的特性,有如下 4 类基本结构。

1) 集合结构

在数据结构中,不考虑数据元素之间关系的结构称为**集合结构**。在集合结构中,各个数据元素是"平等"的,它们的共同属性是"同属于一个集合",如图 1.1.2 所示。

图 1.1.1 有序对$<u,v>$　　　　图 1.1.2 集合结构

2) 线性结构

线性结构是指其中的数据元素之间存在一一对应的关系,即除了第一个数据元素没有直接前驱,最后一个数据元素无直接后继外,其他数据元素都有唯一的直接前驱和直接后继,如图 1.1.3 所示。

3) 树状结构

树状结构是指其中的数据元素之间存在着"一对多"的关系,数据元素之间存在着层次关系,也就是除了一个特殊的称为树根的数据元素无直接前驱外,其他数据元素都有唯一的直接前驱,如图 1.1.4 所示。

图 1.1.3　线性结构

4）图状结构

图状结构是指其中的数据元素之间存在"多对多"的关系,也就是任意一个数据元素可能有多个直接前驱和多个直接后继,如图 1.1.5 所示。

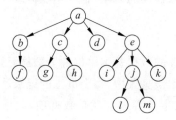　　　　　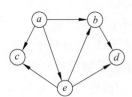

图 1.1.4　树状结构　　　　　　图 1.1.5　图状结构

数据结构可以定义为如下形式的二元组:

$$DataStructure = (D, S)$$

其中,D 是一个数据元素的有限集合,S 是定义在 D 中的数据元素之间的关系的有限集合。

上面数据结构的形式定义实际上是一种数学化描述,也就是从解决问题的实际出发,为实现必要的功能建立模型,其结构定义中的关系用于描述数据元素之间的逻辑关系,是面向问题的,称为**逻辑结构**;数据结构在计算机中的表示称为**物理结构**或**存储结构**,物理结构是面向计算机的。

4. 数据类型

数据类型是指一组性质相同的值的集合以及定义在此集合上的一些操作的总称。

5. 抽象数据类型

抽象数据类型指定义用于表示应用问题的模型,以及定义在此模型上的一组操作(也可称为服务或方法)的总称。

1.2　算法和算法分析

1. 算法

算法是解决特定问题求解步骤的描述,在计算机中为指令的有限序列,并且每条指令表示为一个或多个操作。对于给定的问题可以采用多种算法来解决,本书的有些问题就给出了多种算法。

2. 算法分析

对于一个算法的评价,首先应考虑算法的正确性,其次是运算量(即运行效率的高低),有时还要考虑算法所占的存储空间的大小,为定性分析引入了时间复杂度与空间复杂度的概念,本书重点考虑时间复杂度。

1) 时间复杂度

一个特定算法的"运行工作量"的大小,一般依赖于问题的规模(通常用整数量 n 表示),算法中原操作执行次数通常为问题规模 n 的某个函数 $f(n)$,这时算法时间度量为 $T(n) = O(f(n))$。[①]

$O(f(n))$ 称为算法的渐近时间复杂度或简称为时间复杂度。

2) 空间复杂度

与时间复杂度类似,算法中所需存储空间通常为问题规模 n 的某个函数 $f(n)$,算法空间度量为 $S(n)=O(f(n))$。

$O(f(n))$ 称为算法的渐近空间复杂度,或简称为空间复杂度。

---

① O 为英文大写字母,对于非负函数 $T(n)$,若存在两个正常数 c 和 n_0,对任意 $n > n_0$,有 $T(n) \leqslant cf(n)$,则称 $T(n)$ 在集合 $O(f(n))$ 中,一般简写为 $T(n)=O(f(n))$。

第2章 线性表

2.1 线性表的逻辑结构

1. 线性表的概念

线性表是由类型相同的数据元素组成的有限序列,不同线性表的数据元素类型可以不同,可以是最简单的数值和字符,也可以是比较复杂的信息。

2. 线性表的形式定义

线性表的形式定义:

$$LinearList = (D, R)$$

其中,$D = \{a_i \mid a_i \in ElemSet, i = 1, 2, \cdots, n, n \geqslant 0\}$,ElemSet 为某个数据元素的集合;$R = \{N\}$,$N = \{<a_i, a_{i+1}> \mid i = 1, 2, \cdots, n-1\}$。

说明:

(1) N 为一个有序对的集合,用于表示线性表中数据元素之间的相邻关系。

(2) 线性表中数据元素的个数 n 称为线性表的长度,当 $n = 0$ 时称为空表。

(3) a_1 为第一个数据元素,a_n 为最后一个数据元素;$i = 1, 2, \cdots, n-1$ 时,a_i 有且仅有一个直接后继 a_{i+1};当 $i = 2, 3, \cdots, n$ 时,a_i 有且仅有一个直接前驱 a_{i-1}。

3. 线性表基本操作

线性表包括了如下基本操作:

1) int Length() const

初始条件:线性表已存在。

操作结果:返回线性表元素个数。

2) bool Empty() const

初始条件:线性表已存在。

操作结果:如线性表为空,则返回 true,否则返回 false。

3) void Clear()

初始条件:线性表已存在。

操作结果:清空线性表。

4) void Traverse(void (* visit)(const ElemType &)) const

初始条件:线性表已存在。

操作结果:依次对线性表的每个元素调用函数(* visit)。

5) bool GetElem(int position, ElemType &e) const

初始条件:线性表已存在,$1 \leqslant position \leqslant Length()$。

操作结果:用 e 返回第 position 个元素的值。

6）bool SetElem(int position, const ElemType &e)

初始条件：线性表已存在，1≤position≤Length()。

操作结果：将线性表的第 position 个元素的值赋为 e。

7）bool Delete(int position, ElemType &e)

初始条件：线性表已存在，1≤position≤Length()。

操作结果：删除线性表的第 position 个元素，并用 e 返回其值，长度减 1。

8）bool Delete(int position)

初始条件：线性表已存在，1≤position≤Length()。

操作结果：删除线性表的第 position 个元素，长度减 1。

9）bool Insert(int position, const ElemType &e)

初始条件：线性表已存在，1≤position≤Length()+1。

操作结果：当 1≤position≤Length() 时，在线性表的第 position 个元素前插入元素 e，当 position=Length()+1 时，在线性表最后追加元素 e，操作成功后，长度加 1。

在具体实现时，还可能包括其他操作，本书配套的软件包不但都包含上述基本操作，还根据 C++ 语言的特点加入了一些其他操作，如赋值操作（由赋值运算符重载实现）、由已知线性表构造新线性表（由复制构造函数模板实现）等；C++ 实现中上面的操作通常也称为方法。

2.2　线性表的顺序存储结构

在顺序实现中，数据存储在一个长度为 maxSize，数据类型为 ElemType 的数组中，并用 count 存储数组中所存储线性表的实际元素个数。线性表的顺序存储结构有如下特点：

（1）线性表的顺序存储结构用一组地址连续的存储单元依次存储线性表的元素。

（2）线性表的顺序存储结构用元素在存储器中的"物理位置相邻"表示线性表中数据元素之间的逻辑关系，设 $Loc(a_i)$ 表示数据元素 a_i 的存储位置，size 为每个元素占用的存储单元个数，则有如下关系：

$$Loc(a_{i+1}) = Loc(a_i) + size$$
$$Loc(a_i) = Loc(a_1) + (i-1)size$$

（3）线性表的顺序存储结构可直接随机存取任意一个数据元素，所以线性表的顺序存储结构是一种随机存取的存储结构。

（4）在进行插入或删除操作时需移动大量的数据元素。

2.3　线性表的链式存储结构

1. 单链表

单链表是一种最简单的线性表的链式存储结构，单链表也称为线性链表，用它来存储线性表时，每个数据元素用一个节点（node）来存储。一个节点由两个成分组成：一个是存放数据元素的 data，称为数据成分；另一个是存储指向此链表下一个节点的指针 next，称为指针成分。如图 1.2.1 所示，如 p 指向节点，则节点的数据成分

图 1.2.1　单链表节点示意图

为p->data,指针成分为p->next,p->next 指向节点的后继。

一个线性表$(a_1, a_2, \cdots, a_n)$的单链表结构通常如图 1.2.2 所示。在图中最前面增加了一个节点,这个节点没有存储任何数据元素,称为头节点。在单链表中增加头节点虽然增加了存储空间,但算法实现更简单,效率更高。单链表的头节点的地址可从指针 head 得到,指针 head 称为头指针,其他节点的地址由前驱的 next 成分得到。

注:线性链表也可以没有头节点,读者可作为实验加以实现。

当单链表中没有数据元素时,只有一个头节点,这时 head->next == NULL,如图 1.2.3 所示。

图 1.2.2　单链表结构示意图　　　　　　　　图 1.2.3　空单链表示意图

线性表的链式存储结构有如下特点:
(1) 数据元素之间的逻辑关系由节点中的指针成分表示;
(2) 每个元素的存储位置由其直接前驱的指针成分所指示;
(3) 线性表的链式存储结构是非随机存取的存储结构;
(4) 线性表的链式存储结构中的尾节点的直接后继为空(即此节点的指针成分的值为空)。

2. 循环链表

循环链表是另一种形式的线性表链式存储结构,它的节点结构与单链表相同。与单链表不同的是在循环链表中表尾节点的 next 指针成分值不空(NULL),而是指向头节点,如图 1.2.4(a)所示。循环链表为空的条件为 head->next == head,如图 1.2.4(b)所示。

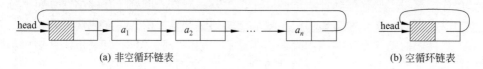

(a) 非空循环链表　　　　　　　　　　　　　　　(b) 空循环链表

图 1.2.4　循环链表示意图

3. 双向链表

双向链表的节点中有两个指针成分,分别指向前驱和后继,back 是指向前驱的指针,next 是指向后继的指针,如图 1.2.5 所示。

图 1.2.5　双向链表节点结构示意图

双向链表通常采用带头节点的循环链表形式,双向链表和空双向链表如图 1.2.6 所示。

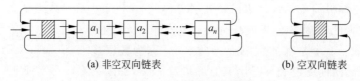

(a) 非空双向链表　　　　　　　　　　　　　(b) 空双向链表

图 1.2.6　双向链表示 3 意图

第3章　栈和队列

3.1　栈

1. 栈的基本概念

栈(stack)是限定只在表头进行插入(入栈)与删除(出栈)操作的线性表,表头端称为栈顶,表尾端称为栈底。

设有栈 $S=(a_1,a_2,\cdots,a_n)$,则一般称 a_1 为栈底元素,a_n 为栈顶元素,按 $a_1,a_2,\cdots,a_n$ 的顺序依次进栈,出栈的第一个元素为栈顶元素,也就是说栈是按后进先出的原则进行进栈和出栈操作,如图 1.3.1 所示,所以栈可称为后进先出(last in first out,LIFO)的线性表(简称为 LIFO 结构)。

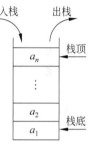

图 1.3.1　栈示意图

在实际应用中,栈包含了如下基本操作:

1) int Length() const

初始条件:栈已存在。

操作结果:返回栈元素个数。

2) bool Empty() const

初始条件:栈已存在。

操作结果:如栈为空,则返回 true,否则返回 false。

3) void Clear()

初始条件:栈已存在。

操作结果:清空栈。

4) void Traverse(void (* visit)(const ElemType &)) const

初始条件:栈已存在。

操作结果:从栈底到栈顶依次对栈的每个元素调用函数(* visit)。

5) bool Push(const ElemType &e)

初始条件:栈已存在。

操作结果:插入元素 e 为新的栈顶元素。

6) bool Top(ElemType &e) const

初始条件:栈已存在且非空。

操作结果:用 e 返回栈顶元素。

7) bool Pop(ElemType &e)

初始条件:栈已存在且非空。

操作结果:删除栈顶元素,并用 e 返回栈顶元素。

8) bool Pop()

初始条件:栈已存在且非空。

操作结果:删除栈顶元素。

2. 顺序栈

在顺序实现中,利用一组地址连续的存储单元依次存放从栈底到栈顶的数据元素,将数据类型为 ElemType 的数据元素存储在数组中,并用 count 存储数组中存储的栈的实际元素个数。当 count = 0 时表示栈为空,每当插入新的栈顶元素时,如栈未满,操作成功,count 的值将加 1。而当删除栈顶元素时,如栈不空,操作成功,并且 count 的值将减 1。

3. 链式栈

链式栈的结构如图 1.3.2 所示,入栈和出栈操作都非常简单,一般都不使用头节点直接实现。

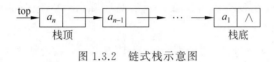

图 1.3.2　链式栈示意图

3.2　队　列

1. 队列的基本概念

队列(queue)是一种先进先出(first in first out,FIFO)的线性表,只允许在一端进行插入(入队)操作,在另一端进行删除(出队)操作。

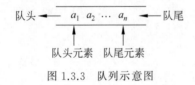

图 1.3.3　队列示意图

在队列中,允许入队操作的一端称为队尾,允许出队操作的一端称为队头,如图 1.3.3 所示。

设有队列 $q = (a_1, a_2, \cdots, a_n)$,则一般 a_1 称为队头元素。a_n 称为队尾元素。队列中元素按 $a_1, a_2, \cdots, a_n$ 的顺序入队,同时也按相同的顺序出队。队列的典型应用是操作系统中的作业排队。在实际应用中,队列包含了如下的基本操作:

1) int Length() const

初始条件:队列已存在。

操作结果:返回队列长度。

2) bool Empty() const

初始条件:队列已存在。

操作结果:如队列为空,则返回 true,否则返回 false。

3) void Clear()

初始条件:队列已存在。

操作结果:清空队列。

4) void Traverse(void (* visit)(const ElemType &)) const

初始条件:队列已存在。

操作结果:依次对队列的每个元素调用函数(* visit)。

5) bool OutQueue(ElemType &e)

初始条件:队列非空。

操作结果：删除队头元素，并用 e 返回其值。

6）bool OutQueue()

初始条件：队列非空。

操作结果：删除队头元素。

7）bool GetHead(ElemType &e) const

初始条件：队列非空。

操作结果：用 e 返回队头元素。

8）bool InQueue(const ElemType &e)

初始条件：队列已存在。

操作结果：插入元素 e 为新的队尾。

2. 链队列

用链表表示的队列称为链队列，一个链队列应有两个分别指示队头与队尾的指针（分别称为头指针与尾指针），如图 1.3.4 所示。

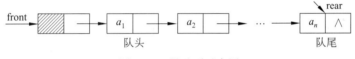

图 1.3.4　链队列示意图

如要从队列中退出一个元素，必须从单链表的首元素节点中取出队头元素，并删除此节点，而入队的新元素是存放在队尾处的，也就是单链表的最后一个元素的后面，并且此节点将成为新的队尾。

3. 循环队列——队列的顺序存储结构

用 C++ 描述队列的顺序存储结构，就是利用一个容量是 maxSize 的一维数组 elems 作为队列元素的存储结构，其中 front 和 rear 分别表示队头和队尾，maxSize 是队列的最大元素个数。当队列的实际可用空间还没有使用完，这种情况下再插入一个新元素产生的溢出称为假溢出，解决假溢出的一个技巧是将顺序队列从逻辑上看成一个环，成为循环队列，循环队列的首尾相接，当队头 front 和队尾 rear 进入 maxSize － 1 时，再进一个位置就自动移动到 0。此操作可用取余运算（%）简单地实现。

队头进 1：front＝(front＋1)%maxSize

队尾进 1：rear＝(rear＋1)%maxSize

只从 front＝rear 无法判断是队空还是队满，有 3 种处理方法：

（1）另设一个标志符区别队列是空还是满。

（2）少用一个元素空间，约定队头在队尾指针的下一位置（指环状的下一位置）时作为队满的标志。

（3）增加一个表示元素个数 count 的成员，队空条件就变成 count＝＝0，队满条件为 count＝＝maxSize。

本书配套软件包采用方法（3）处理循环队列。

*3.3 优先队列

在许多情况下,前面介绍的队列是不够的,先进先出的机制有时需要某些优先规则来完善。比如在医院中,危重病人应具有更高的优先权,也就是当医生有空时,应立刻医治危重病人,而不是排在最前面的病人。

优先队列(priority queue)是一种数据结构,其中元素的固有顺序决定了对基本操作的执行结果,优先队列有两种类型:最小优先队列和最大优先队列。最小优先队列的出队操作 OutQueue()将删除最小的数据元素值。最大优先队列的出队操作 OutQueue()将删除最大的数据元素值。

优先队列有多种实现方法,一种比较简单的实现方法是在做入队操作 InQueue()时,元素不是排在队列的队尾,而是将其插入在队列的适当位置,使队列的元素有序,优先队列类模板可作为队列类的派生来实现。只需要重载入队操作 InQueue()即可。

第4章 串

4.1 串类型的定义

串(string)也称为字符串(charstring),串是由零个或多个字符构成的有限序列,通常记为:

$$s = "a_0a_1 \cdots a_{n-1}", \quad n \geqslant 0$$

其中,s 是串名,用双引号括起来的部分(不含该双引号本身)称为串值,每个 $a_i(0 \leqslant i < n)$ 为字符。串值中字符个数(也就是 n)称为串长。长度为 0 的串称为空串。各个字符全是空格字符的串(n 不为 0)称为空格串。

在实际应用中,有很多串操作,如求一个子串在主串中的位置,在一个串中取子串等操作,但一般应包含如下的基本操作:

1) void Copy(CharString & target, const CharString & source)

初始条件:串 source 已存在。

操作结果:将串 source 复制得到一个串 target。

2) bool Empty() const

初始条件:串已存在。

操作结果:如串为空,则返回 true,否则返回 false。

3) int Length() const

初始条件:串已存在。

操作结果:返回串的长度,即串中的字符个数。

4) void Concat(CharString & target, const CharString & source)

初始条件:串 target 和 source 已存在。

操作结果:将串 source 连接到串 target 的后面。

5) CharString SubString(const CharString &s, int pos, int len)

初始条件:串 s 存在,且 $0 \leqslant$ pos $< s.$Length()$,0 \leqslant$ len $\leqslant s.$Length()$-$pos。

操作结果:返回从第 pos 个字符开始长度为 len 的子串。

6) int Index(const CharString & target, const CharString & pattern, int pos = 0)

初始条件:目标串 target 和模式串 pattern 都存在,模式串 pattern 非空,且 $0 \leqslant$ pos $<$ target.Length()。

操作结果:返回目标串 target 中第 pos 个字符后第一次出现的模式串 pattern 的位置。

4.2 字符串模式匹配算法

本节假定指定两个串 targetStr 和 patternStr:

$$\text{targetStr} = "t_0t_1 \cdots t_{n-1}", \text{patternStr} = "p_0p_1 \cdots p_{m-1}"$$

其中，$0 < m \leqslant n$。如要在字符串 targetStr 中查找是否有与字符串 patternStr 相同的子串，则称字符串 targetStr 为目标串或主串，称字符串 patternStr 为模式串或子串。在 targetStr 中从位置 pos 开始查找与 patternStr 相同的子串第一次出现的位置的过程，称为字符串模式匹配(Pattern Matching)。

1. 简单字符串模式匹配算法

对于字符串模式匹配算法的最简单实现是用字符串 patternStr 的字符依次与字符串 targetStr 中的字符进行比较。实现思想是：首先将子串 patternStr 从第 0 个字符起与主串 targetStr 的第 pos 个字符起依次比较对应字符，如全部对应相等，则表明已找到匹配，成功终止；否则，将子串 patternStr 从第 0 个字符起与主串 targetStr 的第 pos ＋ 1 个字符起依次比较对应字符，过程与前面相似；如此进行，直到某次成功匹配，或者某次 targetStr 中无足够的剩余字符与 patternStr 中各字符对应比较(匹配失败)为止。

不失一般性，设 pos ＝ 0，具体匹配过程如图 1.4.1 所示。

如果 $t_0 = p_0, t_1 = p_1, \cdots, t_{m-1} = p_{m-1}$，则模式匹配成功，返回模式串 patternStr 第 0 个字符 p_0 在目标串 targetStr 中出现的位置；如果在其中某个位置 $i: t_i \neq p_i$，则此趟模式匹配失败，这时将模式串 patternStr 向右滑动一个位置，用 patternStr 中字符从头开始与 targetStr 中下一个字符依次比较，如图 1.4.2 所示。

| 目标串 targetStr | t_0 | t_1 | $\cdots$ | t_{m-1} | $\cdots$ | t_{n-1} |

| 模式串 patternStr | p_0 | p_1 | $\cdots$ | p_{m-1} |

图 1.4.1　简单字符串模式匹配图示之一

| 目标串 targetStr | t_0 | t_1 | t_2 | $\cdots$ | t_{m-1} | t_m | $\cdots$ | t_{n-1} |

| 模式串 patternStr | | p_0 | p_1 | $\cdots$ | p_{m-2} | p_{m-1} |

图 1.4.2　简单字符串模式匹配图示之二

这样反复进行，直到出现以下两种情况之一，则算法结束。

(1) 在某一趟匹配中，模式串 patternStr 的所有字符都与目标串 targetStr 中的对应字符相等，这时匹配成功，返回本趟匹配在目标串 targetStr 中的开始位置，也就是模式串 patternStr 的第 0 个字符在目标串 targetStr 中的位置；

(2) patternStr 已经移到最后可能与 targetStr 比较的位置，但对应字符不是完全相同，则表示目标串 targetStr 中没有出现与模式串 patternStr 相同的子串，匹配失败，返回－1。

﹡2. 首尾字符串模式匹配算法

在简单字符串模式匹配算法中，分析匹配执行时间的最坏情况是不存在匹配，每趟匹配过程都是在比较到模式串的最后一个字符时才发现不能匹配。为避免在每趟匹配的最后一个字符时才发现不能匹配，可采用从模式串的两头分别进行比较的方法，先比较模式串的第 0 个字符，再比较模式串的最后一个字符，然后依次比较模式串中第 1 个字符、第 $n-2$ 个字符、第 2 个字符、第 $n-3$ 个字符……若出现不匹配，将模式串 patternStr 右移一个位置，重复前面的比较过程。首尾匹配算法的优点是可以尽早发现在模式串末尾位置的不匹配，但如果不匹配出现在模式串的中间位置，则这种方法的效率反而会降低。

﹡﹡3. KMP 字符串模式匹配算法

在上面介绍的简单字符串模式匹配算法和首尾字符串模式匹配算法中，当某趟匹配失败时，下一趟匹配都将模式串 patternStr 后移一个位置，再从头开始与主串中的对应字符进行比较。造成算法效率低的主要原因是在算法的执行过程中有回溯，而这些回溯都可以避免。在 KMP 字符串匹配算法中,第 $i+1$ 趟匹配失败时,目标串 targetStr 的扫描指针 i 不回溯,而是下一趟继续从此处开始向后进行比较。但在模式串 patternStr 中,扫描指针应退回到 p_k 的位置。

KMP 算法的关键是在匹配失败时,确定 k 的值。根据比较不相等时字符在模式串 patternStr 中的位置不同,也就是对于不同的 j、k 的取值不同,k 值依赖于模式串 patternStr 的前 j 个字符的构成,与目标串无关。设 next[j] $=k$,此处表示当模式串 patternStr 中第 j 个字符与目标串 targetStr 中相应字符不匹配时,模式串 patternStr 中应当由第 k 个字符与目标串中刚不匹配的字符对齐继续进行比较,模式串 patternStr $=$ "$p_0 p_1 p_2 \cdots p_{m-1}$"的 next[$j$]定义为

$$
\text{next}[j] = \begin{cases} -1, & j=0 \\ \max\{k \mid 0 < k < j \text{ 且 } "p_0 p_1 \cdots p_{k-1}" = "p_{j-k} p_{j-k+1} \cdots p_{j-1}"\}, & \text{集合非空} \\ 0, & \text{其他} \end{cases}
$$

第5章 数组和广义表

5.1 数 组

1. 数组的基本概念

数组是一个元素可直接按序号寻址的线性表:

$$a = (a_0, a_1, \cdots, a_{m-1})$$

若 a_i($i = 0, 1, \cdots, m-1$)是简单元素,则 a 是一维数组;当一维数组的每个元素 a_i 本身又是一个一维数组时,则一维数组扩充为二维数组。同样道理,当 a_i 是一个二维数组时,则二维数组扩充为三维数组。以此类推,若 a_i 是 $k-1$ 维数组,则 a 是 k 维数组。

可以看出,在 n 维数组中,每个元素受 n 个线性关系的约束($n \geq 1$),若它在第 $1 \sim n$ 个线性关系中的序号分别为 $i_1, i_2, \cdots, i_n$,则称它的下标为 $i_1, i_2, \cdots, i_n$。如果数组名为 a,则记下标为 $i_1, i_2, \cdots, i_n$ 的元素为 $a_{i_1, i_2, \cdots, i_n}$。

从上面的定义可以看出,如果一个 n($n > 0$)维数组的第 i 维长度为 b_i,则此数组中共含有 $\prod\limits_{i=1}^{n} b_i$ 个数据元素,每个元素都受 n 个关系的约束,就其单个关系而言,这 n 个关系都是线性关系。

数组的基础操作如下:

```
ElemType &operator()(int sub0,…)
```

初始条件:数组已存在。

操作结果:重载函数运算符。

2. 数组的顺序存储结构

设 n 维数组共有 $m \left(= \prod\limits_{i=1}^{n} b_i \right)$ 个元素,数组存储的首地址为 base,数组中的每个元素需要 size 个存储单元,则整个数组共需 $m \cdot$ size 个存储单元。为了存取数组中某个特定下标的元素,必须确定下标为 $i_1, i_2, \cdots, i_n$ 的元素的存储位置。实际上就是把下标 $i_1, i_2, \cdots, i_n$ 映射到 $[0, m-1]$ 中的某个数 $\mathrm{Map}(i_1, i_2, \cdots, i_n)$,使得该下标所对应的元素值存储在以下位置:

$$\mathrm{Loc}(i_1, i_2, \cdots, i_n) = \mathrm{base} + \mathrm{Map}(i_1, i_2, \cdots, i_n) \cdot \mathrm{size}$$

其中,$\mathrm{Loc}(i_1, i_2, \cdots, i_n)$ 表示下标为 $i_1, i_2, \cdots, i_n$ 的数组元素的存储地址。可见,如果已经知道数组的首地址,要确定其他元素的存储位置,只需求出 $\mathrm{Map}(i_1, i_2, \cdots, i_n)$ 即可。具体如下:

$$\mathrm{Map}(i_1, i_2, \cdots, i_n) = i_1 b_2 b_3 \cdots b_n + i_2 b_3 \cdots b_n + \cdots + i_{n-1} b_n + i_n$$

$$= \sum_{j=1}^{n-1} i_j \prod_{k=j+1}^{n} b_k + i_n = \sum_{j=1}^{n} c_j i_j$$

进一步可得如下公式：

$$\mathrm{Loc}(i_1, i_2, \cdots, i_n) = \mathrm{base} + (i_1 b_2 b_3 \cdots b_n + i_2 b_3 \cdots b_n + \cdots + i_{n-1} b_n + i_n)\mathrm{size}$$

$$= \mathrm{base} + \sum_{j=1}^{n} c_j i_j \cdot \mathrm{size}$$

其中，$c_n = 1, c_{j-1} = b_j c_j, 1 < j \leqslant n$。

n 维数组 $a[b_1][b_2]\cdots[b_n]$ 的列优先映射函数为

$$\mathrm{Map}(i_1, i_2, \cdots, i_n) = i_1 + b_1 i_2 + \cdots + b_1 b_2 \cdots b_{n-2} i_{n-1} + b_1 b_2 \cdots b_{n-1} i_n$$

$$= i_1 + \sum_{j=2}^{n} \left(\prod_{k=1}^{j-1} b_k \right) i_j = \sum_{j=1}^{n} c_j i_j$$

$$\mathrm{Loc}(i_1, i_2, \cdots, i_n) = \mathrm{base} + (i_1 + b_1 i_2 + \cdots + b_1 b_2 \cdots b_{n-2} i_{n-1} + b_1 b_2 \cdots b_{n-1} i_n)\mathrm{size}$$

$$= \mathrm{base} + \sum_{j=1}^{n} c_j i_j \mathrm{size}$$

其中，$c_1 = 1, c_{j+1} = b_j c_j, 1 \leqslant i < n$。

5.2 矩　　阵

1. 矩阵的定义和操作

矩阵与二维数组有很多相似之处，一般用如下的二维数组来描述一个 $m \times n$ 矩阵 $a_{m \times n}$：

$$\mathrm{ElemType}\ a[m][n];$$

矩阵中的元素 $a(i, j)$ 对应于二维数组的元素 $a[i-1][j-1]$。这种形式要求使用数组的下标[][] 来指定每个矩阵元素。这种变化降低了应用代码的可读性，也增加了出错的概率。可以通过定义一个类 Matrix 来克服这个问题。在 Matrix 类中，将矩阵元素按照行优先次序存储到一个一维数组 elems 中，另外通过重载函数运算符() 实现使用 (i, j) 来指定每个元素并且根据矩阵的约定，其行列下标值都是从 1 开始。

矩阵的基础操作如下：

1) int GetRows() const

初始条件：矩阵已存在。

操作结果：返回矩阵行数。

2) int GetCols() const

初始条件：矩阵已存在。

操作结果：返回矩阵列数。

3) ElemType & operator()(int i, int j)

初始条件：矩阵已存在。

操作结果：重载函数运算符。

2. 特殊矩阵

如果值相同的元素或零元素在矩阵中按一定的规律分布，这样的矩阵称为特殊矩阵，可以用特殊方法进行存储和处理，以便提高空间和时间效率。下面首先介绍相关的几个概念。

（1）方阵（square matrix）：是行数和列数相同的矩阵。下面介绍的特殊矩阵都是方阵。

（2）对称（symmetric）矩阵：a 是一个对称矩阵当且仅当对于所有的 i 和 j 有 $a(i,j)=a(j,i)$，如图 1.5.1(a)所示。

```
6 1 3 5      1 2 0 0      9 0 0 0      6 3 7 2
1 2 8 5      5 3 3 0      5 3 0 0      0 4 1 7
3 8 4 8      0 9 8 5      6 1 2 0      0 0 2 0
5 5 8 9      0 0 7 6      8 4 3 4      0 0 0 1
(a) 对称矩阵   (b) 三对角矩阵   (c) 下三角矩阵   (d) 上三角矩阵
```

图 1.5.1　特殊矩阵示例

（3）三对角（tridiagonal）矩阵：a 是一个三对角矩阵当且仅当 $|i-j|>1$ 时有 $a(i,j)=0$（或常数 c），如图 1.5.1 (b)所示。

（4）下三角（lower triangular）矩阵：a 是一个下三角矩阵当且仅当 $i<j$ 时有 $a(i,j)=0$（或常数 c），如图 1.5.1(c)所示。

（5）上三角（upper triangular）矩阵：a 是一个上三角矩阵当且仅当 $i>j$ 时有 $a(i,j)=0$（或常数 c），如图 1.5.1(d)所示。

特殊矩阵的基础操作如下：

1）int GetOrder() const

初始条件：特殊矩阵已存在。

操作结果：返回特殊矩阵阶数。

2）ElemType &operator()(int row, int col)

初始条件：特殊矩阵已存在。

操作结果：重载函数运算符。

3. 稀疏矩阵

如一个矩阵中有许多元素为 0，则称该矩阵为稀疏（sparse）矩阵。对每个非零元素，用三元组（行号，列号，元素值）来表示，这样每个元素的信息就全部记录下来了。

各非零元素对应的三元组及其行列数可唯一确定一个稀疏矩阵。

稀疏矩阵具有如下的一些基本操作：

1）int GetRows() const

初始条件：稀疏矩阵已存在。

操作结果：返回稀疏矩阵行数。

2）int GetCols() const

初始条件：稀疏矩阵已存在。

操作结果：返回稀疏矩阵列数。

3）int GetNum() const

初始条件：稀疏矩阵已存在。

操作结果：返回稀疏矩阵非零元素个数。

4）bool Empty() const

初始条件：稀疏矩阵已存在。

操作结果：如稀疏矩阵为空，则返回 true，否则返回 false。

5）bool SetElem(int r，int c，const ElemType $\&v$)

初始条件：稀疏矩阵已存在。

操作结果：设置指定位置的元素值。

6）bool GetElem(int r，int c，ElemType $\&v$)

初始条件：稀疏矩阵已存在。

操作结果：求指定位置的元素值。

稀疏矩阵包含三元组顺序表与十字链表两种存储结构，下面分别加以介绍。

（1）三元组顺序表。以顺序表存储三元组表，可得到稀疏矩阵的顺序存储结构——三元组顺序表。在三元组顺序表中，用三元组表表示稀疏矩阵时，为避免丢失信息，增设了一个信息元组，形式如下：

（行数，列数，非零元素个数）

将它作为三元组表的第一个元素。

＊（2）十字链表：稀疏矩阵中的非零元素个数或位置在操作过程中经常发生变化时，就不适合采用三元组顺序表来表示稀疏矩阵的非零元素了，这时可采用链式存储方式表示稀疏矩阵。由于稀疏矩阵的链式存储表示最终形成了一个十字交叉的链表，所以这种存储结构叫作十字链表。十字链表是一种特殊的链表，它不仅可以用来表示稀疏矩阵，事实上，一切具有正交关系的结构，都可用十字链表存储。在此，我们基于稀疏矩阵来介绍十字链表的相关内容。

在稀疏矩阵的十字链表表示中，每个非零元素对应十字链表中的一个节点，各节点的结构如图 1.5.2 所示。

row	col	value
down		right

图 1.5.2　十字链表节点结构

节点中的 row、col、value 分别记录各非零元素的行号、列号和元素值，down、right 是两个指针，分别指向同一列和同一行的下一个非零元素节点。这样，每个非零元素既是某个行链表中的一个节点，又是某个列链表中的一个节点。

5.3　广　义　表

1. 基本概念

广义表通常简称为表，是由 $n(n \geqslant 0)$ 个表元素组成的有限序列，记作

$$GL = (a_1, a_2, \cdots, a_n)$$

其中，GL 为表名，n 为表的长度，$n=0$ 时为空表。a_i 为表元素（$i = 1, 2, \cdots, n$），简称为元素，它可以是单个数据元素（称为原子元素，或简称为原子），也可以是满足本定义的广义表（称为子表元素，或简称为子表）。

广义表具有如下基本操作。

1）GenListNode＜ElemType＞ * First() const

初始条件：广义表已存在。

操作结果：返回广义表的第一个元素。

2）GenListNode＜ElemType＞ * Next(GenListNode＜ElemType＞ * elemPtr) const

初始条件：广义表已存在，elemPtr 指向广义表的元素。

操作结果：返回 elemPtr 指向的广义表元素的后继。

3）bool Empty() const

初始条件：广义表已存在。

操作结果：如广义表为空，则返回 true，否则返回 false。

4）void Push(const ElemType &e)

初始条件：广义表已存在。

操作结果：将原子元素 e 作为表头加入广义表最前面。

5）void Push(GenList＜ElemType＞ &subList)

初始条件：广义表已存在。

操作结果：将子表 subList 作为表头加入广义表最前面。

6）int Depth() const

初始条件：广义表已存在。

操作结果：返回广义表的深度。

*2. 广义表的存储结构

广义表的链式存储可以有多种形式，具体使用时，应根据具体问题的要求选择不同的存储结构。下面给出一种常用的借助引用数的链式存储结构——引用数法广义表。在这种方法中，每个表节点由 3 个成员组成，如图 1.5.3 所示。

图 1.5.3 引用数法广义表节点结构

上面引用数法广义表节点结构中，nextLink 用于存储指向后继节点的指针，这样将广义表的各元素连接成一个链表，为方便起见还在链表的前面加上头节点，这样广义表的节点可分 3 种类型。

（1）头节点，用标志 tag＝HEAD 标识，ref 用于存储引用数，子表的引用数表示能访问此子表的广义表或指针个数。

（2）原子节点，用标志 tag＝ATOM 标识，原子元素用原子节点存储，atom 用于存储原子元素的值。

（3）表节点，用标志 tag＝LIST 标识，subLink 用于存储指向子表头节点的指针。

这种存储结构的广义表具有如下特点。

（1）广义表中的所有表，不论是哪一层的子表，都带有一个头节点，空表也不例外，其优点是便于操作。特别是当一个广义表被其他表共享的时候，如果要删除这个表中的第一个元素，则需删除此元素对应的节点。如果广义表的存储中不带表头节点，则必须检测所有的子表节点，逐一修改那些指向被删节点的指针，这样修改既费时，又容易发生遗漏。如果所有广义表都带有表头节点，在删除表中第一个表元素所在节点时，由于头节点不会发生变化，从而也就不用修改任何指向该子表的指针。

（2）表中节点的层次分明。所有位于同一层的表元素，在其存储表示中也在同一层。

（3）可以很容易计算出表的长度。从头节点开始，沿 nextLink 链能够找到的节点个数即为表的长度。

在释放广义表节点时，如直接在物理上释放广义表节点，这时由于广义表具有元素共享性，可能还有其他广义表要引用被释放广义表的节点，因此在逻辑上释放广义表并不表示一定要在物理上释放节点。为了判断是否能在物理上释放一个广义表节点，可用“引用数”识别，引用数就是能访问广义表的广义表或指针个数。由于头节点的数据成分是空闲的，正好用来存放引用数。在释放广义表时，首先让引用数自减 1，如果引用数为 0，则在物理上释放节点。

虽然用头节点和引用数解决了表共享的释放问题，但对于递归表，引用数不会为 0，这样就无法实现释放递归表的目的，因此如果不改变思想，递归表会出现问题；进而可以这样来解决释放广义表的问题，建立一个全局广义表使用空间表对象，专门用于收集指向广义表中节点的指针，用析构函数在程序结束时统一释放所有广义表节点，这样实现时，不再需要引用数，头节点的数据部分为空，这样的广义表称为使用空间法广义表。

第6章 树和二叉树

6.1 树的基本概念

1. 树的定义

树是 $n(n \geqslant 0)$ 个元素的有限集合。如果 $n = 0$，称为空树。如果 $n > 0$，则在这棵非空树中的节点有如下特征：

(1) 有且仅有一个特定的称为根（root）的节点，它只有直接后继，但没有直接前驱；

(2) 当 $n > 1$ 时，其余节点可分为 $m(m > 0)$ 个互不相交的有限集合 $T_1, T_2, \cdots, T_m$，其中每个集合本身又是一棵树，并且称为根的子树。每棵子树的根节点有且仅有一个直接前驱，即根节点 root，但可以有 0 或多个直接后继。

2. 基本术语

(1) **节点**：树中的每个元素分别对应一个节点，节点包含数据元素值及其逻辑关系信息，如若干指向其子树的指针。

(2) **节点的度**：节点拥有子树的数目称为节点的度。

(3) **树的度**：树中所有节点的度取最大值就是这棵树的度。

(4) **叶节点**：度为 0 的节点，称为叶节点，又称终端节点、外部节点。

(5) **分支节点**：度大于 0 的节点，即除叶节点外的其他节点，称为分支节点，又称非终端节点、内部节点。

(6) **孩子节点和双亲节点**：若节点有子树，则子树的根节点称为此节点的孩子节点，简称为孩子。反过来，此节点称为孩子节点的双亲节点，简称为双亲。叶节点没有孩子，而整棵树的根没有双亲。

(7) **节点的层次**：树状结构的元素之间有明显的层次关系，因此有节点层次的概念。节点的层次从根开始定义起，根节点的层次为 1，其孩子节点的层次为 2……树中任意一个节点的层次为其双亲节点的层次加 1。

(8) **树的深度**：树中叶节点所在的最大层次称为树的深度，简称树的深又称树的高度，简称树的高。空树的深度为 0，只有一个根节点的树的深度为 1。

(9) **兄弟节点**：同一双亲的孩子节点之间互称为兄弟节点。

(10) **堂兄弟节点**：在同一层，但双亲不同的节点称堂兄弟。

(11) **祖先节点**：从根节点到此节点所经分支上的所有节点都是该节点的祖先节点。

(12) **子孙节点**：某一节点的孩子，以及这些孩子的孩子……直到叶节点，都是此节点的子孙节点。

(13) **路径**：从树的一个节点到另一个节点的分支构成这两个节点之间的路径。

(14) **有序树**：如果将树中节点的各棵子树看成从左至右、有序排列的，即子树之间存在确定的次序关系，则称该树为有序树。

(15) **无序树**：若根节点的各棵子树之间不存在确定的次序关系，可以互相交换位置，则称该树为无序树。

(16) **森林**：$m(m \geqslant 0)$棵互不相交的树的集合构成森林。注意，在现实世界中，森林由很多树构成，但在数据结构中，0 棵或 1 棵树都可组成森林。对树中的每个节点而言，其子树的集合即为森林，通常称为子树森林。

6.2 二 叉 树

1. 二叉树的定义

二叉树或为空树，或是由一个根节点加上两棵分别称为左子树和右子树的、互不相交的二叉树组成。

在实际应用中，二叉树具有如下基本操作。

1) const BinTreeNode＜ElemType＞ ＊GetRoot() const

初始条件：二叉树已存在。

操作结果：返回二叉树的根。

2) bool Empty() const

初始条件：二叉树已存在。

操作结果：如二叉树为空，则返回 true，否则返回 false。

3) bool GetElem(const TreeNode＜ElemType＞ ＊cur，ElemType ＆e) const

初始条件：二叉树已存在，cur 为二叉树的一个节点。

操作结果：用 e 返回节点 cur 的元素值，如果不存在节点 cur，函数返回 false，否则返回 true。

4) bool SetElem(TreeNode＜ElemType＞ ＊cur，const ElemType ＆e)

初始条件：二叉树已存在，cur 为二叉树的一个节点。

操作结果：如果不存在节点 cur，则返回 false，否则返回 true，并将节点 cur 的元素值设置为 e。

5) void InOrder(void (＊visit)(const ElemType ＆)) const

初始条件：二叉树已存在。

操作结果：中序遍历二叉树，对每个节点调用函数(＊visit)。

6) void PreOrder(void (＊visit)(const ElemType ＆)) const

初始条件：二叉树已存在。

操作结果：先序遍历二叉树，对每个节点调用函数(＊visit)。

7) void PostOrder(void (＊visit)(const ElemType ＆)) const

初始条件：二叉树已存在。

操作结果：后序遍历二叉树，对每个节点调用函数(＊visit)。

8) void LevelOrder(void (＊visit)(const ElemType ＆)) const

初始条件：二叉树已存在。

操作结果：层次遍历二叉树，对每个节点调用函数(＊visit)。

9) int NodeCount() const

初始条件：二叉树已存在。

操作结果：返回二叉树的节点个数。

10）const BinTreeNode<ElemType> * LeftChild(const BinTreeNode<ElemType> * cur) const

初始条件：二叉树已存在，cur 是二叉树的一个节点。

操作结果：返回二叉树中节点 cur 的左孩子。

11）const BinTreeNode<ElemType> * RightChild(const BinTreeNode<ElemType> * cur) const

初始条件：二叉树已存在，cur 是二叉树的一个节点。

操作结果：返回二叉树中节点 cur 的右孩子。

12）const BinTreeNode<ElemType> * Parent(const BinTreeNode<ElemType> * cur) const

初始条件：二叉树已存在，cur 是二叉树的一个节点。

操作结果：返回二叉树中节点 cur 的双亲节点。

13）void InsertLeftChild(BinTreeNode<ElemType> * cur, const ElemType &e)

初始条件：二叉树已存在，cur 是二叉树的一个节点，e 为一个数据元素，并且 cur 非空。

操作结果：插入 e 为 cur 的左孩子，如果 cur 的左孩子非空，则 cur 原有左子树成为 e 的左子树。

14）void InsertRightChild(BinTreeNode<ElemType> * cur, const ElemType &e)

初始条件：二叉树已存在，cur 是二叉树的一个节点，e 为一个数据元素，并且 cur 非空。

操作结果：插入 e 为 cur 的右孩子，如果 cur 的右孩子非空，则 cur 原有右子树成为 e 的右子树。

15）void DeleteLeftChild(BinTreeNode<ElemType> * cur)

初始条件：二叉树已存在，cur 是二叉树的一个节点。

操作结果：删除二叉树节点 cur 的左子树。

16）void DeleteRightChild(BinTreeNode<ElemType> * cur)

初始条件：二叉树已存在，cur 是二叉树的一个节点。

操作结果：删除二叉树节点 cur 的右子树。

17）int Height() const

初始条件：二叉树已存在。

操作结果：返回二叉树的高。

2. 二叉树的性质

由于二叉树结构具有特殊性，所以具有如下一些性质。

性质 1 在二叉树的第 $i(i \geqslant 1)$ 层上最多有 2^{i-1} 个节点。

性质 2 深度为 $k(k \geqslant 1)$ 的二叉树上至多有 $2^k - 1$ 个节点。

性质 3 对任何一棵二叉树，若它含有 n_0 个叶节点，n_2 个度为 2 的节点，则必存在关系式：$n_0 = n_2 + 1$。

满二叉树：只含度为 0 和 2 的节点且度为 0 的节点只出现在最后一层的二叉树称为满二叉树。即在满二叉树中，除最后一层外，其他各层上的每个节点的度都为 2。空二叉树及只有一个根节点的二叉树也是满二叉树。在满二叉树中，每层节点都达到了最大个数，所以深度为$k(k \geqslant 1)$的满二叉树有$2^k - 1$个节点。

完全二叉树：对任意一棵满二叉树，从它的最后一层的最右节点起，按从下到上、从右到左的次序，去掉若干个节点后，所得到的二叉树称为完全二叉树。

性质 4 具有n个节点的完全二叉树的深度为$\lfloor \text{lb} n \rfloor + 1$。

设完全二叉树的深度为k，根据性质 2 和完全二叉树的定义可知：

$$2^{k-1} \leqslant n < 2^k$$

各项取以 2 为底的对数可知：

$$k - 1 \leqslant \text{lb} n < k$$

由于k为整数，因此，$k = \lfloor \text{lb} n \rfloor + 1$。

说明：符号$\lfloor x \rfloor$表示不大于x的最大整数，一般称为下取整，例如：$\lfloor 2.99 \rfloor = 2$；同样的，符号$\lceil x \rceil$表示不小于x的最小整数，一般称为上取整，例如：$\lceil 20.01 \rceil = 21$。

性质 5 若对含有n个节点的完全二叉树，按照从上到下、从左至右的次序进行$1 \sim n$的编号，对完全二叉树中任意一个编号为i的节点，简称节点i，有以下关系：

(1) 若$i = 1$，则节点i是二叉树的根，无双亲节点；若$i > 1$，则节点$\lfloor \frac{i}{2} \rfloor$为双亲节点；

(2) 若$n < 2i$，则节点i无左孩子，否则，节点$2i$为左孩子；

(3) 若$n < 2i + 1$，则节点i无右孩子，否则节点$2i + 1$的为右孩子。

3. 二叉树的存储结构

1) 顺序存储结构

这是一种按照节点的层次从上到下、从左至右的次序将完全二叉树节点存储在一片连续存储区域内的存储方法。

实现二叉树的顺序存储结构时，在每个节点处增加一个标志成分 tag 用于标识此节点是否为空(虚)，同时为了编程实现方便起见，增加一个用于表示根节点的 root 成分。

2) 链式存储结构

在实际使用中，二叉树一般多采用链式存储结构。根据二叉树的定义，二叉树的节点由一个数据元素和分别指向左、右子树的两个分支组成，为了便于找到节点的双亲，还可在节点结构中增加一个指向双亲节点的指针。

6.3 二叉树遍历

所谓遍历二叉树，就是遵从某种次序，顺着某一条搜索路径访问二叉树中的各个节点，使得每个节点均被访问一次，而且仅被访问一次。

1. 先序遍历

二叉树的先序遍历(preorder traversal)定义如下。

如果二叉树为空，则空操作，否则进行以下操作：

(1) 访问根节点(D)；

(2) 先序遍历左子树(L)；

(3) 先序遍历右子树(R)。

2. 中序遍历

二叉树的中序遍历(inorder traversal)定义如下。

如果二叉树为空,则空操作,否则进行如下操作:

(1) 中序遍历左子树(L);

(2) 访问根节点(D);

(3) 中序遍历右子树(R)。

3. 后序遍历

二叉树的后序遍历(postorder traversal)定义如下。

如果二叉树为空,则空操作,否则进行如下操作:

(1) 后序遍历左子树(L);

(2) 后序遍历右子树(R);

(3) 访问根节点(D)。

4. 层次遍历

二叉树的层次遍历(levelorder traversal)就是按照二叉树的层次,从上到下、从左至右的次序访问各节点。

6.4　线索二叉树

线索二叉树利用了二叉链表中的空指针成员,用于存放节点的前驱和后继信息,为此必须改变节点的结构,规定如下:

若节点有左子树,则其 leftChild 指示其左孩子,否则令 leftChild 指示前驱。

若节点有右子树,则其 rightChild 指示其右孩子,否则令 rightChild 指示后继。

为了区别线索和孩子指针,需要为每个节点设两个标志位,分别用来说明它的左链指针和右链指针指向的是孩子节点还是线索,如图 1.6.1 所示。

leftChild	leftTag	data	rightTag	rightChild

图 1.6.1　线索二叉树节点示意图

对图 1.20 中的标志 leftTag 和 rightTag 作如下规定:

$$leftTag = \begin{cases} 0, & leftChild \text{ 存储指向左孩子的指针} \\ 1, & leftChild \text{ 存储指向前驱的指针} \end{cases}$$

$$rightTag = \begin{cases} 0, & rightChild \text{ 存储指向右孩子的指针} \\ 1, & rightChild \text{ 存储指向后继的指针} \end{cases}$$

在实际应用中,线性表还包括了如下的基本操作:

1) const ThreadBinTreeNode<ElemType> * GetRoot() const

初始条件:线索二叉树已存在。

操作结果:返回线索二叉树的根。

2) void Thread()

初始条件:线索二叉树已存在,但未线索化。

操作结果:线索化二叉树。

3) void Order(void (* visit)(const ElemType &)) const

初始条件:线索二叉树已存在。

操作结果：按某种遍历顺序依次对线索二叉树的每个元素调用函数(* visit)。

6.5 树和森林的实现

1. 树的存储表示

树的存储表示可以有多种方法,分别适合于不同的应用需求。在这里只介绍常用的几种方法。

在实际应用中,树一般包括如下的基本操作:

1) const TreeNode<ElemType> * GetRoot() const

初始条件：树已存在。

操作结果：返回树的根。

2) bool Empty() const

初始条件：树已存在。

操作结果：如果树为空,返回 true,否则返回 false。

3) bool GetElem(const TreeNode<ElemType> * cur, ElemType &e) const

初始条件：树已存在,cur 为树的一个节点。

操作结果：用 e 返回节点 cur 的元素值,如果不存在节点 cur,函数返回 false,否则返回 true。

4) bool SetElem(TreeNode<ElemType> * cur, const ElemType &e)

初始条件：树已存在,cur 为树的一个节点。

操作结果：如果不存在节点 cur,则返回 false,否则返回 true,并将节点 cur 的值设置为 e。

5) void PreOrder(void (* visit)(const ElemType &)) const

初始条件：树已存在。

操作结果：按先序依次对树的每个元素调用函数(* visit)。

6) void PostOrder(void (* visit)(const ElemType &)) const

初始条件：树已存在。

操作结果：按后序依次对树的每个元素调用函数(* visit)。

7) void LevelOrder(void (* visit)(const ElemType &)) const

初始条件：树已存在。

操作结果：按层次依次对树的每个元素调用函数(* visit)。

8) int NodeCount() const

初始条件：树已存在。

操作结果：返回树的节点个数。

9) int NodeDegree(const TreeNode<ElemType> * cur) const

初始条件：树已存在,cur 为树的一节点。

操作结果：返回树的节点 cur 的度。

10) int Degree() const

初始条件：树已存在。

操作结果：返回树的度。

11）const TreeNode＜ElemType＞ ＊ FirstChild（const TreeNode＜ElemType＞＊cur）const

初始条件：树已存在，cur 为树的一节点。

操作结果：返回树节点 cur 的第一个孩子。

12）const TreeNode＜ElemType＞ ＊ RightSibling（const TreeNode＜ElemType＞ ＊cur）const

初始条件：树已存在，cur 为树的一个节点。

操作结果：返回树节点 cur 的右兄弟。

13）const TreeNode＜ElemType＞ ＊ Parent（const TreeNode＜ElemType＞＊cur）const

初始条件：树已存在，cur 为树的一个节点。

操作结果：返回树节点 cur 的双亲。

14）bool InsertChild（TreeNode＜ElemType＞ ＊ cur, int position, const ElemType ＆e）；

初始条件：树已存在，cur 为树的一个节点。

操作结果：将数据元素 e 插入为 cur 的第 position 个孩子，如果插入成功，则返回 true，否则返回 false。

15）bool DeleteChild（TreeNode＜ElemType＞ ＊ cur, int position）

初始条件：树已存在，cur 为树的一节点。

操作结果：删除 cur 的第 position 棵子树，如果删除成功，则返回 true，否则返回 false。

16）int Height（）const

初始条件：树已存在。

操作结果：返回树的高。

2. 图的表示法

1）双亲表示法

对于树中的每个节点，只存放其双亲节点的位置，这样每个节点就有两个成分：data 和 parent，其中 data 用来存储节点本身的信息，parent 用来存储指示双亲节点位置。

这种存储结构利用了树中每个节点（根节点除外）只有一个双亲的性质。在这种表示方式下，查找每个节点的双亲节点非常容易，但要找到某个节点的孩子节点时需要遍历整棵树，效率较低。

2）孩子双亲表示法

如果把每个节点的孩子节点排列起来，看成是一个线性表，且以单链表加以存储，则 n 个节点的树就有 n 个孩子链表（叶子节点的孩子链表为空表）。将这 n 个单链表的头指针又组织成一个线性表，存储在一个数组中，并在数组中同时存储数据元素的值及双亲位置，这样就得到了树的孩子双亲表示法。

孩子双亲表示法不但便于实现查找某个节点的孩子的操作，也适合于查找双亲节点的操作。

3）孩子兄弟表示法

在一般的树中，每个节点具有的孩子数目不完全相同，如果用指针指示孩子节点地址的话,每个节点所需的指针数各不相同。如果根据树的度为每个节点设置相同数目的指针成分,即为每个节点都设置最大的指针数目,由于树中有许多节点的度小于树的度,这样将有许多指针为空指针,会造成很大的空间浪费。如果采用变长节点的方式,为各个节点设置不同数目的指针成分,又会给存储管理和操作带来很多麻烦。

但每个节点的首孩子与右兄弟却是唯一的,因此可采用二叉链表表示法——孩子兄弟表示法,节点的结构如图 1.6.2 所示。

firstChild	data	rightSibling

图 1.6.2 孩子兄弟表示树的节点示意图

说明:在实际应用中,通常使用树的孩子兄弟表示法作存储结构。

3. 森林的存储表示

可以采用树状存储表示森林,只是树只有一个根节点,而森林可以有多个根节点,森林与树一样,常用存储结构有 3 种,下面将分别加以讨论。

在实际应用中森林一般包括如下的基本操作:

1) const TreeNode<ElemType> * GetFirstRoot() const

初始条件:森林已存在。

操作结果:返回森林的第一棵树的根。

2) bool Empty() const

初始条件:森林已存在。

操作结果:如果森林为空,返回 true,否则返回 false。

3) bool GetElem(const TreeNode<ElemType> * cur, ElemType &e) const

初始条件:森林已存在,cur 为森林的一个节点。

操作结果:用 e 返回节点 cur 的元素值,如果不存在节点 cur,函数返回 false,否则返回 true。

4) bool SetElem(TreeNode<ElemType> * cur, const ElemType &e)

初始条件:森林已存在,cur 为森林的一个节点。

操作结果:如果不存在节点 cur,则返回 false,否则返回 true,并将节点 cur 的值设置为 e。

5) void PreOrder(void (* visit)(const ElemType &)) const

初始条件:森林已存在。

操作结果:按先序遍历依次对森林的每个元素调用函数(* visit)。

6) void InOrder(void (* visit)(const ElemType &)) const

初始条件:森林已存在。

操作结果:按中序遍历依次对森林的每个元素调用函数(* visit)。

7) void LevelOrder(void (* visit)(const ElemType &)) const

初始条件:森林已存在。

操作结果:按层次遍历依次对森林的每个元素调用函数(* visit)。

8）int NodeCount() const

初始条件：森林已存在。

操作结果：返回森林的节点个数。

9）int NodeDegree(const TreeNode<ElemType> * cur) const

初始条件：森林已存在，cur 为森林的一个节点。

操作结果：返回森林的节点 cur 的度。

10）const TreeNode<ElemType> * FirstChild(const TreeNode<ElemType> * cur) const

初始条件：森林已存在，cur 为森林的一个节点。

操作结果：返回森林节点 cur 的第一个孩子。

11）const TreeNode<ElemType> * RightSibling(const TreeNode<ElemType> * cur) const

初始条件：森林已存在，cur 为森林的一个节点。

操作结果：返回森林节点 cur 的右兄弟。

12）const TreeNode<ElemType> * Parent(const TreeNode<ElemType> * cur) const

初始条件：森林已存在，cur 为森林的一个节点。

操作结果：返回森林节点 cur 的双亲。

13）bool InsertChild(TreeNode<ElemType> * cur, int position, const ElemType &e)

初始条件：森林已存在，cur 为森林的一个节点。

操作结果：将数据元素 e 插入为 cur 的第 position 个孩子，如果插入成功，则返回 true，否则返回 false。

14）bool DeleteChild(TreeNode<ElemType> * cur, int position)

初始条件：森林已存在，cur 为森林的一个节点。

操作结果：删除 cur 的第 position 棵子树，如果删除成功，则返回 true，否则返回 false。

森林的表示法有以下 3 种。

（1）双亲表示法。森林的双亲表示法与树的双亲表示法类似，假定树排列顺序为根在数组的排列顺序，在需要时通过扫描数组进行查找可得到树的根，因此可不存储根的位置。

（2）孩子双亲表示法。森林的孩子双亲表示法与森林的孩子双亲表示法类似，假定树排列顺序为根在数组的排列顺序，在需要时通过扫描数组可得到树的根，因此不必存储根的位置。

（3）孩子兄弟表示法。森林通常采用孩子兄弟表示法作存储结构，并且还将森林中树的根看成是兄弟，这样就只需要知道第一棵树的根，从它的 rightSibling 可得到第二棵树的根，再从第二棵树根的 rightSibling 进一步可知第三棵树的根……

4. 树和森林的遍历

由于树不像二叉树那样，根位于两棵子树的中间，故树的遍历一般无"中序"一说。树一般只有先序遍历、后序遍历及层次遍历 3 种方法,树的先序遍历也称为先根遍历,后序遍历也称为后根遍历,其中层次遍历方法的规则与二叉树的层次遍历规则相同,在此不再介绍。

(1) 树的先序遍历。若树为空,则空操作,结束;否则按如下规则遍历:

① 访问根节点;

② 分别先序遍历根的各棵子树。

(2) 树的后序遍历。若树为空,则空操作,结束;否则按如下规则遍历:

① 分别后序遍历根的各棵子树;

② 访问根节点。

与树的遍历类似,森林有 3 种遍历方式:先序遍历、中序遍历和层次遍历。其中,层次遍历方法的规则与二叉树的层次遍历规则相同,在此不再介绍。

(1) 森林的先序遍历。若森林为空,则空操作,结束;否则森林的先序遍历规则为:

① 先访问森林中第一棵树的根节点;

② 先序遍历第一棵树的子树森林;

③ 先序遍历除去第一棵树后剩余的树构成的森林。

(2) 森林的中序遍历。若森林为空,则空操作,结束;否则森林的中序遍历规则为:

① 中序遍历第一棵树的子树森林;

② 访问第一棵树的根节点;

③ 中序遍历除去第一棵树后剩余的树构成的森林。

5. 树和森林与二叉树的转换

从前面介绍的树的存储结构可以看出,树的孩子兄弟存储方式实质上是一种二叉链表存储,回想前面的二叉树也可以用二叉链表存储,所以以二叉链表作为媒介可以导出树和二叉树之间的对应关系。也就是说,给定一棵树,可以找到唯一的一棵二叉树与之对应,从物理结构来看,它们的二叉链表是相同的,只是链指针的含义不同。森林是树的有限集合,它也可以用二叉链表表示,与树的二叉链表表示不同的是,这里将森林中各棵树的根互相作为兄弟进行存储,这样就容易得到森林的二叉链表(孩子兄弟)表示。

下面给出森林和二叉树之间的转化方法的严格描述。由于树是森林的特例,所以实际上也包含了树的情况。

1) 森林转化为二叉树

如果 $F = \{T_1, T_2, \cdots, T_m\}$ 是由 n 棵树 $T_1, T_2, \cdots, T_m$ 组成的森林,转换得到的二叉树为 $B = (\text{root}, \text{LB}, \text{RB})$,则转化规则如下。

若 F 为空,即 $m = 0$,则对应的二叉树 B 为空二叉树,否则按如下方式进行转换:

(1) 将 F 中第一棵树 T_1 的根作为二叉树 B 的根 root;

(2) 将 T_1 的子树森林 $F_1 = \{T_{11}, T_{12}, \cdots, T_{1m}\}$ 转化为二叉树后作为二叉树 B 的左子树 LB;

(3) 森林 F 中剩下的 $n-1$ 棵树构成的森林 $F_2 = \{T_2, T_3, \cdots, T_m\}$ 转化二叉树后作为 B 的右子树 RB。

上面的转化规则实际上是一个递归算法,转化步骤可直观描述如下:

首先将森林中的每棵树转化为二叉树,其基本方法是对树中的每个节点,都转化为一个二叉树节点,各树节点的第一个孩子作为它在二叉树中的左孩子,将树节点的右兄弟转化为在二叉树中的右孩子,其余节点以此类推。将森林中的各棵树都转化为对应的二叉树表示后,取第一棵树对应的二叉树的根作为最终二叉树的根,第二棵树对应的二叉树作为最终二叉树的右子树,对森林中剩下的树实行同样的操作,即可得到对应的二叉树。

2) 二叉树转化为森林

设二叉树为 $B = (root, LB, RB)$,转化得到的森林为 $F = \{T_1, T_2, \cdots, T_n\}$,则转化规则如下。

如果 B 为空,则对应的森林 F 也为空;否则按如下方式进行转换:

(1) 将二叉树的根 root 作为 F 中第一棵树 T_1 的根;

(2) 由 B 的左子树 LB 转化得到的森林作为第一棵树 T_1 的子树森林 F_1;

(3) 由 B 的右子树 RB 转化得到的森林作为 F 中除了 T_1 之外其余的树 $T_2, T_3, \cdots, T_n$ 组成的森林 F_2。

这个转化规则也是一个递归算法,转化步骤可直观描述如下:

对二叉树中的任一节点,将它的左孩子作为森林中相应节点的第一个孩子,而将沿左孩子的右孩子分支一直往下的所有右孩子节点依次作为森林中相应节点第二孩子、第三孩子……

6.6 哈夫曼树与哈夫曼编码

哈夫曼(Huffman)树,也称为最优树,是一类带权路径长度最短的树,在实际中有广泛的用途。

1. 哈夫曼树的基本概念

在哈夫曼树的定义中,要涉及路径、路径长度、权等概念,下面先给出这些概念的定义,然后再介绍哈夫曼树的定义。

路径:从树的一个节点到另一个节点的分支构成这两个节点之间的路径,对于哈夫曼树特指从根节点到某节点的路径。

路径长度:路径上的分支数目称为路径长度。

树的路径长度:从树根到每个节点的路径长度之和,称为树的路径长度。

权:权是赋予某个事物的一个量,是对事物的某个或某些属性的数值化描述。在数据结构中,包括节点和边,所以对应有节点权和边权。节点权或边权具体代表什么意义,由具体情况决定。

节点的带权路径长度:从树根到节点之间的路径长度与节点上权的乘积称为节点的带权路径长度。

树的带权路径长度:树中所有叶节点的带权路径长度之和称为树的带权路径长度。设树中有 n 个叶节点且它们的权值分别为 $w_1, w_2, \cdots, w_n$,从根到各叶节点的路径长度分别为 $l_1, l_2, \cdots, l_n$,则该树的带权路径长度(Weighted Path Length)通常记作 $WPL = \sum_{i=1}^{n} w_i l_i$。

哈夫曼树:根据给定的 n 个值 $w_1, w_2, \cdots, w_n$,可以构造出多棵具有 n 个叶节点且叶节点权值分别为这 n 个给定值的二叉树,其中带权路径长度 WPL 最小的二叉树称为最优树,也称为哈夫曼树。

2. 哈夫曼树构造算法

给定 n 个权值 $\{w_1, w_2, \cdots, w_n\}$，如何构造对应的哈夫曼树呢？已经由哈夫曼最早发现了一个带有一般规律的算法，称为哈夫曼算法。算法的具体步骤如下：

（1）根据给定的 n 个权值 $\{w_1, w_2, \cdots, w_n\}$ 构造由 n 棵二叉树构成的森林 $F = \{T_1, T_2, \cdots, T_n\}$，其中每棵二叉树 T_i 分别都是只含有一个带权值为 w_i 的根节点，其左、右子树为空（$i = 1, 2, \cdots, n$）。

（2）在森林 F 中选取其根节点的权值为最小的两棵二叉树（若这样的二叉树不止两棵时，则任选其中两棵），分别作为左、右子树构造一棵新的二叉树，并置这棵新的二叉树根节点的权值为其左、右子树根节点的权值之和。

（3）从森林 F 中删去这两棵二叉树，同时将刚生成的新二叉树加入森林 F 中。

（4）重复（2）和（3）两步，直至森林 F 中只含一棵二叉树为止。

最后得到的那棵二叉树就是哈夫曼树。

3. 哈夫曼编码

前缀码：如果在一个编码系统中，任一个编码都不是其他任何编码的前缀（最左子串），则称此编码系统中的编码是前缀码。

可以利用哈夫曼树来设计**最优的前缀编码**，也就是报文编码总长度最短的二进制前缀编码，通常称这种编码为**哈夫曼编码**。

假设有 n 个字符 $\{c_1, c_2, \cdots, c_n\}$，它们在报文中出现的频率分别为 $\{w_1, w_2, \cdots, w_n\}$，构造哈夫曼编码的步骤很简单。首先以这 n 个频率作为权值，设计一棵哈夫曼树。然后对树中的每个左分支赋予 0，右分支赋予 1，则从根到每个叶子的路径上，各分支的赋值分别构成一个二进制串，该二进制串即为对应字符的**前缀编码**，这些前缀编码就是**哈夫曼编码**。

*4. 哈夫曼树的实现

在关于哈夫曼树实际应用中，通常需要对字符进行编码以及对编码进行解码，因此哈夫曼树应包含如下基本操作：

1) CharString EnCode(CharType ch)

初始条件：哈夫曼树已存在。

操作结果：返回字符 ch 的编码。

2) LinkList＜CharType＞ UnCode(CharString codeStr)

初始条件：哈夫曼树已存在。

操作结果：对编码串 codeStr 进行译码，返回编码前的字符序列。

**6.7 树 的 计 数

含有 n 个节点的不相似的二叉树有 $\dfrac{1}{n+1}C_{2n}^{n}$ 棵，称为 Catalan 公式。

若将一棵树中各子树按照其出现的次序依次被认为是其双亲节点的第 1 棵子树、第 2 棵子树、…、第 m 棵子树，可将这棵树转化成唯一的一棵没有右子树的二叉树，反之亦然。

根据这个关系,可以看到,具有 n 个节点的不相似的树的数目 t_n 应该和具有 $n-1$ 个节点的不相似二叉树的数目相同,也就是

$$t_n = b_{n-1} = \frac{1}{n}C_{2n-2}^{n-1}$$

由森林与二叉树的转换可知,任意一森林可转换为一棵二叉树,反之亦然,所以具有 n 个节点的不相似的森林数目 f_n 应该和具有 n 个节点的不相似二叉树的数目相同,也就是

$$f_n = b_n = \frac{1}{n+1}C_{2n}^{n}$$

第 7 章　图

7.1　图的定义和术语

图由顶点(vertex)和边(edge)两个有限集合组成,形式化定义如下:

$$\text{Graph} = (V, R)$$

其中,$V = \{v \mid v \in \text{dataobject}\}$;$R = \{E\}$,$E = \{<u, v> \mid P(u, v) \wedge (u, v \in V)\}$。

V 称为顶点集,V 中元素称为顶点,E 为边集,E 中的顶点对 $<u, v>$ 称为边。

如果图的边 $<u, v>$ 限定为从顶点 u 指向另一个顶点 v,u 称为起点,v 称为终点,这样的图称为有向图(directed graph)。如果 $<u, v> \in E$,则必有 $<v, u> \in E$,也就是 E 是对称的,则以无序对 (u, v) 代替这两个有序对,并称这样的图为无向图(undirected graph)。如果有向图的边上都有一个正数值——权值(weight),这样的图称为有向网(directed network)。如果无向图的边上都有一个正数值——权值,这样的图称为无向网(undirected network)。

用 n 表示图中顶点数目,用 e 表示图中边的数目,不考虑顶点到自身的边,对于无向图,$0 \leqslant e \leqslant \dfrac{n(n+1)}{2}$,有 $\dfrac{n(n+1)}{2}$ 条边的无向图称为完全图(completed graph),对于有向图,$0 \leqslant e \leqslant n(n-1)$,有 $n(n-1)$ 条边的有向图称为有向完全图。有较少条边的图称为稀疏图(sparse graph),有较多条边的图称为稠密图(dense graph)。

设有两个图,$G_1 = (V_1, \{E_1\})$ 与 $G_2 = (V_2, \{E_2\})$,如 $V_2 \subseteq V_1$,$E_2 \subseteq E_1$,则称图 G_2 是图 G_1 的子图(subgraph)。

对于无向图 $G = (V, \{E\})$,如边 $(u, v) \in E$,则称 u 与 v 互为邻接点(adjacent),边 (u, v) 依附(incident)于顶点 u 与 v,或称为 (u, v) 与顶点 u 与 v 相关联,顶点的度(degree)是与 v 相关联的边的数目,记为 $\text{degree}(v)$。

对于有向图 $G = (V, \{E\})$,如边 $<u, v> \in E$,则称顶点 u 邻接到顶点 v,顶点 v 邻接自顶点 u,边 $<u, v>$ 与顶点 u, v 相关联,邻接到 v 的边的数目称为 v 的入度(in degree),记为 $\text{inDegree}(v)$,邻接自顶点 v 的边的数目称为 v 的出度(out degree),记为 $\text{outDegree}(v)$,顶点 v 的度为 $\text{degree}(v) = \text{inDegree}(v) + \text{outDegree}(v)$。一般地,如顶点 v_i 的度记为 $\text{degree}(v_i)$,则一个有 n 个顶点、e 条边的图满足如下关系:

$$e = \frac{1}{2} \sum_{i=0}^{n-1} \text{degree}(v_i)$$

如果图的顶点序列 $v_1, v_2, \cdots, v_n$、边 $<v_i, v_{i+1}>$(有向图)或 (v_i, v_{i+1})(无向图)($i = 1, 2, \cdots, n-1$)都存在,则称顶点序列 $v_1, v_2, \cdots, v_n$ 构成一条长度为 $n-1$ 的路径(path)。路径长度(length)是指路径包含的边的条数。如图路径上各个顶点都不同,则称这个路径为简单路径(simple path)。如果路径 $v_1, v_2, \cdots, v_n$ 中 $v_1 = v_n$,则称这样的路径为回路(cycle),也可称为环,如果图的一条回路除了起点与终点相同外,其他顶点都不相同,这样的路径为简单回路(simple cycle),也可称为简单环。

如果一个无向图中任意两个不同的顶点都存在从一个顶点到另一个顶点的路径,则称此无向图是连通的(connected),无向图的极大连通子图称为连通分量(connected component)。

对于一个有向图,如果其中任意两个不同的顶点 u 和 v,都存在从顶点 u 到顶点 v 的路径,则称此有向图是强连通的(strongly connected),有向图的极大强连通子图称为强连通分量(strongly connected component)。

无向连通图的极小连通子图称为连通图的生成树,生成树包含图中全部 n 个顶点,只有 $n-1$ 条边,并且任加一条新边,必将构成回路。

在图或网的实现中,对每个顶点加一个标志,主要用于在图的遍历操作中标识顶点是否已被访问,这有利于遍历操作的实现。

1. 图包含的基本操作

在实际应用中,图包含了如下的基本操作:

1) bool GetElem(int v, ElemType &e) const

初始条件:图已存在。

操作结果:用 e 返回顶点 v 的元素值。

2) bool SetElem(int v, const ElemType &e)

初始条件:图已存在。

操作结果:设置顶点 v 的元素值为 e。

3) int GetVexNum() const

初始条件:图已存在。

操作结果:返回顶点个数。

4) int GetEdgeNum() const

初始条件:图已存在。

操作结果:返回边数。

5) int FirstAdjVex(int v) const

初始条件:图已存在,v 是图顶点。

操作结果:返回顶点 v 的第一个邻接点。

6) int NextAdjVex(int v_1, int v_2) const

初始条件:图已存在,v_1 和 v_2 是图顶点,v_2 是 v_1 的一个邻接点。

操作结果:返回顶点 v_1 的相对于 v_2 的下一个邻接点。

7) void InsertEdge(int v_1, int v_2)

初始条件:图已存在,v_1 和 v_2 是图顶点。

操作结果:插入顶点为 v_1 和 v_2 的边。

8) void DeleteEdge(int v_1, int v_2)

初始条件:图已存在,v_1 和 v_2 是图顶点。

操作结果:删除顶点为 v_1 和 v_2 的边。

9) bool GetTag(int v) const

初始条件:图已存在,v 是图顶点。

操作结果：返回顶点 v 的标志。

10）bool SetTag(int v，bool val)

初始条件：图已存在，v 是图顶点。

操作结果：设置顶点 v 的标志为 val。

11）void DFSTraverse(void（＊visit）(const ElemType $\&e$)) const

初始条件：存在图。

操作结果：对图进行深度优先遍历。

12）void BFSTraverse(void（＊visit）(const ElemType $\&$)) const

初始条件：存在图。

操作结果：对图进行广度优先遍历。

2. 网图包含的基本操作

网图包含如下的基本操作：

1）bool GetElem(int v，ElemType $\&e$) const

初始条件：网已存在。

操作结果：用 e 返回顶点 v 的元素值。

2）bool SetElem(int v，const ElemType $\&e$)

初始条件：网已存在。

操作结果：设置顶点 v 的元素值为 e。

3）int GetVexNum() const

初始条件：网已存在。

操作结果：返回顶点个数。

4）int GetEdgeNum() const

初始条件：网已存在。

操作结果：返回边数。

5）int FirstAdjVex(int v) const

初始条件：网已存在，v 是网顶点。

操作结果：返回顶点 v 的第一个邻接点。

6）int NextAdjVex(int v_1，int v_2) const

初始条件：网已存在，v_1 和 v_2 是网顶点，v_2 是 v_1 的一个邻接点。

操作结果：返回顶点 v_1 的相对于 v_2 的下一个邻接点。

7）void InsertEdge(int v_1，int v_2，int w)

初始条件：网已存在，v_1 和 v_2 是网顶点，w 为权值。

操作结果：插入顶点为 v_1 和 v_2，权为 w 的边。

8）void DeleteEdge(int v_1，int v_2)

初始条件：网已存在，v_1 和 v_2 是网顶点。

操作结果：删除顶点为 v_1 和 v_2 的边。

9）WeightType GetWeight(int v_1，int v_2) const

初始条件：网已存在，v_1 和 v_2 是网顶点。

操作结果：返回顶点为 v_1 和 v_2 的边的权值。

10) void SetWeight(int v_1, int v_2, WeightType w)

初始条件：网已存在，v_1 和 v_2 是网顶点，w 为权值。

操作结果：设置顶点为 v_1 和 v_2 的边的权值。

11) bool GetTag(int v) const

初始条件：网已存在，v 是网顶点。

操作结果：返回顶点 v 的标志。

12) void SetTag(int v, bool val) const

初始条件：网已存在，v 是网顶点。

操作结果：设置顶点 v 的标志为 val。

13) void DFSTraverse(void ($*$ visit)(const ElemType $\&e$)) const

初始条件：网已存在。

操作结果：对网进行深度优先遍历。

14) void BFSTraverse(void ($*$ visit)(const ElemType $\&$)) const

初始条件：网已存在。

操作结果：对网进行广度优先遍历。

7.2　图的存储表示

图有多种存储表示，但最常用的只有邻接矩阵和邻接表两种，下面将分别加以讨论。

1. 邻接矩阵

设图与网的顶点个数为 n，各个顶点依次记为 $v_0, v_1, \cdots, v_{n-1}$，则邻接矩阵 matrix 是一个 $n \times n$ 的数组，它的第 i 行包含所有以 v_i 为起点的边，而第 j 列包含所有以 v_i 为终点的边，对于图，邻接矩阵元素的定义如下：

$$\text{matrix}[i][j] = \begin{cases} 1, & 存在边 < v_i, v_j > \\ 0, & 不存在边 < v_i, v_j > \end{cases}$$

对于网，邻接矩阵元素的定义如下：

$$\text{matrix}[i][j] = \begin{cases} w_{ij}, & 存在边 < v_i, v_j > \\ 0, & 不存在边 < v_i, v_j > \end{cases}$$

邻接矩阵的每个元素都要占用存储空间，可知空间复杂度为 $O(n^2)$。

对于有向图，第 i 行的元素之和为顶点 v_i 的出度 outDegree(v_i)，第 j 列的元素之和为顶点 v_j 的入度 inDegree(v_j)，有如下的公式：

$$\text{outDegree}(v_i) = \sum_{j=0}^{n-1} \text{matrix}[i][j]$$

$$\text{inDegree}(v_j) = \sum_{i=0}^{n-1} \text{matrix}[i][j]$$

对于无向图，邻接矩阵是一个对称矩阵，也就是 $\text{matrix}[i][j] = \text{matrix}[j][i]$，顶点 v_i 的度 degree(v_i)是邻接矩阵中第 i 行的元素（或第 i 列）之和，即

$$\text{degree}(v_i) = \sum_{j=0}^{n-1} \text{matrix}[i][j] = \sum_{j=0}^{n-1} \text{matrix}[j][i]$$

2. 邻接表

邻接表(adjacency list)是图与网的另一种常用结构,在邻接表中每个顶点都建立一个单链表,第 i 个顶点的单链表由图与网中与顶点 v_i 相关联的边构成(对于有向图与有向网,v_i 是起点),由于已知一个顶点为 v_i,为表示边,只需再存储另一个顶点——邻接点即可。各边在链表中的次序是任意的,视边的输入次序而定,在画图或网时通常按邻接点的编号大小排序。

1) 图的邻接表存储结构

对于图的邻接表存储结构,顶点结构如图 1.7.1 所示,其中 data 存储顶点的数据元素值,adjLink 存储指向由顶点相关联的边组成的链表,图 1.7.2 为图的邻接表存储结构示意图。

data	adjLink
数据元素	指向边链表指针

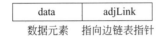

图 1.7.1　图的邻接表存储结构示意图

(a) 无向图　　(b) 有向图

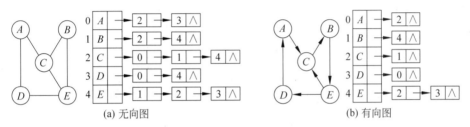

图 1.7.2　图的邻接表示意图

在邻接边链表实现中一般含有头节点,当然也可不含头节点,在图示时为简便直观起见,没有画出头节点,如图 1.7.2 所示。

2) 网的邻接表存储结构

对于网,由于每条边还包含有权值,因此在表示边的邻接链表中,表示边的数据信息如图 1.7.3 所示。

adjVex	weight
邻接点	权

图 1.7.3　网邻接表边数据示意图

网的顶点节点与图的顶点结构相同,如图 1.7.1 所示。邻接表网示意图如图 1.7.4 所示。

(a) 无向网　　(b) 有向网

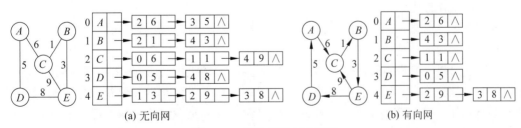

图 1.7.4　图的邻接表示意图

7.3 图 的 遍 历

图的遍历算法一般是从一个起始顶点出发,试图访问全部顶点,下面介绍两种常用的图遍历算法。

1. 深度优先搜索

深度优先搜索(depth first search,DFS)是在搜索过程中,当访问某个顶点 v 后,递归地访问它的所有未被访问的相邻顶点,实际结果是沿着图的某一分支进行搜索,直至末端为止,然后再进行回溯,沿另一分支进行搜索,以此类推。

2. 广度优先搜索

广度优先搜索(breadth first search,BFS)类似于树的层次遍历,例如从任意顶点 v 出发进行搜索,在访问了 v 之后依次访问 v 的未被访问的邻接点,然后再从这些邻接点出发依次访问它们的邻接点,直至图中所有被访问的顶点的邻接点都已被访问完为止。如果这时,图中还有未被访问的顶点,将选择一个未被访问的顶点作起始点继续进行搜索,直到图中所有顶点都被访问到为止。实际上广度优先搜索是以顶点 v 为起始点,由近至远依次访问和 v 有路径相通且路径长度为 1、2、……的顶点。

7.4 连通无向网的最小代价生成树

最小代价生成树简称为最小生成树。给定一个连通网 net,最小代价生成树包括 net 的所有顶点和 net 中的部分边,且满足下列条件:

(1) 最小代价生成树边的条数是顶点个数减 1 的差,并且能保证最小代价生成树是连通的。

(2) 最小代价生成树边上的权值之和最小。

1. Prim 算法

设 $G=(V,\{E\})$ 是连通网,TE 是最小代价生成树的边的集合,算法如下:

(1) TE$=\{\}$,$U=\{u_0\}$。

(2) 在所有 $(u,v)\in E,u\in U,v\in V-U$ 的边中选择权值最小的边 (u',v')。

(3) 将 (u',v') 并入 TE 中,v' 并入 U 中。

(4) 重复(2)和(3)直到 TE 有 $n-1$ 条边(n 为 G 的顶点个数),这时 $T=(V,\{TE\})$ 便是最小代价生成树。

2. Kruskal 算法

Kruskal(卡鲁斯卡尔)算法从另一途径构造了最小代价生成树。该算法的初态为只有 n 个顶点而无边的非连通图 $T=(V,\{TE\})$,此处 TE$=\{\}$。这时每个顶点自成一棵自由树,在 E 中选择权值最小的边 (u,v),如果此边所依附的顶点分别落在两棵不同的自由树中,便将 (u,v) 并入 TE 中,也就是将 u 和 v 所在的自由树合并为一棵新的自由树,否则舍去此边选择下一条权值最小的边。以此类推直到 T 中所有顶点都在同一棵自由树上为止。

7.5　有向无环图及应用

有向无环图(directed acyclic graph,DAG)是一个无环的有向图。有向无环图是一种比有向树更一般的特殊有向图。对于有向图可用拓扑排序和求关键路径加以求解。

1. 拓扑排序

对一个有向无环图 $G=(V,\{E\})$ 进行拓扑排序,就是将 G 中所有顶点排成一个线性序列,使得图中任意一对顶点 u 和 v,若$<u,v>\in E$,则 u 在线性序列中出现在 v 之前,这样的线性序列称为拓扑有序(topological order)的序列,简称拓扑序列。

拓扑排序可解决这样的问题,用顶点表示活动,有向边表示活动间的优先关系,这样的有向图称为顶点表示活动的图(activity on vertex graph),简称 AOV 图。

在 AOV 图中不会出现有向环,如果出现了这样的环就表示某项活动以自己为先决条件,这显然是不可能的,这样的工程是无法开工的。对给定的 AOV 图应先判断图中是否存在有向环,其判断方法是对有向图构造顶点的拓扑有序序列,如图的所有顶点都落在一个拓扑序列中,则 AOV 图就不存在环。下面是构造拓扑序列的方法。

(1) 在有向图中任选一个没有前驱的顶点并输出此顶点。

(2) 从图中删除该顶点和所有以它为起点的边。

(3) 重复上述步骤(1)、(2),直到全部顶点都已输出,此时,其顶点输出序列即为一个拓扑有序序列;或者直到图中没有无前驱的顶点为止,此情形表明有向图中存在环。

2. 关键路径

与 AOV 图相对应的是边表示活动的网(activity on edge network)简称 AOE 网,AOE 网是一种边带有权值的有向无环图,用顶点来表示事件(Event),边表示活动,边上的权值表示活动的持续时间。AOE 网通常用来计算工程的最短完成时间。

AOE 网表示的工程只有一个开始点和一个完成点,所以通常一个 AOE 网只有一个入度为 0 的顶点(称为源点)和一个出度为 0 的顶点(称为汇点)。

AOE 网主要研究如下问题:

(1) 确定整个工程的最少完成时间。

(2) 确定在完成工程时,哪些活动起关键的作用。也就是加快这些活动的完工时间,能缩短整个工程的工期。

在 AOE 网中,有些活动可以并行进行,最短完成时间应是从源点到汇点的最长路径长度(指路径上所有权值之和),称这样的路径为关键路径(critical path)。具体求关键路径的算法请参考相关教材,此处从略。

7.6　最　短　路　径

最短路径问题是指从网中某个顶点 u 到另一个顶点 v 的路径如果不止一条,寻找一条路径,使此路径上各边的权值之和最小。一般称路径的起始点为源点(source),路径的终止点为终点(destination)。下面介绍两种最常见的最短路径问题。

1. 单源点最短路径问题

单源点最短路径问题是指给定一个带权有向网 net 的源点 v，求从 v 到 net 中其他顶点的最短路径。

为了求得最短路径，迪杰斯特拉(Dijkstra)提出了一种按最短路径长度递增的次序逐次生成最短路径的算法，被称为 Dijkstra 算法。其特点是首先求出最短的一条最短路径，然后再求长度次短的一条最短路径，以此类推求出其他最短路径。

2. 所有顶点之间的最短路径

求每对顶点间最短路径的一个可行方法是，以每个顶点为源点，重复执行 Dijkstra 算法 n 次。

求每对顶点间最短路径的另一个方法是 Floyd(弗洛伊德)算法，其思路更简单明了。

Floyd 算法基本思想是，设路径上可能含的中间点集合为 U，用 dist$[i][j]$ 表示求得的从 v_i 到 v_j 的最短路径的长度。

初始时 $U=\{\}$，要求中间点在 U 中的 v_i 到 v_j 的最短路径，如果 $<v_i,v_j>\in E$，则所求的最短路径为 (v_i,v_j)，dist$[i][j]=$net.GetWeight(i,j)，否则不存在路径，dist$[i][j]=\infty$。

将 v_0 加入 U 中，即 $U=\{v_0\}$，v_i 到 v_j 的中间点在 U 中的最短路径有如下两种情况：

(1) 以 v_0 为中间点，这时路径为 (v_i,v_0,v_j)，路径长度为 dist$[i][0]+$dist$[0][j]$。

(2) 不以 v_0 为中间点，这时路径为 (v_i,v_j)，路径长度为 dist$[i][j]$。

可知 dist$[i][j]=\min\{$dist$[i][j]$,dist$[i][0]+$dist$[0][j]\}$。

一般情况下，假设 $U=\{v_0,v_1,\cdots,v_{k-1}\}$，向 U 中加入 v_k，现要求中间点都落在 U 中(即中间点序列号不大于 k)v_i 到 v_j 的最短路径，这样的路径也可分为如下两种情况。

(1) 以 v_k 为中间点，其他中间点的序号小于 k，此时路径为 $(v_i,\cdots,v_k,\cdots,v_j)$，路径长度为 dist$[i][k]+$dist$[k][j]$。

(2) 不以 v_k 为中间点，中间点的序号小于 k，此时路径为 $(v_i,\cdots,v_j)$，路径长度为 dist$[i][j]$。

由此可知 dist$[i][j]=\min\{$dist$[i][j]$,dist$[i][k]+$dist$[k][j]\}$。

经过上面的步骤 n 次后，可得 v_i 到 v_j 中间点的序号不大于 $n-1$ 的最短路径，也就是所求的最短路径。

为了分析方便起见，定义 n 阶方阵序列如下：

$D^{(-1)},D^{(0)},D^{(1)},\cdots,D^{(n-1)}$

$$D^{(-1)}[i][j]=\begin{cases} 0, & i=j \\ \infty, & i\neq j \text{ 且 } <v_i,v_j>\notin E \\ \text{net.GetWeight}(i,j), & <v_i,v_j>\in E \end{cases}$$

$D^{(k)}[i][j]=\text{Min}\{D^{(k-1)}[i][k]+D^{(k-1)}[k][j],D^{(k-1)}[i][j]\}, \quad 0\leqslant k\leqslant n-1$

由上面分析可知 $D^{(1)}[i][j]$ 是计算 v_i 到 v_j 中间点序号不大于 1 的最短路径，$D^{(k)}[i][j]$ 是计算 v_i 到 v_j 中间点序号不大于 k 的最短路径，$D^{(n-1)}[i][j]$ 是计算 v_i 到 v_j 中间点序号不大于 $n-1$ 的最短路径，也就是计算 v_i 到 v_j 的最短路径。

第8章 查 找

8.1 查找的基本概念

查找表(search table)是由同一类型的数据元素(或记录)所组成的集合。

对查找表通常有如下 4 种操作:

(1) 查询某个"特定的"数据元素是否在查找表中;

(2) 检索某个"特定的"数据元素的各种属性;

(3) 在查找表中插入一个数据元素;

(4) 从查找表中删除某个元素。

前两种操作统称为查找操作。如果只对查找表进行前两种查找的操作,即查找表的元素不发生变化,这样的查找表称为静态查找表(static search table);如在查找过程中同时还要插入查找表中不存在的数据元素或从查找表中删除已存在的某个数据元素,即查找表的数据元素要发生变化,这样的查找表称为动态查找表(dynamic search table)。

8.2 静态查找表

1. 顺序查找

一般采用数组表示静态表,其查找过程是从第 1 个记录开始逐个对记录关键字的值进行比较。若某个记录关键字的值和给定值相等,则查找成功,返回此记录的序号;如果直到最后一个记录的关键字的值都和给定值不相等,则表示查找表中没有所查的记录,查找失败,返回-1。

2. 有序表的查找

有序表是指被查找表中的元素有序,也就是满足:

$$\text{elem}[0] \leqslant \text{elem}[1] \leqslant \cdots \leqslant \text{elem}[n-1]$$

有序表一般采用折半查找(binary search)来实现,折半查找的本质是首先确定待查元素所在的范围,然后再逐步缩小范围(区间),直到查找到元素或查找失败为止。

折半查找过程是用查找区间的中间位置元素与给定值进行比较,如相等,则查找成功,如不相等,将缩小范围,直到新的区间中间位置的元素等于给定值或 low>high 时为止。其中 low 和 high 分别指示查找范围(区间)的下界和上界。

8.3 动态查找表

动态查找表是在查找过程中动态生成的,也就是对于元素 e,如果查找表中存在元素 e,则查找成功,否则在查找表中插入 e。

1. 二叉排序树

二叉排序树是一种较为特别的二叉树,下面是它的具体定义。

定义:二叉排序树或者是一棵空树或者是具有下列性质的二叉树:

(1) 若它的左子树不空,则左子树上所有节点的元素值均小于它的根节点的元素值;

(2) 若它的右子树不空,则右子树上所有节点的元素值均大于它的根节点的元素值;

(3) 它的左、右子树也分别为二叉排序树。

由定义可知二叉排序树作为中序遍历将得到所有元素值的一个从小到大序列。

下面是二叉排序树的基本操作:

1) const BinTreeNode<ElemType> * GetRoot() const

初始条件:二叉排序树已存在。

操作结果:返回二叉排序树的根。

2) bool Empty() const

初始条件:二叉排序树已存在。

操作结果:如二叉排序树为空,则返回 true,否则返回 false。

3) bool GetElem(const TreeNode<ElemType> * cur, ElemType &e) const

初始条件:二叉排序树已存在,cur 为二叉排序树的一个节点。

操作结果:用 e 返回节点 cur 的元素值,如果不存在节点 cur,函数返回 false,否则返回 true。

4) bool SetElem(TreeNode<ElemType> * cur, const ElemType &e)

初始条件:二叉排序树已存在,cur 为二叉排序树的一个节点。

操作结果:如果不存在节点 cur,则返回 false,否则返回 true,并将节点 cur 的值设置为 e。

5) void InOrder(void (* visit)(const ElemType &)) const

初始条件:二叉排序树已存在。

操作结果:中序遍历二叉排序树,对每个节点调用函数(* visit)。

6) void PreOrder(void (* visit)(const ElemType &)) const

初始条件:二叉排序树已存在。

操作结果:先序遍历二叉排序树,对每个节点调用函数(* visit)。

7) void PostOrder(void (* visit)(const ElemType &)) const

初始条件:二叉排序树已存在。

操作结果:后序遍历二叉排序树,对每个节点调用函数(* visit)。

8) void LevelOrder(void (* visit)(const ElemType &)) const

初始条件:二叉排序树已存在。

操作结果:层次遍历二叉排序树,对每个节点调用函数(* visit)。

9) int NodeCount() const

初始条件:二叉排序树已存在。

操作结果:返回二叉排序树的节点个数。

10) BinTreeNode<ElemType> * Search(const KeyType &key) const

初始条件:二叉排序树已存在。

操作结果：查找关键字为 key 的数据元素。

11）bool Insert(const ElemType &e)

初始条件：二叉排序树已存在。

操作结果：插入数据元素 e。

12）bool Delete(const KeyType &key)

初始条件：二叉排序树已存在。

操作结果：删除关键字为 key 的数据元素。

13）const BinTreeNode＜ElemType＞ * LeftChild(const BinTreeNode＜ElemType＞ * cur) const

初始条件：二叉排序树已存在，cur 是二叉树的一个节点。

操作结果：返回二叉排序树节点 cur 的左孩子。

14）const BinTreeNode＜ElemType＞ * RightChild(const BinTreeNode＜ElemType＞ * cur) const

初始条件：二叉排序树已存在，cur 是二叉排序树的一个节点。

操作结果：返回二叉排序树节点 cur 的右孩子。

15）BinTreeNode＜ElemType＞ * Parent(const BinTreeNode＜ElemType＞ * cur) const

初始条件：二叉排序树已存在，cur 是二叉树的一个节点。

操作结果：返回二叉排序树节点 cur 的双亲节点。

（16）int Height() const

初始条件：二叉排序树已存在。

操作结果：返回二叉排序树的高。

* 2. 平衡二叉树

平衡二叉树（也称为 AVL 树）是具有如下特征的二叉排序树：

（1）根的左子树和右子树的高度差的绝对值不大于 1；

（2）根的左子树和右子树都是 AVL 树。

如果将二叉树上节点的平衡因子 BF(balance factor)定义为此节点的左子树与右子树的高度之差，则平衡二叉树上所有节点的平衡因子的绝对值小于或等于 1，也就是只能为 1、0 和 -1。

下面是二叉排序树的基本操作：

1）const BinAVLTreeNode＜ElemType＞ * GetRoot() const

初始条件：平衡二叉树已存在。

操作结果：返回平衡二叉树的根。

2）bool Empty() const

初始条件：平衡二叉树已存在。

操作结果：如平衡二叉树为空，则返回 true，否则返回 false。

3）bool GetElem(const TreeNode＜ElemType＞ * cur, ElemType &e) const

初始条件：平衡二叉树已存在，cur 为平衡二叉树的一个节点。

操作结果：用 e 返回节点 cur 元素值，如果不存在节点 cur，函数返回 false，否则返回

true。

4）bool SetElem(TreeNode＜ElemType＞ ＊cur，const ElemType ＆e)

初始条件：平衡二叉树已存在，cur 为平衡二叉树的一个节点。

操作结果：如果不存在节点 cur，则返回 false，否则返回 true，并将节点 cur 的值设置为 e。

5）void InOrder(void（＊visit)(const ElemType ＆)) const

初始条件：平衡二叉树已存在。

操作结果：中序遍历二叉平衡树，对每个节点调用函数（＊visit)。

6）void PreOrder(void（＊visit)(const ElemType ＆)) const

初始条件：平衡二叉树已存在。

操作结果：先序遍历二叉平衡树，对每个节点调用函数（＊visit)。

7）void PostOrder(void（＊visit)(const ElemType ＆)) const

初始条件：平衡二叉树已存在。

操作结果：后序遍历平衡二叉树，对每个节点调用函数（＊visit)。

8）void LevelOrder(void（＊visit)(const ElemType ＆)) const

初始条件：平衡二叉树已存在。

操作结果：层次遍历二叉平衡树，对每个节点调用函数（＊visit)。

9）int NodeCount() const

初始条件：平衡二叉树已存在。

操作结果：返回平衡二叉树的节点个数。

10）BinAVLTreeNode ＜ElemType＞ ＊Search(const KeyType ＆key) const

初始条件：平衡二叉树已存在。

操作结果：查找关键字为 key 的数据元素。

11）bool Insert(const ElemType ＆e)

初始条件：平衡二叉树已存在。

操作结果：插入数据元素 e。

12）bool Delete(const KeyType ＆key)

初始条件：平衡二叉树已存在。

操作结果：删除关键字为 key 的数据元素。

13）const BinAVLTreeNode ＜ElemType＞ ＊LeftChild(const BinAVLTreeNode ＜ElemType＞ ＊cur) const

初始条件：平衡二叉树已存在，cur 是二叉树的一个节点。

操作结果：返回平衡二叉树节点 cur 的左孩子。

14）const BinAVLTreeNode ＜ElemType＞ ＊RightChild(const BinAVLTreeNode ＜ElemType＞ ＊cur) const

初始条件：平衡二叉树已存在，cur 是平衡二叉树的一个节点。

操作结果：返回平衡二叉树节点 cur 的右孩子。

15）BinAVLTreeNode ＜ ElemType ＞ ＊ Parent（ const BinAVLTreeNode ＜ElemType＞ ＊cur) const

初始条件：平衡二叉树已存在,cur 是二叉树的一个节点。

操作结果：返回平衡二叉树节点 cur 的双亲节点。

16) int Height() const

初始条件：平衡二叉树已存在。

*3. B 树和 B⁺ 树

1) B 树

一棵 m 阶 B 树可定义为具有以下特性的 m 树：

(1) 根是一个叶节点或者至少有两个孩子。

(2) 除了根以外的每个分支节点有 $\lceil \frac{m}{2} \rceil \sim m$ 个孩子。

(3) 所有叶节点在树结构的同一层,并且不含任何信息(可看成是外部节点或查找失败的节点),因此 m 阶 B 树结构总是树高平衡的。

B 树检索是一个交替的两步过程,从 B 树的根节点开始。

(1) 在当前节点中对关键字进行二分法查找。如果查找到关键字,就返回相关记录。如果当前节点是叶节点,就报告检索失败。

(2) 否则,沿着某个分支重复这一过程。

2) B⁺ 树

B⁺ 树是 B 树的一种变形,比 B 树具有更广泛的应用,m 阶 B⁺ 树有如下特征：

(1) 每个节点的关键字个数与孩子个数相等,所有非最下层的分支节点的关键字是对应子树上的最大关键字,最下层分支节点包含了全部关键字。

(2) 除了根节点以外,每个分支节点有 $\lceil \frac{m}{2} \rceil \sim m$ 个孩子。

(3) 所有叶节点在树状结构的同一层并且不含任何信息(可看成是外部节点或查找失败的节点),因此树状结构总是树高平衡的。

8.4 哈 希 表

1. 哈希表的概念

在哈希算法中,数据借助哈希表(Hash table)进行组织。人们对关键字 key 应用一个称为散列函数(Hash function)的函数 $H(\text{key})$,来确定具有此关键字 key 的特定数据元素是否在表中,即计算 $H(\text{key})$ 的值。$H(\text{key})$ 给出关键字原为 key 的数据元素在哈希表中的位置。设哈希表 ht 的大小为 m,$0 \leqslant H(\text{key}) < m$。为了确定关键字值为 key 的数据元素是否在表中,只需要在哈希表中查看数据元素 ht[$H(\text{key})$]。

哈希函数 $H()$ 将关键字 key 对应为一个整数,满足 $0 \leqslant H(\text{key}) < m$。两个关键字 key1 和 key2,如果 key1$\neq$key2,$H(\text{key1}) = H(\text{key2})$,也就是不同关键字有相同的哈希地址,这种现象称为冲突,key1 与 key2 称为同义词。

在选择哈希函数时,应考虑的主要因素如下：

(1) 选择一个易于计算的哈希函数。

(2) 尽量减少冲突发生的次数。

2. 构造哈希函数的方法

有多种构造哈希函数的方法,下面介绍一些常见的方法。

1) 平方取中法

在这种方法中,计算哈希函数 $H()$ 的方法是先计算关键字的平方,然后用结果的中间几位来获得元素的地址。因为一个平方数的中间几位通常依赖于所有的各位,所以即使一些位的数字是相同的,不同的关键字值也很可能会产生不同的哈希地址。

2) 除留余数法

在这种方法中,用关键字 key 除以不大于哈希表大小的数 p 的一个余数,此余数表示 key 在 ht 中的地址,也就是

$$H(\text{key}) = \text{key} \% p$$

为减少冲突,在一般情况下,p 最好为素数或不包含小于 20 的素数因子的合数。

3) 随机数法

取关键字的随机函数值为它的哈希地址,也就是

$$H(\text{key}) = \text{Random}(\text{key})$$

其中,Random 为伪随机函数,其取值为 $0 \sim m-1$。

3. 处理冲突的方法

哈希算法必须包含处理冲突的算法。冲突解决技术可以分为开放定址法和链地址法两种。在开放定址法中,数据存储在哈希表中;在链地址法中,数据存储在链表中,哈希表是指向链表的指针数组。

1) 开放定址法

设哈希地址为 $0 \sim m-1$,冲突是指关键字 key 得到的地址为 h 的位置上已存放有数据元素,处理冲突的方法就是为此关键字寻找另一个空的哈希地址,处理冲突的过程可能得到一个地址序列:

$$h_1, h_2, \cdots, h_k$$

也就是在处理冲突时,得到另一个哈希地址 h_1,如果 h_1 还有冲突,则求下一个哈希地址 h_2,以此类推,直到 h_k 不发生冲突为止。

开放定址法的一般形式为

$$h_i = (H(\text{key}) + d_i) \% m, \quad 1 \leqslant i \leqslant m-1$$

其中 $H(\text{key})$ 为哈希函数,m 为表长,d_i 为增量序列,d_i 有两种常见的取法:

(1) $d_i = i$,也就是 $d_i = 1, 2, \cdots, m-1$,这种取法称为线性探测法。

(2) $d_i = $ 随机数,这种取法称为随机探测法。

2) 链地址法

哈希表 ht 是一个指针数组,对于每个 h,$0 \leqslant h < m$,$\text{ht}[h]$ 是指向链表的一个指针。对数据元素中的每个关键字 key,首先计算 $h = H(\text{key})$,然后将含此关键字的数据元素插入 $\text{ht}[h]$ 指向的链表中,所以对于不相同的关键字 key1 和 key2,如果 $H(\text{key1}) = H(\text{key2})$,带有关键字 key1 和 key2 的数据元素将被插入相同的链表,使得冲突的处理更为快捷和高效。

＊4. 哈希表的实现

每种构造哈希表的构造以及处理冲突的方法都可构造一个类来实现哈希表,哈希表一般具有如下基本操作:

1）void Traverse(void（＊visit)(const ElemType ＆)) const

初始条件：哈希表已存在。

操作结果：依次对哈希表的每个元素调用函数（＊visit）。

2）bool Search(const KeyType ＆key，ElemType ＆e) const

初始条件：哈希表已存在。

操作结果：查寻关键字为 key 的元素。

3）bool Insert(const ElemType ＆e)

初始条件：哈希表已存在。

操作结果：插入数据元素 e。

4）bool Delete(const KeyType ＆key)

初始条件：哈希表已存在。

操作结果：删除关键字为 key 的数据元素。

第9章 排　序

9.1 概　述

排序(sorting)就是将元素(或记录)的任意序列,重新排序成按关键字有序的序列,排序在程序设计中有着重要的应用。

从第8章可以看出,对于有序的顺序表采用折半查找法,比无序的顺序表采用顺序查找法效率高得多,本章将研究各种排序算法。

设有一组元素序列如下:

$$(e_0, e_1, \cdots, e_{n-1})$$

其对应的关键字分别为

$$(\mathrm{key}_0, \mathrm{key}_1, \cdots, \mathrm{key}_{n-1})$$

排序问题就是将这些记录重新排成新序列:

$$(e_{s_0}, e_{s_1}, \cdots, e_{s_{n-1}})$$

使得

$$\mathrm{key}_{s_0} \leqslant \mathrm{key}_{s_1} \leqslant \cdots \leqslant \mathrm{key}_{s_{n-1}}$$

也就是说排序就是重排元素,使其按关键字有序。

如果元素关键字没有重复出现,则按任何排序方法排序后得到的序列是唯一的;对于可以重复出现的关键字,则排序结果可能不唯一。假如对于任意 $\mathrm{key}_i == \mathrm{key}_j (0 \leqslant i < j \leqslant n-1)$,则排序前元素 e_i 在 e_j 的前面,如果排序后元素 e_i 也在 e_j 的前面,这样的排序方法称为是稳定的排序方法;反之如可能排序后元素 e_i 在 e_j 后面,则称所用的排序方法是不稳定的排序方法。

按照排序过程中所涉及的存储器,可将排序分为如下两类:

(1) 内部排序。内部排序是将待排序的元素全部存入计算机的内存,在排序过程中不需要访问外存。

(2) 外部排序。在进行外部排序时,待排序的元素不用全部装入内存,只需在排序过程中不断访问外存。

本章主要讲内部排序,对外部排序只做简单介绍。

对于内部排序,按排序过程中所依据的不同原则,可分为以下4种:

(1) 插入排序;

(2) 交换排序;

(3) 选择排序;

(4) 归并排序。

按内部排序过程中所需的工作量,可分为如下3类:

(1) 简单排序方法,其时间复杂度为 $O(n^2)$;

(2) 先进排序方法(也称为高级排序方法),其时间复杂度为 $O(n \mathrm{lb} n)$;

（3）基数排序方法，其时间复杂度为 $O(d \cdot n)$。

9.2　插　入　排　序

1. 直接插入排序

直接插入排序（straight insertion sort）是一种简单的排序算法，其基本思想是将第 1 个元素看成是一个有序子序列，再依次从第 2 个元素起逐个插入这个有序的子序列中。一般情况下，在第 i 步上，将 elem$[i]$ 插入由 elem$[0]$ $\sim$ elem$[i-1]$ 构成的有序子序列中。

2. Shell 排序

Shell（谢尔）排序的基本思想是先将整个待排序的元素序列分割成若干子序列，分别对各子序列进行直接插入排序，等整个序列中的元素"基本有序"时，再对全体元素进行一次直接插入排序。

9.3　交　换　排　序

借助于"交换"排序的一类排序方法称为交换排序，最简单的一种是起泡排序（Bubble Sort），最先进的一种是快速排序（Quick Sort）。

1. 冒泡排序

冒泡排序的基本思想是，将序列中的第 1 个元素与第 2 个元素进行比较，若前者大于后者，则两个元素交换位置，否则不交换；再将第 2 个元素与第 3 个元素比较，若前者大于后者，则两个元素交换位置，否则不交换；以此类推，直到第 $n-1$ 个元素与第 n 个元素比较，若前者大于后者，则两个元素交换位置，否则不交换。经过如此一趟排序，使得 n 个元素中最大者被安置在第 n 个位置上。此后，再对前 $n-1$ 个元素进行同样过程，使得该 $n-1$ 个元素的最大者被安置在整个序列的第 $n-1$ 个位置上；然后再对前 $n-2$ 个元素重复上述过程，直到对前 2 个元素重复上述过程为止。

2. 快速排序

快速排序的基本思想是任选序列中的一个元素（通常选取第一个元素）作为支点（pivot），以它和所有剩余元素进行比较，将所有较它小的元素都排在它前面，将所有较它大的元素都排在它之后，经过一趟排序后，可按此元素所在位置为界，将序列划分为两个部分，再对这两个部分重复上述过程直至每部分中只剩一个元素为止。

9.4　选　择　排　序

选择排序的基本思想是每趟在 $n-i(i=0,1,\cdots,n-1)$ 个元素（elem$[i]$，elem$[i+1]$，$\cdots$，elem$[n-1]$）中选择最小元素作为有序序列中第 i 个元素。

1. 简单选择排序

简单选择排序（simple selection sort）的第 i 趟是从（elem$[i]$，elem$[i+1]$，$\cdots$，elem$[n-1]$）选择第 i 小的元素，并将此元素放到 elem$[i]$ 处，也就是说简单选择排序是从未排序的序列中选择最小元素，接着是次小的，以此类推，为寻找下一个最小元素，需检索数组整个未排序部分,但只一次交换即将待排序元素放到正确位置上。

2. 堆排序

对于有 n 个元素的序列(elem[0], elem[1], $\cdots$, elem[$n-1$]),当且仅当满足如下条件时,称为堆:

$$\begin{cases} \text{elem}[i] \leqslant \text{elem}[2i+1] \\ \text{elem}[i] \leqslant \text{elem}[2i+2] \end{cases} \quad \text{或} \quad \begin{cases} \text{elem}[i] \geqslant \text{elem}[2i+1] \\ \text{elem}[i] \geqslant \text{elem}[2i+2] \end{cases}$$

其中 $i = 0, 1, 2, \cdots, (n-2)/2$。

上面第一组关系定义的堆称为小顶堆,第二组关系定义的堆称为大顶堆,如将序列对应的数组看成是完全二叉树,则堆的定义表明完全二叉树所有非终端节点的值均不大于(或不小于)其左右孩子的值,如(elem[0], elem[1], $\cdots$, elem[$n-1$])是堆,则堆顶元素 elem[0] 的值最小(或最大)。

下面只讨论大顶堆,对于小顶堆完全类似,此处从略。

对于大顶堆,堆顶元素最大,在输出堆顶元素后,如果能使剩下的 $n-1$ 个元素重新构建成一个堆,则可得到次大的元素,如此继续可得到一个有序序列,这种排序方法称为堆排序。

实现堆排序需要实现如下的算法:

(1) 将一个无序序列构建成一个堆。

(2) 在输出堆顶元素后,调整剩余元素成为一个新的堆。

9.5 归并排序

归并排序(merging sort)是一种简单易懂的先进排序方法,这里的归并是指将两个有序子序列合并为一个新的有序子序列,设初始序列中有 n 个元素,归并排序的基本思想是,将序列看成 n 个有序的子序列,每个序列的长度为1,然后两两归并,得到 $\left\lceil \dfrac{n}{2} \right\rceil$ 个长度为 2 或 1 的有序子序列,然后两两归并……这样重复下去,直到得到一个长度为 n 的有序子序列,这种排序方法称为 2-路归并排序,如果每次将 3 个有序子序列合并为一个新的有序序列,则称为 3-路归并排序,以此类推,对于内部排序来讲,2-路归并排序就能完全满足需要。

*9.6 基 数 排 序

基数排序(radix sorting)是一种全新的排序方法,其实现的关键是不需要进行元素的关键字之间的比较,而是一种借助多关键字排序思想的排序方法。

1. 多关键字排序

假设在有 n 个元素的序列

$$\{\text{elem}_0, \text{elem}_1, \cdots, \text{elem}_{n-1}\}$$

中,元素 elem$_i$ 含有 d 个关键字($K_i^0, K_i^1, \cdots, K_i^{d-1}$),其中 K_i^0 称为最主位关键字,K_i^{d-1} 称为最次位关键字,如果对任意两个元素 elem$_i$ 和 elem$_j$($0 \leqslant i < j \leqslant n-1$)都满足

$$(K_i^0, K_i^1, \cdots, K_i^{d-1}) \leqslant (K_j^0, K_j^1, \cdots, K_j^{d-1})$$

则称序列按关键字($K^0, K^1, \cdots, K^{d-1}$)有序。

多关键字序列的排序最常见的方法是最低位优先(least significant first,LSF)法,先对最低位 K^{d-1} 进行排序,再对高 1 位关键字 K^{d-2} 进行排序,以此类推,直到对 K^0 进行排序为止。这种排序可以不比较关键字的大小,而是通过"分配"和"收集"来实现。

2. 基数排序

基数排序的本质是借助于分配和收集算法对单关键字进行排序。基数排序是将关键字 K_i 在逻辑上看成是 d 个关键字 $(K_i^0,K_i^1,\cdots,K_i^{d-1})$,如 $K_i^j(0 \leqslant j \leqslant d-1)$ 有 radix 种值,称 radix 为基数。例如关键字是整数,并且关键字取值范围是 $0 \leqslant j \leqslant 99$,则可认为关键字 K 由 2 个关键字 (K^0,K^1) 组成,其中 K^0 是十位数,K^1 是个位数,并且每位关键字可取 10 个值,即基数 radix＝10。在算法实现时可将数据按关键字分配到线性链表中,然后再对所得的线性链表进行收集。

*9.7 外 部 排 序

内部排序方法的特点是在排序过程中所有数据都在内存中,但是当要排序的元素非常多,以致内存中不能一次进行处理时,只能将它们以文件的形式存放于外存中。排序时将一部分元素调入内存进行处理,在排序过程中不断地在内存和外存之间传送数据,这样的排序方法称为外部排序。

1. 外部排序基础

数据在磁盘上一般以块的形式进行存储,块也称为页面,是磁盘存储的基本单位,操作系统都是以块为单位访问磁盘的。磁盘的信息地址标注方法如下:

(柱面号,盘面号,块号)

柱面号用于确定读写头的径向运动,块号用于确定信息在磁道上的位置,盘面号用于确定具体的读写头。为访问一块信息,首先将移动臂作径向移动寻找柱面,实际上也就是寻找磁道,简称为寻道,然后再等候所要访问信息所在的块旋转到磁头的上面,最后开始读写信息。在磁盘上读写一块信息所需要的时间由如下 3 部分组成:

$$T_{io} = T_{seek} + T_{latency} + T_{trans}$$

其中参数含义如下:

T_{seek} 为寻道时间,也就是磁头作径向运动的时间;

$T_{latency}$ 为等待时间,也就是等待信息块旋转到磁头上面的时间;

T_{trans} 为传输时间,也就是传输信息的时间。

现在的磁盘旋转速度越来越快,读写时间主要花费在寻道上,所以在磁盘上存储的信息应将相关数据存储到同一柱面或邻近柱面上,这样磁头在读写时可减少磁头作径向移动的时间。

2. 外部排序的方法

外部排序一般由如下两步构成。

(1) 将外存上所含的 n 个元素依次读入内存并使用内部排序方法进行排序,将排序后的有序子文件重新写入外存中,一般称这些子文件为归并段。

(2) 对归并段进行逐趟归并,使归并段的长度由小变大,直到整个文件有序为止。

在一般情况下,外部排序所需时间如下:

$$T_{es} = mT_{is} + dT_{io} + snT_{mg}$$

其中参数含义如下：

m 是初始归并段个数；

T_{is} 是产生每个初始归并段进行内部排序的时间；

d 是外存块的读/写次数；

T_{io} 是对每个外存块的读写时间；

s 是归并趟数；

n 是元素个数；

T_{mg} 是进行归并时每归并出一个元素的时间。

对于外部排序所需读写外存块的次数为

$$d = 2s\left\lceil \frac{n}{b} \right\rceil + 2\left\lceil \frac{n}{b} \right\rceil$$

其中参数含义如下：

s 为归并趟数；

n 为总元素个数；

b 为每个块的元素个数。

减少归并趟数可减少外存块的读/写次数，可仿照 2-路归并排序的归并趟数公式类推出 k-路归并排序对 m 个初始归并段的归并趟数的公式如下：

$$s = \lceil \log_k m \rceil$$

可见增加 k 值能减少归并趟数，进而进一步减少外存块的读写次数。

第 10 章　文　　件

10.1　主存储器和辅助存储器

计算机存储设备分为主存储器（primary memory 或 main memory）和辅助存储器（secondary storage 或 peripheral storage）。主存储器通常指随机访问存储器（random access memory，RAM），辅助存储器指硬盘、U 盘和光盘这样的设备。

10.2　各种常用文件结构

1. 顺序文件

顺序文件（sequential file）是记录按照在文件中的逻辑顺序依次进入存储介质而建立的，也就是顺序文件中物理记录的顺序和逻辑记录的顺序是一样的。如果次序相继的两个物理记录在存储介质上的存储位置是相邻的，则称**连续文件**；如果物理记录之间的次序由指针相链表示，则称**串联文件**。

2. 索引文件

索引文件由**索引表**和**主文件**两部分构成，索引表是指示逻辑记录与物理记录之间对应关系的表，表中的每一项称为索引项。不论主文件是否按关键字有序，索引表中的索引项总是按关键字顺序排列。若主文件中的记录也按关键字顺序排列，则称**索引顺序**文件。若主文件中记录不按关键字顺序排列，则称**索引非顺序**文件。

索引表由程序自动生成。在记录输入建立主文件的同时建立一个索引表，表中的索引项自动按关键字进行排序。

3. 哈希文件

哈希文件又称**直接存取文件**，其特点是，由记录的关键字值直接得到记录在外存上的存储地址。类似于构造一个哈希表，根据文件中关键字的特点设计一种哈希函数和处理冲突的方法，然后将其记录到外存储设备上，故又称散列文件。

外存上的文件记录通常是成组存放的。若干个记录组成一个存储单位，在哈希文件中，这个存储单位称为桶（bucket）。假若一个桶能存放 m 个记录，这就是说，m 个同义词的记录可以存放在同一地址的桶中，而当第 $m+1$ 个同义词出现时才发生溢出。处理溢出也可采用哈希表中处理冲突的各种方法，但对哈希文件，主要采用链地址法。

当发生溢出时，需要将第 $m+1$ 个同义词存放到另一个桶中，通常称此桶为溢出桶，相对地，称前 m 个同义词存放的桶为基桶。溢出桶和基桶大小相同，相互之间用指针相链接。当在基桶中没有找到待查记录时，就顺指针所指到溢出桶中进行查找。

第11章 算法设计与分析

11.1 算 法 设 计

1. 递归算法

一个直接或间接地调用自身的算法称为递归算法,一个直接或间接地调用自身的函数称为递归函数。一般递归具有如下的形式:

```
if (<递归结束条件>)
{ // 递归结束条件成立,结束递归部分
    递归结束部分;
}
else
{ // 递归结束条件不成立,继续进行递归调用
    递归调用部分;
}
```

或

```
if (<递归调用条件>)
{ // 递归调用条件成立,继续进行递归调用
    递归调用部分;
}
[else
{ // 递归调用条件不成立,结束递归部分
    递归结束部分;
}]
```

2. 分治算法

为了解决一个大的问题,将一个规模为 n 的问题分解为规模较小的子问题,这些子问题一般和原问题相似。分别求解这些子问题,最后将各个子问题的解合并得到原问题的解。

*3. 动态规划算法

动态规划与分治法相似,都是将待求解问题分解成若干个子问题,先求解这些子问题,然后从子问题的解得到原问题的解。不同的是,适合于用动态规划法求解的问题,经分解得到的子问题一般不是互相独立的,动态规划算法的特点是保存已解决的子问题的答案,由上一个子问题的答案求下一个子问题的答案,最终求得整个问题的答案。

*4. 贪婪算法

贪婪算法在当前看来是最好的选择。贪婪算法不从整体最优上加以考虑,它所做出的选择是局部最优选择。当然需要验证或证明贪婪算法得到的最终结果也是整体最优的。

*5. 回溯法

回溯法可以系统地搜索一个问题的所有解。包含问题的所有解的解空间一般组织成树，也可以组织成图结构，按照先根遍历策略（解空间为树）或深度优先策略（解空间为图），从根节点出发搜索解空间树或从某节点出发搜索解空间图。运用回溯法解题通常包含以下3个步骤：

(1) 针对特定问题，定义问题的解空间；

(2) 确定易于搜索的解空间结构；

(3) 以先根遍历方式或深度优先方式搜索解空间。

一般情况下可用如下形式的递归函数来实现：

```
void BackTrack (int i, int n)
// 操作结果：假设已求得满足约束条件的部分解(x₁, x₂, ⋯, xᵢ₋₁)，从 xᵢ 起继续搜索，直到求
// 得整个解(x₁, x₂, ⋯, xₙ)
{
    if (i >n)
    {  // 已求得解
        输出当前解;
    }
    else
    {  // 回溯求解
        for (xi =start(i, n); xi <=end(i, n); xi++)
        {
            修改解的第 i 个元素为 xi;
            if ((x1, x2, ⋯, xi)满足约束条件)
            {  // 继续求下一个部分解
                BackTrack (i +1, n);
            }
            恢复解未修改前的状况;              //回溯求新的解
        }
    }
}
```

其中，形式参数 i 表示递归深度，n 用来控制递归深度。当 $i>n$ 时，算法已搜索到一个解。此时输出当前解，算法的 for 循环中 $start(i, n)$ 和 $end(i, n)$ 分别表示在当前扩展节点处未搜索过的孩子节点（解空间为树）或邻接节点（解空间为图）的起始编号和终止编号。

**6. 分支限界法

分支限界法与回溯法类似，也是一种在问题的解空间上搜索问题解的算法。一般情况下，回溯法的求解目标是找出解空间中满足约束条件的所有解，而分支限界法的求解目标则是找出满足约束条件的一个解或是在满足约束条件的解中找出使某一目标函数值达到极大或极小的解，即某种意义下的最优解。

11.2 算 法 分 析

1. 递归分析

一般设 $T(n)$ 表示规模为 n 的基本操作的运行次数,不断通过迭代将 $T(n)$ 转换为递归结束部分,在递归结束时可直接写出 $T(n)$ 的值。

**2. 利用生成函数进行分析

定义:设 $\{a_0, a_1, a_2, \cdots, a_n, \cdots\}$ 是一个数列,则幂级数

$$G(x) = a_0 + a_1 x + \cdots + a_n x^n + \cdots = \sum_{n=0}^{\infty} a_n x^n$$

称为数列 $\{a_0, a_1, a_2, \cdots, a_n, \cdots\}$ 的生成函数。一般将数列 $\{a_0, a_1, a_2, \cdots, a_n, \cdots\}$ 简记为 $\{a_n\}$。由数列 $\{a_n\}$ 的生成函数可以求得序列 $\{a_n\}$ 的通项。

第 2 部分

实　　验

　　"数据结构与算法"是一门实践性很强的课程，要学好这门课程，不能离开重要的实验环节。学生不仅应具有扎实的理论知识，还应通过不断的编程实践、程序调试、程序纠错等过程才能真正融会贯通，提高编程水平。

　　本部分包含了 22 个实验，每个实验都有目标与要求、工具及准备工作、实验分析、实验步骤、测试与结论以及思考与感悟。实验步骤给出了具体操作步骤和具体而实用的指导，让初学者面对实验不会束手无策。希望读者通过本部分的学习能够有所启迪与感悟。

实验 1　石头、剪刀、布

一、目标与要求

本游戏的规则是,游戏者用手势表示石头、剪刀或布中的一个,出拳头表示石头,伸出两根手指表示剪刀,伸出手掌表示布。当大家一起数到三时做出各自的选择,如果所做选择是一样的,则表示平局,否则就按如下规则决定胜负:

(1) 石头砸坏剪刀;

(2) 剪刀剪碎布;

(3) 布覆盖石头。

试编程实现计算机与人进行游戏。

二、工具及准备工作

在开始实验前,应回顾或复习相关的内容。

需要一台计算机,其中安装有 Visual C++ 6.0、Visual C++ 2017、Dev-C++ 或 CodeBlocks 等集成开发环境软件。

三、实验分析

本游戏比较简单,在程序上定义了供用户选择的类型与胜负结果的类型,具体形式如下:

```
typedef enum
{    // 选手可作的选择: ROCK(石头), SCISSOR(剪刀), CLOTH(布), GAME(游戏), HELP(帮助)
     // 和 QUIT(退出)
     ROCK, SCISSOR, CLOTH, GAME, HELP, QUIT
} SelectType;


typedef enum
{    // 胜负结果: WIN(胜), LOSE(负)和 TIE(平)
     WIN, LOSE, TIE
} ResultType;
```

本实验主要功能用 GameOfRockScissorCloth 实现,具体声明如下:

```
// 石头、剪刀、布游戏类 GameOfRockScissorCloth 声明
class GameOfRockScissorCloth
{
private:
// 石头、剪刀、布游戏类的数据成员
     int winCount;                              // 真人选手获胜次数
     int loseCount;                             // 真人选手失败次数
     int tieCount;                              // 真人选手平局次数
```

```
// 辅助函数
    ResultType Compare(SelectType playerChoice, SelectType computerChoice);
                                        // 比较决定胜负
    void DisplayFinalStatus();          // 显示游戏最后状态
    void DisplayGameStatus();           // 显示游戏状态
    void DisplayHelp();                 // 显示帮助信息
    void Report(ResultType result);     // 报告比赛结果,并统计获胜、失败和平局次数
    SelectType SelectByMachine();       // 计算机选手做选择
    SelectType SelectByPlayer();        // 真人选手做选择

public:
// 石头、剪刀、布游戏类方法声明
    GameOfRockScissorCloth();           // 无参数的构造函数
    virtual ~GameOfRockScissorCloth(){}; // 析构函数
    void Run();                         // 运行游戏
};
```

方法 Run()用来运行游戏,下面为用伪代码描述的整个游戏的流程。

```
设置随机数种子
显示帮助信息

while (选手未选择退出)
    根据选手的选择做相应的处理

显示游戏状态
```

四、实验步骤

1. 建立项目 game_of_rock_scissor_cloth。

2. 建立头文件 game_of_rock_scissor_cloth.h,声明相关用户自定义类型,以及石头、剪刀、布游戏类 GameOfRockScissorCloth 和实现相关的成员函数。具体内容如下:

```
// 文件路径名: game_of_rock_scissor_cloth\game_of_rock_scissor_cloth.h
#ifndef __GAME_OF_ROCK_SCISSOR_CLOTH_H__
#define __GAME_OF_ROCK_SCISSOR_CLOTH_H__

#include <iostream>  // 编译预处理命令
#include <cstdlib>   // 含 C 函数 rand()及 srand()的声明(stdlib.h 与 cstdlib 是 C 的头文件)
#include <ctype.h>   // 含 C 函数 tolower()和 toupper()的声明(ctype.h 是 C 的头文件)
#include <ctime>     // 含 C 语言有关日期和时间的函数(time.h 与 time 是 C 的头文件)
using namespace std; // 使用命名空间 std

typedef enum
{   // 选手可供的选择: ROCK(石头),SCISSOR(剪刀),CLOTH(布),DISPLAY(显示),HELP(帮助)
    // 和 QUIT(退出)
    ROCK, SCISSOR, CLOTH, DISPLAY, HELP, QUIT
} SelectType;
```

```
typedef enum
{    // 胜负结果: WIN(胜), LOSE(负)和 TIE(平)
     WIN, LOSE, TIE
} ResultType;
```

// 石头、剪刀、布游戏类 GameOfRockScissorCloth 声明
```
class GameOfRockScissorCloth
{
private:
```
// 石头、剪刀、布游戏类的数据成员
```
     int winCount;                          // 真人选手获胜次数
     int loseCount;                         // 真人选手失败次数
     int tieCount;                          // 真人选手平局次数
```

// 辅助函数
```
     ResultType Compare(SelectType playerChoice, SelectType computerChoice);
                                            // 比较决定胜负
     void DisplayFinalStatus();             // 显示游戏最后状态
     void DisplayGameStatus();              // 显示游戏状态
     void DisplayHelp();                    // 显示帮助信息
     void Report(ResultType result);        // 报告比赛结果,并统计获胜、失败和平局次数
     SelectType SelectByMachine();          // 计算机选手做选择
     SelectType SelectByPlayer();           // 真人选手做选择
```

```
public:
```
// 石头、剪刀、布游戏类方法声明
```
     GameOfRockScissorCloth();              // 无参数的构造函数
     virtual ～GameOfRockScissorCloth(){};// 析构函数
     void Run();                            // 运行游戏
};
```

// 石头、剪刀、布游戏类 GameOfRockScissorCloth 的实现部分
```
GameOfRockScissorCloth::GameOfRockScissorCloth()
```
// 操作结果: 初始化数据成员
```
{
     winCount = 0;                          // 真人选手获胜次数
     loseCount = 0;                         // 真人选手失败次数
     tieCount = 0;                          // 真人选手平局次数
}
```

```
ResultType GameOfRockScissorCloth::Compare(SelectType playerChoice, SelectType
computerChoice)
```
// 操作结果: 比较决定真人选手的获胜、失败或平局
```
{
     ResultType result;

     if (playerChoice ==computerChoice)
     {    // 选择相同表示平局
```

```
            return TIE;
        }

    switch (playerChoice)
    {
    case ROCK:                              // 真人选手选择石头
        result = (computerChoice ==SCISSOR) ? WIN : LOSE;
                                            //根据计算机选手的选择得到比较结果
        break;
    case SCISSOR:                           // 真人选手选择剪刀
        result = (computerChoice ==CLOTH) ? WIN : LOSE;
                                            // 根据计算机选手的选择得到比较结果
        break;
    case CLOTH:                             // 真人选手选择布
        result = (computerChoice ==ROCK) ? WIN : LOSE;
                                            // 根据计算机选手的选择得到比较结果
        break;
    }

    return result;
}

void GameOfRockScissorCloth::DisplayFinalStatus()
// 操作结果: 显示游戏最后状态
{
    if (winCount >loseCount)
    {   // 真人选手获胜次数更多
        cout <<"祝贺你,你取得最终胜利了!" <<endl <<endl;
    }
    else if (winCount <loseCount)
    {   // 真人选手失败次数更多
        cout <<"不要失去信心,只要努力,将来胜利一定属于你!" <<endl <<endl;
    }
    else
    {   // 真人选手获胜次数和失败次数相同
        cout <<"还不错,虽然最终平手,但也没失败!" <<endl <<endl;
    }
}

void GameOfRockScissorCloth::DisplayGameStatus()
// 操作结果: 显示游戏状态
{
    cout <<"游戏状态:" <<endl;
    cout <<"获胜次数:" <<winCount <<endl;
    cout <<"失败次数:" <<loseCount <<endl;
    cout <<"平局次数:" <<tieCount <<endl;
}
```

```
void GameOfRockScissorCloth::DisplayHelp()
// 操作结果: 显示帮助信息
{
    cout << "下面是选手可输入的字符:" << endl;
    cout << " r   表示选择石头(rock)" << endl;
    cout << " s   表示选择剪刀(scissor)" << endl;
    cout << " c   表示选择布(cloth)" << endl;
    cout << " d   表示选择显示(display)游戏当前状态" << endl;
    cout << " h   表示选择获得帮助(help)" << endl;
    cout << " q   表示选择退出(quit)" << endl << endl;
    cout << "游戏规则:" << endl;
    cout << "   石头砸坏剪刀" << endl;
    cout << "   剪刀剪碎布" << endl;
    cout << "   布覆盖石头" << endl;
}


void GameOfRockScissorCloth::Report(ResultType result)
// 操作结果: 报告比赛结果,并统计获胜、失败和平局次数
{
    switch (result)
    {
    case WIN:                          // 真人选手获胜
        winCount = winCount + 1;        // 获胜次数加1
        cout << "          你获胜了!" << endl;
        break;
    case LOSE:                         // 真人选手失败
        loseCount = loseCount + 1;      // 失败次数加1
        cout << "          对不起,你失败了!" << endl;
        break;
    case TIE:                          // 平局
        tieCount = tieCount + 1;        // 平局次数加1
        cout << "          唉,是平局!" << endl;
        break;
    }
}


SelectType GameOfRockScissorCloth::SelectByMachine()
// 操作结果: 计算机选手做选择
{
    return (SelectType) (rand() % 3);   // 0:ROCK(石头),1:SCISSOR(剪刀),2:CLOTH(布)
}


SelectType GameOfRockScissorCloth::SelectByPlayer()
// 操作结果: 真人选手做选择
{
```

```cpp
    char select;
    SelectType playerChoice;

    cout << "请选择(r,s,c,d,h,q)";
    do
    {    // 真人选手做选择
        cin >> select;
        select = tolower(select);                  // 大写字母转化为小写字母
    } while (select != 'r' && select != 's' && select != 'c'&& select != 'd' &&
        select != 'h' && select != 'q');

    switch (select)
    {
    case 'r':                                      // 选择石头
        playerChoice = ROCK;
        break;
    case 's':                                      // 选择剪刀
        playerChoice = SCISSOR;
        break;
    case 'c':                                      // 选择布
        playerChoice = CLOTH;
        break;
    case 'd':                                      // 选择显示游戏状态
        playerChoice = DISPLAY;
        break;
    case 'h':                                      // 选择帮助
        playerChoice = HELP;
        break;
    case 'q':                                      // 选择退出
        playerChoice = QUIT;
        break;
    }

    return playerChoice;
}

void GameOfRockScissorCloth::Run()
// 操作结果: 运行游戏
{
    ResultType result;                             // 真人选手的胜负平结果
    SelectType playerChoice, machineChoice;    // 选手做的选择

    srand((unsigned)time(NULL));                   // 设置随机数种子
    DisplayHelp();                                 // 显示帮助信息
```

```
        while ((playerChoice =SelectByPlayer()) !=QUIT)
    {
        switch (playerChoice)
        {
        case ROCK:
        case SCISSOR:
        case CLOTH:                               // 选手选择了石头、剪刀和布
            machineChoice =SelectByMachine();
            result =Compare(playerChoice, machineChoice);
                                                  // 比较决定真人选手胜负平结果
            Report(result);                       // 报告比赛结果,并统计获胜、失败和平局次数
            break;
        case DISPLAY:                             // 选手选择显示游戏当前状态
            DisplayGameStatus();                  // 显示游戏状态
            break;
        case HELP:                                // 选手选择获得帮助
            DisplayHelp();                        // 显示帮助信息
            break;
        }
    }

    DisplayGameStatus();                          // 显示游戏状态
    DisplayFinalStatus();                         // 显示游戏最后状态
}


# endif
```

3. 建立源程序文件 main.cpp,实现 main()函数,具体代码如下:

```
// 文件路径名:game_of_rock_scissor_cloth\main.h
#include <iostream>                          // 编译预处理命令
#include <cstdlib>                           // 含 C 函数 system()的声明(stdlib.h 与 cstdlib 是 C 的头文件)
using namespace std;                         // 使用命名空间 std
#include "game_of_rock_scissor_cloth.h" // 石头、剪刀、布游戏

int main()
{
    char select;                             // 用于接收用户是否再次玩游戏的回答
    do
    {
        GameOfRockScissorCloth objGame; // 石头、剪刀、布游戏对象
        objGame.Run();                       // 运行游戏
        cout <<"是否再玩一次游戏(Y, y, N, n)?";
        cin >>select;                        // 接收用户回答
        select =toupper(select);             // 转换成大写字母
        while (select !='Y' && select !='N')
```

```
        {          // 输入有误
            cout << "应输入(Y, y, N, n),请重新输入:";
            cin >> select;                    // 重新输入
        }
    } while (select == 'Y');

    system("PAUSE");                          // 调用库函数 system()
    return 0;                                 // 返回值 0, 返回操作系统
}
```

4. 编译及运行本游戏。

五、测试与结论

测试时,应注意尽量覆盖算法的各种情况,屏幕显示参考如下:

下面是选手可输入的字符:
 r 表示选择石头(rock)
 s 表示选择剪刀(scissor)
 c 表示选择布(cloth)

 g 表示选择显示游戏(game)当前状态
 h 表示选择获得帮助(help)
 q 表示选择退出(quit)

游戏规则:
 石头砸坏剪刀
 剪刀剪碎布
 布覆盖石头

请选择(r,s,c,g,h,q)r
                   对不起,你失败了!

请选择(r,s,c,g,h,q)s
                   你获胜了!

请选择(r,s,c,g,h,q)c
                   唉,是平局!

请选择(r,s,c,g,h,q)g
游戏状态:
获胜次数:1
失败次数:1
平局次数:1
请选择(r,s,c,g,h,q)h
下面是选手可输入的字符:
 r 表示选择石头(rock)
 s 表示选择剪刀(scissor)
 c 表示选择布(cloth)
 g 表示选择显示游戏(game)当前状态
 h 表示选择获得帮助(help)
 q 表示选择退出(quit)

游戏规则：

　　石头砸坏剪刀

　　剪刀剪碎布

　　布覆盖石头

请选择(r,s,c,g,h,q)q

游戏状态：

获胜次数：1

失败次数：1

平局次数：1

还不错，虽然最终平手，但也没失败！

是否再玩一次游戏(y, n)?y

下面是选手可输入的字符：

　　r　　表示选择石头(rock)

　　s　　表示选择剪刀(scissor)

　　c　　表示选择布(cloth)

　　g　　表示选择显示游戏(game)当前状态

　　h　　表示选择获得帮助(help)

　　q　　表示选择退出(quit)

游戏规则：

　　石头砸坏剪刀

　　剪刀剪碎布

　　布覆盖石头

请选择(r,s,c,g,h,q)

从上面的屏幕显示，可知本程序满足实验目标与要求。

六、思考与感悟

　　算法中 GameOfRockScissorCloth 类的成员函数 Run( )运行结束后，中间状态 winCount、loseCount 及 tieCount 并未初始化，因此最好先定义初始化成员函数 Init()，这样每次结束后，用户还可选择是继续进行上次的游戏，还是重新玩一次新游戏，以及退出程序。

　　通过本实验，读者可能会觉得任何程序都可以改造，即"没有最好，只有更好"。推而广之，任何软件都有改进的余地，不可能达到绝对完美，可进行不断升级，直至软件结束生命周期。

实验 2 21 点

一、目标与要求

本游戏是一个古老的扑克牌游戏,游戏规则是,各个参与者设法使自己的牌接近但不能超过总分 21。扑克牌的分值取它们的面值,A 充当 1 分或者 11 分(由玩家自己确定选择一种分值),J、Q 和 K 人头牌都是 10 分。

一个庄家要对付 1~7 个玩家。在一局开始时,包括庄家在内的所有参与者都会获得两张牌。玩家可以看到他们所有的牌以及总分,而庄家有一张牌暂时是隐藏的。接下来,各个玩家都有机会根据需要依次再拿一张牌。如果某个玩家的总分超过了 21(称为"引爆"),那么这个玩家就输了。在所有玩家都拿了额外的牌后,庄家将显示他隐藏的牌。只要庄家的总分等于或小于 16,那么他就必须再拿牌。如果庄家引爆了,那么还没有引爆的所有玩家都将获胜。否则将余下的各玩家的总分与庄家的总分做比较,如果玩家的总分大于庄家的总分,则玩家获胜。如果二者的总分相同,则玩家与庄家打成平局。

编写程序实现游戏,计算机作为庄家,1~7 个人作为普通玩家参与游戏。游戏程序运行输出如下所示。

```
多少人加入游戏?(1~7):2
输入第 1 位玩家的姓名:张三
输入第 2 位玩家的姓名:李四
游戏开始
庄家:<隐藏>梅花 7
张三:红桃 7 方块 J 总分值 17
李四:红桃 J 红桃 3 总分值 13

张三,你想再要一张牌吗(y, n)?n
李四,你想再要一张牌吗(y, n)?y
李四:红桃 J 红桃 3 梅花 10 总分值 23
李四引爆!
庄家:方块 10 梅花 7 总分值 17

张三,唉,你打平局了!
李四,对不起,你输了!
你想再玩一次吗(y, n)?
```

二、工具及准备工作

在开始实验前,应回顾或复习相关的内容。

需要一台计算机,其中安装有 Visual C++ 6.0、Visual C++ 2017、Dev-C++ 或 CodeBlocks 等集成开发环境软件。

三、实验分析

首先定义表示扑克牌花色与面值的枚举类型,这样编程的可读性更强,具体定义如下:

```
typedef enum
{   // 扑克牌面值:ACE(A),TWO(2)~TEN(10),JACK(J), QUEEN(Q), KING(K)
    ACE =1, TWO, THREE, FOUR, FIVE, SIX, SEVEN, EIGHT, NINE, TEN, JACK, QUEEN, KING
} RankType;

typedef enum
{   // 扑克牌花色:CLUBS(梅花), DIAMONDS(方块), HEARTS(红桃)和 SPADES(黑桃)
    CLUBS, DIAMONDS, HEARTS, SPADES
} SuitType;
```

为了简单起见,用结构 Card 表示扑克牌,Card 结构声明如下:

```
struct Card
{   // 扑克牌结构体
    RankType rank;                              // 扑克牌面值
    SuitType suit;                              // 扑克牌花色
};
```

重载 Card 的输出运算符<<,这样输出 Card 变量时就比较方便,在程序中声明 21 点游戏类 GameOf21Point。GameOf21Point 具体声明如下:

```
// 21点游戏类 GameOf21Point 声明
class GameOf21Point
{
private:
// 21点游戏类的数据成员
    Card deck[52];                              // 一副扑克牌
    int dealPos;                               // 发牌位置
    Card hands[8][21];
                // hand[0]存储庄家手中的扑克牌, hand[1~7]存储各位玩家手中的扑克牌
    int numOfCard[8];     // 庄家(numOfCard[0])及玩家(numOfCard[1~7])手中的扑克牌数
    char name[8][LEN_OF_MAX_NAME];              // 庄家与玩家姓名
    int numOfPlayer;                           // 玩家人数

// 辅助函数
    void Shuffle();              // 洗牌,将扑克牌混在一起以便产生一种随机的排列组合
    int GetTotalScore(Card hand[21], int n);    // 返回一手扑克牌的总分值
    void ShowStatus(int num, bool hideFirstCardAndTotalScore =false);
        // 显示庄家(对应 num=0)或玩家(对应 num>0)的当前状态
    Card DealOneCard();                         // 发一张扑克牌

public:
// 21点游戏类方法声明
    GameOf21Point();                           // 无参数的构造函数
    virtual ~GameOf21Point(){};                // 析构函数
    void Run();                                // 运行游戏
};
```

方法 Run()用来运行游戏,下面为用伪代码描述的整个游戏的流程。

洗牌
给庄家和玩家发最初的两张牌
隐藏庄家的第一张牌
显示庄家和玩家手中的牌
依次向玩家发额外的牌
显示庄家的第一张牌
给庄家发额外的牌
if (庄家引爆)
    没有引爆的所有人赢
else
    for (每个玩家)
        if (玩家没有引爆且玩家的总分比庄家大) 宣布玩家赢
        else if (玩家的总分与庄家相等) 宣布平局
        else 宣布玩家输

四、实验步骤

1. 建立项目 game_of_21_point。

2. 建立头文件 card.h,声明相关用户自定义类型、结构体 Card,以及对 Card 的运算符 <<进行重载,具体内容如下:

```
// 文件路径名: game_of_21_point\card.h
#ifndef __CARD_H__
#define __CARD_H__

#include <iostream>                              // 编译预处理命令
using namespace std;                             // 使用命名空间 std

typedef enum
{   // 扑克牌面值:ACE(A),TWO(2)~ TEN(10),JACK(J), QUEEN(Q), KING(K)
    ACE =1, TWO, THREE, FOUR, FIVE, SIX, SEVEN, EIGHT, NINE, TEN, JACK, QUEEN, KING
} RankType;

typedef enum
{    // 扑克牌花色:CLUBS(梅花), DIAMONDS(方块), HEARTS(红桃)和 SPADES(黑桃)
    CLUBS, DIAMONDS, HEARTS, SPADES
} SuitType;

struct Card
{   // 扑克牌结构体
    RankType rank;                               // 扑克牌面值
    SuitType suit;                               // 扑克牌花色
};

ostream& operator<<(ostream& outStream, const Card &card)
// 操作结果: 重载<<运算符
{
```

```
        // 输出花色
        if (card.suit ==CLUBS) outStream <<" 梅花";                      // CLUBS 表示梅花
        else if (card.suit ==DIAMONDS) outStream <<" 方块";             // DIAMONDS 表示方块
        else if (card.suit ==HEARTS) outStream <<" 红桃";              // HEARTS 表示红桃
        else if (card.suit ==SPADES) outStream <<" 黑桃";             // SPADES 表示黑桃

        // 输出面值
        if (card.rank ==ACE) outStream <<"A";                          // ACE 表示 A
        else if (card.rank ==JACK) outStream <<"J";                    // JACK 表示 J
        else if (card.rank ==QUEEN) outStream <<"Q";                  // QUEEN 表示 Q
        else if (card.rank ==KING) outStream <<"K";                   // KING 表示 K
        else cout << (int)card.rank;                                  // (int)card.rank 为分值

        return outStream;
}

#endif
```

3. 建立头文件 game_of_21_point.h，声明及实现 21 点游戏类 GameOf21Point。具体内容如下：

```
// 文件路径名：game_of_21_point\game_of_21_point.h
#define __GAME_OF_21_POINT_H__

#include <iostream>                                        // 编译预处理命令
#include <cstdlib>      // 含 C 函数 rand()及 srand()的声明(stdlib.h 与 cstdlib 是 C 的头文件)
#include <ctype.h>      // 含 C 函数 toupper()的声明(ctype.h 是 C 的头文件)
#include <ctime>        // 含 C 语言有关日期和时间函数(time.h 与 time 是 C 的头文件)
using namespace std;                                       // 使用命名空间 std
#include "card.h"                                           // 扑克牌

#define LEN_OF_MAX_NAME 21                                 // 最大姓名长度

// 21 点游戏类 GameOf21Point 声明
class GameOf21Point
{
private:
// 21 点游戏类的数据成员
    Card deck[52];                                          // 一副扑克牌
    int dealPos;                                           // 发牌位置
    Card hands[8][21];
                    // hand[0]存储庄家手中的扑克牌，hand[1~7]存储各位玩家手中的扑克牌
    int numOfCard[8];      // 庄家(numOfCard[0])及玩家(numOfCard[1~7])手中的扑克牌数
    char name[8][LEN_OF_MAX_NAME];                         // 庄家与玩家姓名
    int numOfPlayer;                                       // 玩家人数

// 辅助函数
    void Shuffle();                       // 洗牌，将扑克牌混在一起以便产生一种随机的排列组合
```

```cpp
        int GetTotalScore(Card hand[21], int n);                    // 返回一手扑克牌的总分值
        void ShowStatus(int num, bool hideFirstCardAndTotalScore = false);
            // 显示庄家(对应 num=0)或玩家(对应 num>0)的当前状态
        Card DealOneCard();                                         // 发一张扑克牌
        void CStrCopy(char * target, const char * source)
                                              // C 风格将串 source 复制到串 target
        { while((* target++ = * source++) != '\0'); }


    public:
    // 21 点游戏类方法声明:
    GameOf21Point();                                               // 无参数的构造函数
    virtual ~GameOf21Point(){};                                    // 析构函数
    void Run();                                                    // 运行游戏
};


// 21 点游戏类 GameOf21Point 的实现部分
GameOf21Point::GameOf21Point()
// 操作结果: 初始化扑克牌,发牌位置,庄家与各玩家手中的扑克牌数
{
    int curPos = 0;                                                // 当前扑克牌位置
    for (int suitPos = 0; suitPos < 4; suitPos++)
    {   // 花色
        for (int rankPos = 1; rankPos <= 13; rankPos++)
        {   // 面值
            deck[curPos].suit = (SuitType)suitPos;                // 花色
            deck[curPos].rank = (RankType)rankPos;                // 面值
            curPos++;                                             // 下一个位置
        }
    }
    cout << "多少人加入游戏?(1~7):";
    cin >> numOfPlayer;                                           // 玩家人数
    dealPos = 0;                                                  // 发牌位置
    int i;                                                        // 临时变量
    for (i = 0; i <= numOfPlayer; i++) numOfCard[i] = 0;
        // 庄家(numOfCard[0])及玩家(numOfCard[1~7])手中的扑克牌数
    CStrCopy(name[0], "庄家");                                    // 庄家
    for (i = 1; i <= numOfPlayer; i++)
    {   // 玩家姓名
        cout << "输入第" << i << "位玩家的姓名:";
        cin >> name[i];
    }
    cout << "游戏开始" << endl;
}


void GameOf21Point::Shuffle()
// 操作结果: 洗牌,将扑克牌混在一起以便产生一种随机的排列组合
{
    for (int curPos = 51; curPos > 0; curPos--)
```

```cpp
    {   // 产生随机的位置为 curPos 的扑克牌
        int pos = (rand() % (curPos + 1));                          // 生成 0～curPos 的随机数
        Card tem = deck[pos]; deck[pos] = deck[curPos] = tem;
                                                                   // 交换 deck[pos] 与 deck[curPos]
    }
}


int GameOf21Point::GetTotalScore(Card hand[21], int n)
// 操作结果: 返回一手扑克牌的总分值
{
    int pos;                                                       // 临时变量
    int totalScore = 0;                                            // 总分值
    for (pos = 0; pos < n; pos++)
    {   // 循环求最大分值(A 的分值为 11)
        if (hand[pos].rank == ACE) totalScore += 11;               // A 的分值为 11
        else if (hand[pos].rank > TEN) totalScore += 10;           // J,Q,K 的分值为 10
        else totalScore += (int)hand[pos].rank;                    // TWO～TEN 的分值为 2～10
    }

    for (pos = 0; totalScore > 21 && pos < n; pos++)
    {   // 分值大于 21 时, 将 A 的分值改为 1
        if (hand[pos].rank == ACE) totalScore -= 10;               // A 的分值由 11 分改为 1 分
    }

    return totalScore;                                             // 返回总分
}


void GameOf21Point::ShowStatus(int num, bool hideFirstCardAndTotalScore)
// 操作结果: 当 num=0 时, 显示庄家当前状态, 当 num>0 时, 显示第 num 个玩家的当前状态,
//     当 hideFirstCardAndTotalScore 为真时, 将隐藏首张扑克牌与总分, 否则将显示
//     首张扑克牌与总分
{
    cout << name[num] << ":";                                      // 显示庄家或玩家姓名
    if (hideFirstCardAndTotalScore) cout << " <隐藏>";             // 隐藏首张扑克牌
    else cout << hands[num][0];                                    // 显示首张扑克牌
    for (int i = 1; i < numOfCard[num]; i++)
        cout << hands[num][i];                                     // 显示庄家或玩家手中的扑克牌
    if (!hideFirstCardAndTotalScore)
        cout << " 总分值" << GetTotalScore(hands[num], numOfCard[num]);
                                                                   // 显示庄家或玩家总分
    cout << endl;
    if (GetTotalScore(hands[num], numOfCard[num]) > 21)
        cout << name[num] << "引爆!" << endl;
}


Card GameOf21Point::DealOneCard()
// 操作结果: 发一张扑克牌
```

```
    {
        return deck[dealPos++];
    }


void GameOf21Point::Run()
// 操作结果: 运行游戏
{
    srand((unsigned)time(NULL));                        // 设置随机数种子
    Shuffle();                              // 洗牌, 将扑克牌混在一起以便产生一种随机的排列组合
    int i, j;                                           // 临时变量
    char select;                                        // 用于接收用户回答

    for (i = 0; i < 2; i++)
        hands[0][numOfCard[0]++] = DealOneCard();       // 为庄家发两张扑克牌
    ShowStatus(0, true);                        // 显示庄家状态, 隐藏首张扑克牌与总分

    for (i = 1; i <= numOfPlayer; i++)
    {   // 向各玩家发扑克牌, 显示各玩家手中的扑克牌
        for (j = 0; j < 2; j++)
            hands[i][numOfCard[i]++] = DealOneCard();   // 为玩家 i 发两张扑克牌
        ShowStatus(i);                                  // 显示玩家 i
    }
    cout << endl;

    for (i = 1; i <= numOfPlayer; i++)
    {   // 依次向玩家发额外的牌
        cout << name[i] << ", 你想再要一张牌吗(Y, y, N, n)?";
        cin >> select;                                  // 接收用户回答
        select = toupper(select);                       // 转换成大写字母
        while (select != 'Y' && select != 'N')
        {   // 输入有误
            cout << "应输入(Y, y, N, n), 请重新输入:";
            cin >> select;                              // 重新输入
        }

        if (select == 'Y')
        {   // 玩家再要一张牌
            hands[i][numOfCard[i]++] = DealOneCard();   // 为玩家 i 发 1 张扑克牌
            ShowStatus(i);                              // 显示玩家 i
        }
    }

    ShowStatus(0);                                      // 显示庄家
    while (GetTotalScore(hands[0], numOfCard[0]) <= 16)
    {   // 庄家总分小于或等于 16, 必须再拿牌
```

```
        hands[0][numOfCard[0]++] =DealOneCard();         // 为庄家发 1 张扑克牌
        ShowStatus(0);                                    // 显示庄家
    }
    cout <<endl;


    if (GetTotalScore(hands[0], numOfCard[0]) >21)
    {   // 庄家引爆, 没有引爆的所有人赢
        for (i =1; i <=numOfPlayer; i++)
        {   // 依次查看每位玩家
            if (GetTotalScore(hands[i], numOfCard[i]) <=21)
            {   // 玩家没有引爆
                cout <<name[i] <<", 恭喜你, 你赢了!" <<endl;
            }
        }
    }
    else
    {   // 庄家没有引爆
        for (i =1; i <=numOfPlayer; i++)
        {   // 依次查看每位玩家
            if (GetTotalScore(hands[i], numOfCard[i]) <=21 &&    // 未引爆
                GetTotalScore(hands[i], numOfCard[i]) > GetTotalScore (hands[0],
                numOfCard[0])                                      // 总分比庄家大
            )
            {   // 玩家未引爆, 且总分比庄家大, 玩家赢
                cout <<name[i] <<", 恭喜你, 你赢了!" <<endl;
            }
            else if (GetTotalScore(hands[i], numOfCard[i]) ==
                GetTotalScore(hands[0], numOfCard[0]))
            {   // 玩家总分与庄家相等, 平局
                cout <<name[i] <<", 唉, 你打平局了!" <<endl;
            }
            else
            {   // 玩家引爆或总分比庄家小, 玩家输
                cout <<name[i] <<", 对不起, 你输了!" <<endl;
            }
        }
    }
}


#endif
```

4. 建立源程序文件 main.cpp, 实现 main()函数, 具体代码如下:

```
// 文件路径名: game_of_21_point\main.h
#include <iostream>                                       // 编译预处理命令
#include <cstdlib>      // 含 C 函数 system()的声明(stdlib.h 与 cstdlib 是 C 的头文件)
using namespace std;                                      // 使用命名空间 std
```

```
#include "game_of_21_point.h"                    // 21点游戏

int main()
{
    char select;                                 // 用于接受用户回答是否再次玩游戏
    do
    {
        GameOf21Point objGame;                   //21点游戏对象
        objGame.Run();                           // 运行游戏
        cout << "是否再玩一次游戏(Y, y, N, n)?";
        cin >> select;                           // 接收用户回答
        select = toupper(select);                // 转换成大写字母
        while (select != 'Y' && select != 'N')
        {    // 输入有误
            cout << "应输入(Y, y, N, n),请重新输入:";
            cin >> select;                       // 重新输入
        }
    } while (select == 'Y');

    system("PAUSE");                             // 调用库函数 system()
    return 0;                                    // 返回值 0, 返回操作系统
}
```

5. 编译及运行本游戏。

五、测试与结论

测试时,应注意尽量覆盖算法的各种情况,屏幕显示参考如下:

多少人加入游戏?(1～7):2
输入第 1 位玩家的姓名:张三
输入第 2 位玩家的姓名:李四
游戏开始
庄家:<隐藏>方块 J
张三:红桃 5 红桃 4 总分值 9
李四:红桃 A 方块 8 总分值 19

张三,你想再要一张牌吗(y, n)?y
张三:红桃 5 红桃 4 黑桃 J 总分值 19
李四,你想再要一张牌吗(y, n)?n
庄家:梅花 J 方块 J 总分值 20

张三,对不起,你输了!
李四,对不起,你输了!
你想再玩一次吗(y, n)?y
多少人加入游戏?(1～7):2
输入第 1 位玩家的姓名:刘明

输入第 2 位玩家的姓名:李敏
游戏开始
庄家:<隐藏>方块 7
刘明:梅花 3 红桃 2 总分值 5
李敏:方块 9 红桃 10 总分值 19

刘明,你想再要一张牌吗(y, n)?y
刘明:梅花 3 红桃 2 黑桃 K 总分值 15
李敏,你想再要一张牌吗(y, n)?n
庄家:梅花 Q 方块 7 总分值 17

刘明,对不起,你输了!
李敏,恭喜你,你赢了!
你想再玩一次吗(y, n)?y
多少人加入游戏?(1~7):2
输入第 1 位玩家的姓名:李宏
输入第 2 位玩家的姓名:吴越
游戏开始
庄家:<隐藏>黑桃 2
李宏:黑桃 9 红桃 Q 总分值 19
吴越:红桃 2 梅花 Q 总分值 12

李宏,你想再要一张牌吗(y, n)?n
吴越,你想再要一张牌吗(y, n)?y
吴越:红桃 2 梅花 Q 方块 Q 总分值 22
吴越引爆!
庄家:红桃 3 黑桃 2 总分值 5
庄家:红桃 3 黑桃 2 红桃 A 总分值 16
庄家:红桃 3 黑桃 2 红桃 A 黑桃 10 总分值 16
庄家:红桃 3 黑桃 2 红桃 A 黑桃 10 方块 6 总分值 22
庄家引爆!

李宏,恭喜你,你赢了!
吴越,对不起,你输了!
你想再玩一次吗(y, n)?

从上面的屏幕显示,可知本程序满足实验目标与要求。

六、思考与感悟

在运行程序时,要求输入多少人加入游戏,如果玩家人数多于 7 人,则可能会出错误,试改进程序,避免这种情况的发生。

可仿照实验 1,为游戏添加帮助提示信息,说明游戏的功能与玩法。

很多传统的游戏都可编程实现,这样由游戏玩家变成游戏制作者,可能比玩游戏更有趣味与成就感。进一步讲,如果由游戏迷变成了游戏制作者,更能增加成就感,甚至变成一种职业。

实验 3　不带头节点形式的单链表

一、目标与要求
实现不带头节点形式的单链表。

二、工具及准备工作
在开始实验前,应回顾或复习相关的内容。

需要一台计算机,其中安装有 Visual C++ 6.0、Visual C++ 2017、Dev-C++ 或 CodeBlocks 等集成开发环境软件。

三、实验分析
在几乎所有数据结构的教材中都在线性链表中使用头节点,其原因是使用头节点编程更简捷、高效,如果读者具体实现不带头节点形式的单链表,则理解将更深入,对提高算法领悟力也会有所帮助。

一个线性表$(a_1,a_2,\cdots,a_n)$的不带头节点的单链表结构通常如图 2.3.1 所示。当单链表中没有数据元素时,这时便无节点,也就是 first ==NULL。

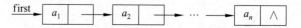

图 2.3.1　不带头节点的单链表结构示意图

对于带头节点的单链表,在具体实现时,可仿照不带头节点的单链表,定义类模板 SimpleLinkListWithoutHeadNode。具体类模板声明如下:

```
// 无头节点的简单线性链表类模板
template <class ElemType>
class SimpleLinkListWithoutHeadNode
{
protected:
// 链表实现的数据成员
    Node<ElemType> * first;                          // 指向首元素节点的指针

// 辅助函数模板
    Node<ElemType> * GetElemPtr(int position) const; // 返回指向第 position 个节点的指针

public:
// 抽象数据类型方法声明及重载编译系统默认方法声明
    SimpleLinkListWithoutHeadNode();                 // 无参数的构造函数模板
    virtual ~SimpleLinkListWithoutHeadNode();        // 析构函数模板
    int Length() const;                              // 求线性表长度
    bool Empty() const;                              // 判断线性表是否为空
    void Clear();                                    // 将线性表清空
```

```
void Traverse(void ( * visit)(const ElemType &)) const;   // 遍历线性表
bool GetElem(int position, ElemType &e) const;   // 求指定位置的元素
bool SetElem(int position, const ElemType &e);   // 设置指定位置的元素值
bool Delete(int position, ElemType &e);          // 删除元素
bool Insert(int position, const ElemType &e);    // 插入元素
SimpleLinkListWithoutHeadNode(const SimpleLinkListWithoutHeadNode<ElemType>
    &source);                                    // 复制构造函数模板
SimpleLinkListWithoutHeadNode<ElemType>&operator =
    (const SimpleLinkListWithoutHeadNode<ElemType>&source);
                                                 // 重载赋值运算符
};
```

对于带头节点的单链表,第 1 个元素的前驱节点为头节点,所有元素都有非空的前驱节点,因此可作统一处理;而对于不带头节点的单链表,第 1 个元素的前驱为空,其他元素则有非空的前区,对于插入,删除等操作都需要对第 1 个元素节点单独进行讨论,使算法更复杂。下面讨论插入操作,如插入在第 1 个元素之前,如图 2.3.2 所示,具体代码如下:

```
newPtr =new Node<ElemType>(e, first);       // 生成新节点
first =newPtr;                              // newPtr 为新的第 1 个元素的节点
```

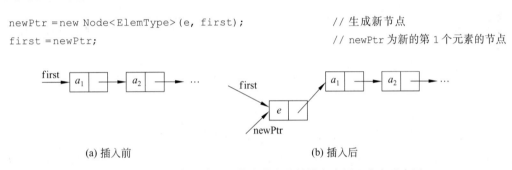

(a) 插入前   (b) 插入后

图 2.3.2   在第 1 个元素之前的不带头节点的单链表中插入节点示意图

对于在非第 1 个元素之前插入节点的情况,如假设在线性链表的数据元素 a 和 b 之间插入 e,已知 tem Ptr 为指向数据元素 a 的指针,如图 2.3.3(a)所示,为插入数据元素 e,应生成一个数据成分为 e,指针成分为 tempPtr->next(指向 b)的新节点,设 newPtr 指向新节点,可用如下语句实现:

```
newPtr =new Node<ElemType>(e, tempPtr->next);    // 生成新节点
tempPtr->next =newPtr;                           // 将 tempPtr 插入链表中
```

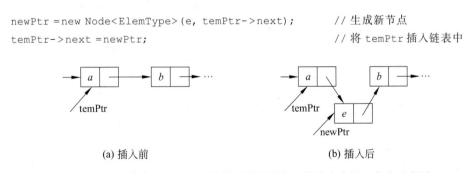

(a) 插入前   (b) 插入后

图 2.3.3   在非第 1 个元素之前的不带头节点的单链表中插入节点示意图

对于其他操作可作类似的分析,读者在具体实现时,最好先画出示意图,然后再编写代码,这样可达到事半功倍的效果。

四、实验步骤

1. 建立项目 simple_lk_list_without_head_node。

2. 建立头文件 simple_lk_list_without_head_node.h,声明不带头节点的单链表类,并实现相关的成员函数。具体内容如下:

```
#ifndef __SIMPLE_LK_LIST_WITHOUT_first_NODE_H__
#define __SIMPLE_LK_LIST_WITHOUT_first_NODE_H__

#include "node.h"

// 无头节点的简单线性链表类模板
template <class ElemType>
class SimpleLinkListWithoutHeadNode
{
protected:
// 链表实现的数据成员
    Node<ElemType> * first;                          // 指向首元素节点的指针

// 辅助函数模板
    Node<ElemType> * GetElemPtr(int position) const;    // 返回指向第 position 个节点的指针

public:
// 抽象数据类型方法声明及重载编译系统默认方法声明
    SimpleLinkListWithoutHeadNode();                    // 无参数的构造函数模板
    virtual ~SimpleLinkListWithoutHeadNode();           // 析构函数模板
    int Length() const;                                 // 求线性表长度
    bool Empty() const;                                 // 判断线性表是否为空
    void Clear();                                       // 将线性表清空
    void Traverse(void (* visit)(const ElemType &)) const;  // 遍历线性表
    bool GetElem(int position, ElemType &e) const;      // 求指定位置的元素
    bool SetElem(int position, const ElemType &e);      // 设置指定位置的元素值
    bool Delete(int position, ElemType &e);             // 删除元素
    bool Insert(int position, const ElemType &e);       // 插入元素
    SimpleLinkListWithoutHeadNode(const SimpleLinkListWithoutHeadNode
        <ElemType> &source);                            // 复制构造函数模板
    SimpleLinkListWithoutHeadNode<ElemType> &operator =
        (const SimpleLinkListWithoutHeadNode<ElemType> &source);    // 重载赋值运算符
};

// 简单线性链表类重载的实现部分
template<class ElemType>
Node<ElemType> * SimpleLinkListWithoutHeadNode<ElemType>::GetElemPtr(int
    position) const
```

```
// 操作结果: 返回指向第 position 个节点的指针
{
    Node<ElemType> * temPtr =first;  // 用 temPtr 遍历线性表以查找第 position 个节点

    int curPosition =1;                    // temPtr 所指节点的位置

    while (temPtr !=NULL && curPosition <position)
    {    // 顺指针向后查找,直到 temPtr 指向第 position 个节点
        temPtr =temPtr->next;
        curPosition++;
    }

    if (temPtr !=NULL && curPosition ==position)
    {    // 查找成功
        return temPtr;
    }
    else
    {    // 查找失败
        return NULL;
    }

}


template <class ElemType>
SimpleLinkListWithoutHeadNode<ElemType>::SimpleLinkListWithoutHeadNode()
// 操作结果: 构造一个空链表
{
    first =NULL;                           // 在空链表中指向首元素节点的指针为空

}


template <class ElemType>
SimpleLinkListWithoutHeadNode<ElemType>::~SimpleLinkListWithoutHeadNode()
// 操作结果: 销毁线性表
{
    Clear();                                           // 清空线性表
}


template <class ElemType>
int SimpleLinkListWithoutHeadNode<ElemType>::Length() const
// 操作结果: 返回线性表元素个数
{
    int count =0;                                      // 计数器
    for (Node<ElemType> * temPtr =first; temPtr !=NULL; temPtr =temPtr->next)
    {    // 用 temPtr 依次指向每个元素
        count++;                                       // 对线性表的每个元素进行计数
```

```
    }
    return count;
}


template <class ElemType>
bool SimpleLinkListWithoutHeadNode<ElemType>::Empty() const
// 操作结果: 如线性表为空,则返回 true,否则返回 false
{
    return first ==NULL;
}


template <class ElemType>
void SimpleLinkListWithoutHeadNode<ElemType>::Clear()
// 操作结果: 清空线性表
{

    ElemType temElem;                              // 临时元素值
    while (Length() >0)
    {   // 线性表非空,则删除第 1 个元素
        Delete(1, temElem);
    }
}


template <class ElemType>
void SimpleLinkListWithoutHeadNode<ElemType>::Traverse(void ( * visit)(const
    ElemType &)) const
// 操作结果: 依次对线性表的每个元素调用函数( * visit)
{
    for (Node<ElemType> * tempPtr =first; tempPtr !=NULL; tempPtr =tempPtr->next)
    {   // 用 tempPtr 依次指向每个元素
        ( * visit)(tempPtr->data);                // 对线性表的每个元素调用函数( * visit)
    }
}


template <class ElemType>
bool SimpleLinkListWithoutHeadNode<ElemType>::GetElem(int position, ElemType
    &e) const
// 操作结果: 当线性表存在第 position 个元素时,用 e 返回其值,并返回 true,
//否则返回 false
{
    if (position <1 || position >Length())
    {   // position 范围错
        return false;
    }
```

```
        else
        {    // position 合法
            Node<ElemType> * tempPtr;
            tempPtr =GetElemPtr(position);                  // 取出指向第 position 个节点的指针
            e =tempPtr->data;                               // 用 e 返回第 position 个元素的值
            return true;
        }
    }


template <class ElemType>
bool SimpleLinkListWithoutHeadNode<ElemType>::SetElem(int position, const
    ElemType &e)
// 操作结果: 将线性表的第 position 个位置的元素赋值为 e,
//position 的取值范围为 1≤position≤Length(),
//position 合法返回 true,否则返回 false
{
    if (position <1 || position >Length())
    {    // position 范围错
        return false;
    }
    else
    {    // position 合法
        Node<ElemType> * tempPtr;
        tempPtr =GetElemPtr(position);                      // 取出指向第 position 个节点的指针
        tempPtr->data =e;                                   // 设置第 position 个元素的值
        return true;
    }
}


template <class ElemType>
bool SimpleLinkListWithoutHeadNode<ElemType>::Delete(int position, ElemType
    &e)
// 操作结果: 删除线性表的第 position 个位置的元素,并用 e 返回其值,
//position 的取值范围为 1≤position≤Length(),
//position 合法返回 true,否则返回 false
{
    if (position <1 || position >Length())
    {    // position 范围错
        return false;                                       // 元素不存在
    }
    else
    {    // position 合法
        Node<ElemType> * tempPtr;
        if (position >1)
        {    // 删除非第 1 个元素
```

```
        tewPtr =GetElemPtr(position -1);   // 取出指向第 position-1 个节点的指针
        Node<ElemType> * nextPtr =tewPtr->next;
                                           // nextPtr 为 temPtr 的后继
        tewPtr->next =nextPtr->next;       // 删除节点
        e =nextPtr->data;                  // 用 e 返回被删节点元素值
        delete nextPtr;                    // 释放被删节点
    }
    else
    {   // 删除第 1 个元素
        temPtr =first;                     // 暂存 first
        first =first->next;                // first 指向后继
        delete temPtr;                     // 释放被删除节点
    }

    return true;
    }
}


template <class ElemType>
bool SimpleLinkListWithoutHeadNode<ElemType>::
    Insert(int position, const ElemType &e)
// 操作结果: 在线性表的第 position 个位置前插入元素 e
//position 的取值范围为 1≤position≤Length()+1,
//position 合法返回 true, 否则返回 false
{
    if (position <1 || position >Length() +1)
    {   // position 范围错
        return false;                      // 位置不合法
    }
    else
    {   // position 合法
        Node<ElemType> * newPtr;           // 指向被插入节点
        if (position >1)
        {   // 插入元素不为第 1 个元素
            Node<ElemType> * temPtr =GetElemPtr(position -1);
            // 取出指向第 position-1 个节点的指针
            newPtr =new Node<ElemType>(e, temPtr->next);   // 生成新节点
            temPtr->next =newPtr;          // 将 temPtr 插入链表中
        }
        else
        {   // 插入元素为第 1 个元素
            newPtr =new Node<ElemType>(e, first);
                                           // 生成新节点
            first =newPtr;                 // newPtr 为新的第 1 个元素的节点
        }
```

```
            return true;
    }
}


template <class ElemType>
SimpleLinkListWithoutHeadNode<ElemType>::SimpleLinkListWithoutHeadNode(
    const SimpleLinkListWithoutHeadNode<Elem-Type> &source)
// 操作结果: 由线性表 source 构造新线性表——复制构造函数模板
{
    int sourceLength = source.Length();              // source 的长度
    ElemType e;
    first = NULL;                                    // 初始化线性表,在空链表中指向首元素节点的指针为空

    for (int curPosition = 1; curPosition <= sourceLength; curPosition++)
    {   // 复制数据元素
        source.GetElem(curPosition, e);              // 取出第 curPosition 个元素
        Insert(Length() +1, e);                      // 将 e 插入当前线性表
    }
}


template <class ElemType>
SimpleLinkListWithoutHeadNode<ElemType> &SimpleLinkListWithoutHeadNode
    <Elem-Type>:: operator = (const SimpleLinkListWithoutHeadNode<ElemType>
    &source)
// 操作结果: 将线性表 source 赋值给当前线性表——重载赋值运算符
{
    if (&source !=this)
    {
        int sourceLength = source.Length();          // source 的长度
        ElemType e;
        Clear();                                     // 清空当前线性表

        for (int curPosition = 1; curPosition <= sourceLength; curPosition++)
        {   // 复制数据元素
            source.GetElem(curPosition, e);          // 取出第 curPosition 个元素
            Insert(Length() +1, e);                  // 将 e 插入当前线性表
        }
    }
    return * this;
}


#endif
```

3. 建立源程序文件 main.cpp,实现 main()函数,具体代码如下:

```cpp
#include <iostream>                              // 编译预处理命令
#include <cstdlib>        // 含 C 函数 system() 的声明 (stdlib.h 与 cstdlib 是 C 的头文件)
using namespace std;                             // 使用命名空间 std

#include "simple_lk_list_without_head_node.h"  // 无头节点的简单线性链表类

template <class ElemType>
void Show(const ElemType &e)
// 操作结果: 显示数据元素
{
    cout << e << " ";
}

int main()
{
    char c = '0';
    SimpleLinkListWithoutHeadNode<double> la, lb;
    double e;
    int position;

    while (c != '7')
    {
        cout << endl << "1. 生成线性表.";
        cout << endl << "2. 显示线性表.";
        cout << endl << "3. 检索元素.";
        cout << endl << "4. 设置元素值.";
        cout << endl << "5. 删除元素.";
        cout << endl << "6. 插入元素.";
        cout << endl << "7. 退出";
        cout << endl << "选择功能(1~7):";
        cin >> c;
        switch (c)
        {
            case '1':
                cout << endl << "输入 e(e = 0 时退出):";
                cin >> e;
                while (e != 0)
                {
                    la.Insert(la.Length() + 1, e);
                    cin >> e;
                }
                break;
            case '2':
                lb = la;
                lb.Traverse(Show<double>);
```

```
                break;
        case '3':
            cout <<endl <<"输入元素位置:";
            cin >>position;
            if (!la.GetElem(position, e))
                cout <<"元素不存储." <<endl;
            else
                cout <<"元素:" <<e <<endl;
            break;
        case '4':
            cout <<endl <<"输入位置:";
            cin >>position;
            cout <<endl <<"输入元素值:";
            cin >>e;
            if (!la.SetElem(position, e))
                cout <<"位置范围错." <<endl;
            else
                cout <<"设置成功." <<endl;
            break;
        case '5':
            cout <<endl <<"输入位置:";
            cin >>position;
            if (!la.Delete(position, e))
                cout <<"位置范围错." <<endl;
            else
                cout <<"被删除元素值:" <<e <<endl;
            break;
        case '6':
            cout <<endl <<"输入位置:";
            cin >>position;
            cout <<endl <<"输入元素值:";
            cin >>e;
            if (!la.Insert(position, e))
                cout <<"位置范围错." <<endl;
            else
                cout <<"成功:" <<e <<endl;
            break;
        }
    }

    system("PAUSE");                        // 调用库函数 system()
    return 0;                               // 返回值 0, 返回操作系统
}
```

4. 编译及运行不带头节点的单链表测试程序。

五、测试与结论

测试时,应注意尽量覆盖算法的各种情况,屏幕显示参考如下:

1.生成线性表.

2.显示线性表.

3.检索元素.

4.设置元素值.

5.删除元素.

6.插入元素.

7.退出

选择功能(1~7):1

输入 e(e＝0 时退出):1 2 3 4 5 6 7 8 9 0

1.生成线性表.

2.显示线性表.

3.检索元素.

4.设置元素值.

5.删除元素.

6.插入元素.

7.退出

选择功能(1~7):2

1 2 3 4 5 6 7 8 9

1.生成线性表.

2.显示线性表.

3.检索元素.

4.设置元素值.

5.删除元素.

6.插入元素.

7.退出

选择功能(1~7):3

输入元素位置:3

元素:3

1.生成线性表.

2.显示线性表.

3.检索元素.

4.设置元素值.

5.删除元素.

6.插入元素.

7.退出

选择功能(1~7):4

输入位置:4

输入元素值:88

设置成功.

1. 生成线性表.

2. 显示线性表.

3. 检索元素.

4. 设置元素值.

5. 删除元素.

6. 插入元素.

7. 退出

选择功能(1~7):2

1　2　3　88　5　6　7　8　9

1. 生成线性表.

2. 显示线性表.

3. 检索元素.

4. 设置元素值.

5. 删除元素.

6. 插入元素.

7. 退出

选择功能(1~7):5

输入位置:4

被删除元素值:88

1. 生成线性表.

2. 显示线性表.

3. 检索元素.

4. 设置元素值.

5. 删除元素.

6. 插入元素.

7. 退出

选择功能(1~7):2

1　2　3　5　6　7　8　9

1. 生成线性表.

2. 显示线性表.

3. 检索元素.

4. 设置元素值.

5. 删除元素.

6. 插入元素.

7. 退出

选择功能(1~7):6

输入位置:4

输入元素值:4

成功:4

1．生成线性表．

2．显示线性表．

3．检索元素．

4．设置元素值．

5．删除元素．

6．插入元素．

7．退出

选择功能(1～7):2

1 2 3 4 5 6 7 8 9

1．生成线性表．

2．显示线性表．

3．检索元素．

4．设置元素值．

5．删除元素．

6．插入元素．

7．退出

选择功能(1～7):

从上面的屏幕显示,可知本程序满足实验目标与要求.

六、思考与感悟

在算法中,SimpleLinkListWithoutHeadNode 是一种简单的实现方式,较易理解,但算法效率较低。如果能力许可,可在不带头节点的单链表结构中保存当前位置和元素个数以提高算法效率。

在计算机相关教材中总结了许多前人的实践经验,初学者很可能无法深刻理解。要想深刻理解,就必须改造已有数据结构与算法的实现方式,提高编程实践经验,这样才能融会贯通,成为计算机高手的境界。

** 实验4　任意大非负整数的任意大非负整数次方

一、目标与要求

实现任意大非负整数的任意大非负整数次方的算法。

二、工具及准备工作

在开始实验前,应回顾或复习相关的内容。

需要一台计算机,其中安装有 Visual C++ 6.0、Visual C++ 2017、Dev-C++ 或 CodeBlocks 等集成开发环境软件。

三、实验分析

在计算任意大非负整数的任意大非负整数次方,首先声明一个非负整数类 LargeInt,重载了计算机阶乘必需的运算符(比如＋与 ＊),具体实现时,可用双向链表存储非负整数,类 LargeInt 及相关重载函数声明如下:

```
// 非负大整数类
class LargeInt
{
protected:
// 非负大整数类的数据成员
    DblLinkList<unsigned int>num;                    // 存储非负整数的值

public:
// 方法声明及重载编译系统默认方法声明
    LargeInt(unsigned int n);                        // 构造函数
    LargeInt(const DblLinkList<unsigned int>&n);     // 构造函数
    LargeInt &operator = (const LargeInt &source);   // 赋值运算符重载
    const DblLinkList<unsigned int>&ToLink() const;  // 转换为链表
    LargeInt Multi10Power(unsigned int exponent) const; // 乘 10 的阶幂 10^exponent
    LargeInt operator * (unsigned int digit) const;  // 乘法运算符重载(乘以 1 位数)
    void TrimLeftZero();                             // 去掉非负整数最左侧的 0
};

// 重载运算符
LargeInt operator + (const LargeInt &a, const LargeInt &b); // 重载加法运算符+
LargeInt operator * (const LargeInt &a, const LargeInt &b); // 重载乘法运算符 *
bool operator < (const LargeInt &a, const LargeInt &b);   // 重载关系运算符<
ostream &operator << (ostream &outStream, const LargeInt &outLargeInt);   // 重载运算符<<
```

类 LargeInt 将一般两个非负整数的乘法问题转换为乘以 1 位数和乘以 10 的阶幂的问题,例如 $1508 \times 518 = 1508 \times 5 \times 10^2 + 1508 \times 1 \times 10^1 + 1508 \times 8 \times 10^0$;而乘以 1 位数的问题,可仿照乘法算式进行计算,乘的每 1 位为被乘数的 1 位与乘数的乘积再加上低位的进位的个位数;对于乘以 10 的阶幂,只需在被乘数的低位添加若干个 0 即可。

定义了类 LargeInt 后,计算任意大非负整数的任意大非负整数次方与计算一般整数的幂的方法完全相同。

由于计算任意大非负整数的任意大非负整数次方的计算量一般非常大,计算时间较长,为此专门声明一个计时器类 Timer 用于计时,以便知道计算时间的长短。类 Timer 声明如下:

```
// 计时器类 Timer
class Timer
{
private:
// 数据成员
    clock_t startTime;

public:
// 方法声明
    Timer() { startTime =clock(); }                      // 构造函数
    virtual~Timer() {};                                  // 析构函数
    double ElapsedTime()                                 // 返回已过的时间
    {
        clock_t endTime =clock();                        // 结束时间
        return (double)(endTime - startTime) / (double)CLK_TCK;
            // 返回从 Timer 对象启动或最后一次调用 reset()后所使用的 CPU 时间
    }
    void Reset() { startTime =clock(); }                 // 重置开始时间
};
```

四、实验步骤

1. 建立项目 power。

2. 将双向链表需要的头文件 dbl_node.h 和 dbl_lk_list.h(参考附录 A)复制到 power 文件夹中,并将 dbl_node.h 和 dbl_lk_list.h 加入项目中。

3. 建立头文件 timer.h,声明计时器。具体内容如下:

```
#ifndef _ _TIMER_H_ _
#define _ _TIMER_H_ _

#include <ctime>                        // 日期和时间函数(time.h 与 ctime 是 C 的头文件)

// 计时器类 Timer
class Timer
{
private:
// 数据成员
    clock_t startTime;

public:
```

```
// 方法声明
    Timer() { startTime = clock(); }                        // 构造函数
    virtual~Timer() {};                                     // 析构函数
    double ElapsedTime()                                    // 返回已过的时间
    {
        clock_t endTime = clock();                          // 结束时间
        return (double)(endTime - startTime) / (double)CLK_TCK;
            // 返回从 Timer 对象启动或最后一次调用 reset() 后所使用的 CPU 时间
    }
    void Reset() { startTime = clock(); }                   // 重置开始时间
};


#endif
```

4. 建立头文件 large_int.h,声明非负大整数类,并实现相关的成员函数与友元函数。具体内容如下:

```
#ifndef __LARGEINT_H__
#define __LARGEINT_H__

#include <iostream>                                         // 编译预处理命令
using namespace std;                                        // 使用命名空间 std
#include "dbl_lk_list.h"                                    // 双向链表

// 非负大整数类
class LargeInt
{
protected:
// 非负大整数类的数据成员
    DblLinkList<unsigned int>num;                           // 存储非负整数的值

public:
// 方法声明及重载编译系统默认方法声明
    LargeInt(unsigned int n = 0);                           // 构造函数
    LargeInt(const DblLinkList<unsigned int>&n);            // 构造函数
    LargeInt &operator = (const LargeInt &source);          // 赋值运算符重载
    const DblLinkList<unsigned int>&ToLink() const;         // 转换为链表
    LargeInt Multi10Power(unsigned int exponent) const;     // 乘 10 的阶幂 10^exponent
    LargeInt operator * (unsigned int digit) const;         // 乘法运算符重载(乘以 1 位数)
    void TrimLeftZero();                                    // 去掉非负整数最左侧的 0
};

// 重载运算符
LargeInt operator + (const LargeInt &a, const LargeInt &b);  // 重载加法运算符+
LargeInt operator * (const LargeInt &a, const LargeInt &b);  // 重载乘法运算符 *
bool operator < (const LargeInt &a, const LargeInt &b);      // 重载关系运算符<
ostream &operator << (ostream &outStream, const LargeInt &outLargeInt);  // 重载运算符<<
```

```
// 非负大整数类的实现部分
LargeInt::LargeInt(unsigned int n)
// 操作结果: 构造值为 num 的非负大整数——构造函数
{
    int r, q;                                           // r 余数, q 商

    q = n;
    while (q != 0)
    {   // 求 n 的各位
        r = q % 10;                                     // r 为 q 的当前个位数
        num.Insert(1, r);                               // 插入双向链表中
        q = q / 10;                                     // 进一步求高位
    }
}


LargeInt::LargeInt(const DblLinkList<unsigned int> &n)
// 操作结果: 用双向线性链表 n 构造非负大整数——转换构造函数
{
    num = n;                                            // 将 n 直接赋值给 num
}


void LargeInt::TrimLeftZero()
// 操作结果: 去掉最左侧的 0
{
    unsigned int digit;                                 // 当前非负大整数的一位
    for (num.GetElem(1, digit); num.Length() > 0 && digit == 0; num.Delete(1), num.
    GetElem(1, digit));
        // 去掉最左侧的 0
}


LargeInt &LargeInt::operator = (const LargeInt &source)
// 操作结果: 将非负大整数 source 赋值给当前非负大整数——赋值语句重载
{
    if (&source != this)
    {
        this->num = source.num;                         // num 用于存储非负大整数
    }

    return * this;
}


const DblLinkList<unsigned int> &LargeInt::ToLink() const
// 操作结果: 将非负大整数对象转换为链表
{
    return num;                                         // 返回链表 num
}
```

```
LargeInt operator +(const LargeInt &a, const LargeInt &b)
// 操作结果: 加法运算符+重载
{
    DblLinkList<unsigned int>temNum;                    // 用临时双向线性链表存储非负大整数
    unsigned int carry = 0;                                      // 进位
    unsigned int digit1, digit2;                            // 表示非负大整数的各位
    unsigned int pos1, pos2;                                // 表示非负大整数的各位的位置

    pos1 = a.ToLink().Length();                          // 被加数 a 的个位位置
    pos2 = b.ToLink().Length();                          // 加数 b 的个位位置
    while (pos1 > 0 && pos2 > 0)
    {   // 从个位开始求和
        a.ToLink().GetElem(pos1--, digit1);              // 被加数的一位
        b.ToLink().GetElem(pos2--, digit2);              // 加数的一位
        temNum.Insert(1, (digit1 +digit2 +carry) %10);  // 插入和的新的一位
        carry = (digit1 +digit2 +carry) / 10;            // 新的进位
    }

    while (pos1 > 0)
    {   // 被加数还有位没有求和
        a.ToLink().GetElem(pos1--, digit1);              // a 的一位
        temNum.Insert(1, (digit1 +carry) %10);           // 插入和的新的一位
        carry = (digit1 +carry) / 10;                    // 新的进位
    }

    while (pos2 > 0)
    {   // 加数还有位没有求和
        b.ToLink().GetElem(pos2--, digit2);              // 加数的一位
        temNum.Insert(1, (digit2 +carry) %10);           // 插入和的新的一位
        carry = (digit2 +carry) / 10;                    // 新的进位
    }

    if (carry > 0)
    {   // 存在进位
        temNum.Insert(1, carry);                         // 向高位进位
    }

    return temNum;                                       // 返回 temNum
}


LargeInt operator * (const LargeInt &a, const LargeInt &b)
// 操作结果: 重载乘法运算符 *
{
    LargeInt temLargInt(0);
    unsigned int digit;                                  // 表示一位数字
```

```
    unsigned int len =b.ToLink().Length();                        // 乘数位数

    for (int pos =len; pos >0; pos--)
    {   // 用乘数 b 的每一位与被乘数 a 相乘
        b.ToLink().GetElem(pos, digit);                          // 取出乘数的一位
        temLargInt =temLargInt +a.Multi10Power(len -pos) * digit;
             // 累加乘数 b 的每一位与被乘数 a 的乘积
    }

    return temLargInt;
}


LargeInt LargeInt::Multi10Power(unsigned int exponent) const
// 操作结果: 乘以 10 的阶幂
{
    LargeInt temLargInt = * this;

    for (unsigned int i =0; i <exponent; i++)
    {   // 低 exponent 位为 0
        temLargInt.num.Insert(temLargInt.num.Length() +1, 0);
    }
    return temLargInt;
}

LargeInt LargeInt::operator * (unsigned int digit) const
// 操作结果: 重载乘法运算符(乘以一位数)
{
    LargeInt temLargInt(0);
    unsigned int carry =0;                                        // 进位
    unsigned int temDigit;                                        // 当前非负大整数的某位
    for (int pos =this->num.Length(); pos >0; pos--)
    {   // 用 digit 依次乘当前非负大整数的各位
        this->num.GetElem(pos, temDigit);                        // 取出一位
        temLargInt.num.Insert(1, (temDigit * digit +carry) %10);
                                                      // temDigit * digit 的一位
        carry =(temDigit * digit +carry) / 10;        // temDigit * digit 的进位
    }

    if (carry >0)
    {   // 存在进位
        temLargInt.num.Insert(1, carry);
    }

    return temLargInt;
}
```

```cpp
bool operator <(const LargeInt &a, const LargeInt &b)
// 操作结果：重载关系运算符<
{
    LargeInt first =a, second =b;                              // 暂存 a 与 b, 以便进行处理
    first.TrimLeftZero(); second.TrimLeftZero();               // 去掉最左侧的 0
    int len1 =first.ToLink().Length(), len2 =second.ToLink().Length();
                                                               // first(a)与 second(b)的位数
    if (len1 <len2) return true;                               // first(a)位数更小
    else if (len1 >len2) return false;                         // first(a)位数更大
    else
    {   // first(a)与 second(b)的位数相等
        for (int pos =1; pos <=len1; pos++)
        {   // 从高位到低位依次比较 first(a)与 second(b)的各位
            unsigned int digit1, digit2;                       // 表示非负大整数的各位
            first.ToLink().GetElem(pos, digit1);               // first(a)的 1 位
            second.ToLink().GetElem(pos, digit2);              // second(b)的 1 位
            if (digit1 <digit2) return true;                   // first(a)更小
            else if (digit1 >digit2) return false;             // first(a)更大
        }
    }
    return false;                                              // 此时 first(a)与 second(b)的各位相等
}


ostream &operator <<(ostream &outStream, const LargeInt &outLargeInt)
// 重载运算符<<
{
    int len =outLargeInt.ToLink().Length();                    // outLargeInt 位数
    if (len ==0)
    {   // outLargeInt 为 0
        cout <<0;                                              // 输出 0
    }
    else
    {   // outLargeInt 非 0
        for (int pos =1; pos <=outLargeInt.ToLink().Length(); pos++)
        {   // 依次输出各位
            unsigned int digit;                                // 非负大整数的某位
            outLargeInt.ToLink().GetElem(pos, digit);          // 取出一位
            outStream <<digit;                                 // 显示一位
        }
    }

    return outStream;
}


#endif
```

5. 建立头文件 power.h,实现计算任意大非负整数的任意大非负整数次方的函数,具体代码如下:

```
#ifndef _ _FACTORIAL_H_ _
#define _ _FACTORIAL_H_ _


#include "large_int.h"                                    // 大非负整数类的头文件


// 阶乘算法

// 文件路径名:power\power.h
LargeInt Power(const LargeInt &base, const LargeInt &exp)
// 操作结果:计算大非负整数的大非负整数次方
{
    LargeInt temLargInt(1);
    for (LargeInt i = 0; i < exp; i = i +1)
    {    // 连乘求大非负整数的大非负整数次方
        temLargInt = temLargInt * base;
    }


    return temLargInt;
}


#endif
```

6. 建立源程序文件 main.cpp,实现 main()函数,具体代码如下:

```
#include <iostream>            // 编译预处理命令
#include <cstdlib>             // 含 C 函数 system()的声明(stdlib.h 与 cstdlib 是 C 的头文件)
using namespace std;           // 使用命名空间 std
#include "timer.h"             // 定时器类 Timer
#include "large_int.h"         // 大非负整数类的头文件
#include "power.h"             // 计算任意大正整数的任意大正整数次方

int main()
{
    Timer tm;                  // 计时器对象
    LargeInt largeInt;         // 定义一个大非负整数
    largeInt = Power(8, 0);    // 求任意大正整数的任意大正整数次方
    cout << "8^0 = "
        << largeInt << endl;   // 显示任意大正整数的任意大正整数次方值

    largeInt = Power(2, 10);   // 求任意大正整数的任意大正整数次方
    cout << "2^10 = "
        << largeInt << endl;   // 显示任意大正整数的任意大正整数次方值
```

```
largeInt = Power(189, 200);    // 求任意大正整数的任意大正整数次方
cout << "189^200="
     << largeInt << endl;      // 显示任意大正整数的任意大正整数次方值
cout << "用时" << tm.ElapsedTime() << "秒!" << endl;

system("PAUSE");               // 调用库函数 system()
return 0;                      // 返回值 0, 返回操作系统
}
```

7. 编译及运行计算任意大非负整数的任意大非负整数次方的测试程序。

五、测试与结论

测试时,应注意尽量覆盖算法的各种情况,屏幕显示如下:

8^0=1

2^10=1024

189^200=196047286076567298225538178000111155107869993313379693919870656619757387

90346986991285814617651759078488478162862628998799828531478576736518859642470460

79164559478021914583596910861776345133694535310408053659101034693651129897378237

94038847424242183580968141331699774703486774087354311410295899638489258635677585

28769283463703194460222767531438580459034399930922773249918603482270639559122043

45629585891235014400435816857204367841684558856681713252012520

用时 1.328 秒!

从上面的屏幕显示,可知本程序满足实验目标与要求。

六、思考与感悟

程序中定义的非负大整数类 LargeInt 只为实现计算任意大非负整数的任意大非负整数次方而专门设计的,为类 LargeInt 重载的运算符较少,读者可重载更多的运算符,以增加类 LargeInt 的功能。

数学家华罗庚曾经说过"下棋找高手,弄斧必到班门",意思是说要做一些在一般人看来有一定难度的事,才能迅速提高水平。本实验实现的非负大整数类 LargeInt 也有一定的难度,读者应多做这类题目,以便增强自信心,早日成为计算机高手。

实验 5　病人就医管理

一、目标与要求

编写一个程序,反映病人到医院看病,排队看医生的情况。在病人排队过程中,主要发生两件事。

(1) 病人到达诊室,将病历本交给护士,排到等待队列中候诊。

(2) 护士从等待队列中取出下一位病人的病历,该病人进入诊室就诊。

要求程序采用菜单方式,其选项及功能说明如下。

(1) 排队——输入排队病人的病历号,加入病人排队队列中。

(2) 就诊——病人排队队列中最前面的病人就诊,并将其从队列中删除。

(3) 查看排队——从队首到队尾列出所有的排队病人的病历号。

(4) 下班——退出运行。

二、工具及准备工作

在开始实验前,应回顾或复习相关的内容。

需要一台计算机,其中安装有 Visual C++ 6.0、Visual C++ 2017、Dev-C++ 或 CodeBlocks 等集成开发环境软件。

三、实验分析

程序中定义了行医类 Hospitalize。Hospitalize 类声明如下:

```
// 行医类
class Hospitalize
{
private:
// 行医类的数据成员
    LinkQueue <unsigned int>queue;                        // 病人队列

// 辅助函数
    void StandInALine();                                  // 排队
    void Cure();                                          // 就诊
    void Show();                                          // 查看排队

public:
// 方法声明及重载编译系统默认方法声明
    Hospitalize(){};                                      // 无参数的构造函数
    virtual~Hospitalize(){};                              // 析构函数
    void Work();                                          // 医生工作
};
```

方法 Work()用来进行医生行医工作,下面为用伪代码描述的整个就医的流程。

```
while (未选择退出)
    显示功能菜单
    选择功能
    根据选择做相应的处理
```

四、实验步骤

1. 建立项目 hospitalize。

2. 将链队列需要的头文件 node.h 和 lk_queue.h(参考附录 A)复制到 hospitalize 文件夹中,并将 node.h 和 lk_queue.h 加入项目中。

3. 建立头文件 hospitalize.h,声明并实现行医类 Hospitalize 及相关函数。具体内容如下:

```
#ifndef _ _HOSPITALIZE_H_ _
#define _ _HOSPITALIZE_H_ _

#include <iostream>                              // 编译预处理命令
using namespace std;                             // 使用命名空间 std
#include "lk_queue.h"                            // 链队列

template <class ElemType>
void Write(const ElemType &e)
// 操作结果: 显示数据元素
{
    cout <<e <<" ";
}

// 行医类
class Hospitalize
{
private:
// 行医类的数据成员
    LinkQueue <unsigned int>queue;               // 病人队列

// 辅助函数
    void StandInALine();                         // 排队
    void Cure();                                 // 就诊
    void Show();                                 // 查看排队

public:
// 方法声明及重载编译系统默认方法声明
    Hospitalize(){};                             // 无参数的构造函数
    virtual~Hospitalize(){};                     // 析构函数
    void Work();                                 // 医生工作
};

// 行医类的实现部分
void Hospitalize::StandInALine()
```

```
    // 操作结果: 输入排队病人的病历号,加入病人排队队列中
    {
        unsigned int num;                              // 病历号

        cout << "请输入病历号:";
        cin >> num;                                    // 输入排队病人
        queue.InQueue(num);                            // 将病历号加入病人排队队列中
    }


void Hospitalize::Cure()
// 操作结果: 病人排队队列中最前面的病人就诊,并将其从队列中删除
{
    if (queue.Empty())
    {   // 无病人
        cout << "现已没有病人在排队了!" << endl;
    }
    else
    {
        unsigned int num;                              // 病历号
        queue.OutQueue(num);      // 病人排队队列中最前面的病人就诊,并将其从队列中删除
        cout << num << "号病人现在就医." << endl;
    }
}


void Hospitalize::Show()
// 操作结果: 从队首到队尾列出所有的排队病人的病历号
{
    queue.Traverse(Write);                  // 从队首到队尾列出所有的排队病人的病历号
    cout << endl;
}


void Hospitalize::Work()
// 操作结果: 医生工作
{
    int select = 0;

    while (select != 4)
    {
        cout << "1. 排队——输入病人的病历号,加入病人队列中" << endl;
        cout << "2. 就诊——病人排队队列中最前面的病人就诊,并将其从队列中删除" << endl;
        cout << "3. 查看排队——从队首到队尾列出所有的排队病人的病历号" << endl;
        cout << "4. 下班——退出运行" << endl;
        cout << "请选择:";
        cin >> select;                                 // 选择功能
        switch(select)
```

```
        {
        case 1:
            StandInALine();
                            // 排队——输入病人的病历号,加入病人队列中
            break;
        case 2:
            Cure();         // 就诊——病人排队队列中最前面的病人就诊,并将其从队列中删除
            break;
        case 3:
            Show();         // 查看排队——从队首到队尾列出所有的排队病人的病历号
            break;
        }
    }
}
```

```
#endif
```

4. 建立源程序文件 main.cpp,实现 main()函数,具体代码如下:

```
#include <cstdlib>          // 含 C 函数 system()的声明(stdlib.h 与 cstdlib 是 C 的头文件)

#include "hospitalize.h"  // 行医类及相关函数的头文件

int main()
{
    Hospitalize obj;        // 行医类对象
    obj.Work();             // 医生工作

    system("PAUSE");        // 调用库函数 system()
    return 0;               // 返回值 0,返回操作系统
}
```

5. 编译及运行程序。

五、测试与结论

测试时,应注意尽量覆盖算法的各种情况,屏幕显示参考如下:

1. 排队——输入排队病人的病历号,加入病人排队队列中
2. 就诊——病人排队队列中最前面的病人就诊,并将其从队列中删除
3. 查看排队——从队首到队尾列出所有的排队病人的病历号
4. 下班——退出运行

请选择: 1

请输入病历号: 1

1. 排队——输入排队病人的病历号,加入病人排队队列中
2. 就诊——病人排队队列中最前面的病人就诊,并将其从队列中删除
3. 查看排队——从队首到队尾列出所有的排队病人的病历号

4.下班——退出运行

请选择：1

请输入病历号：2

1.排队——输入排队病人的病历号,加入病人排队队列中

2.就诊——病人排队队列中最前面的病人就诊,并将其从队列中删除

3.查看排队——从队首到队尾列出所有的排队病人的病历号

4.下班——退出运行

请选择：1

请输入病历号：3

1.排队——输入排队病人的病历号,加入病人排队队列中

2.就诊——病人排队队列中最前面的病人就诊,并将其从队列中删除

3.查看排队——从队首到队尾列出所有的排队病人的病历号

4.下班——退出运行

请选择：3

1 2 3

1.排队——输入排队病人的病历号,加入病人排队队列中

2.就诊——病人排队队列中最前面的病人就诊,并将其从队列中删除

3.查看排队——从队首到队尾列出所有的排队病人的病历号

4.下班——退出运行

请选择：2

1号病人现在就医

1.排队——输入排队病人的病历号,加入病人排队队列中

2.就诊——病人排队队列中最前面的病人就诊,并将其从队列中删除

3.查看排队——从队首到队尾列出所有的排队病人的病历号

4.下班——退出运行

请选择：

从上面的屏幕显示,可知本程序满足实验目标与要求。

六、思考与感悟

程序中对所有病人都一视同仁,没有区别危重病人,读者最好增加优先处理危重病人的功能,这样更适合实际需要。

计算机的所有课程都可以说是实践性强的理论性课程,要学好就必须用所学知识来解决实际问题,也就是多实践,所以学好数据结构与算法的诀窍是实践,实践,再实践;此处的实践指应用数据结构与算法解决实际问题,也指上机实践。

＊＊ 实验6 利用后缀表达式计算中缀表达式的值

一、目标与要求

试按如下两步方式计算中缀表达式的值。

(1) 利用栈将中缀表示转换为后缀表示,从键盘上输入一个中缀表达式(以'='结束),将其转换为后缀表达式存入一个输出文件中(以'='结束)。

(2) 应用后缀表示计算表达式的值,求从一个输入文件中输入的后缀表达式(假设以'='结束)的值,将表达式的值在屏幕显示出来。

提示:后缀表达式的操作数与中级表达式的操作数先后次序相同,只是运算符的先后次序发生了改变。对中缀表达式从左到右进行扫描,每读到一个操作数即把它作为后缀表达式的一部分输出;每读到一个运算符就将它与运算符栈的栈顶运算符进行比较,根据其优先级来决定它是入栈还是栈顶运算符出栈。为了防止运算符栈为空时带来的特殊处理,需要首先将'='压入作为保护。

二、工具及准备工作

在开始实验前,应回顾或复习相关的内容。

需要一台计算机,其中安装有 Visual C＋＋ 6.0、Visual C＋＋ 2017、Dev-C＋＋ 或 CodeBlocks 等集成开发环境软件。

三、实验分析

程序中定义了表达式求值类模板 ExpressionValue。ExpressionValue 类模板声明如下:

```
// 表达式求值类模板
template<class ElemType>
class ExpressionValue
{
private:
// 辅助函数模板
    static bool IsOperator(char ch);            // 判断 ch 是否为运算符
    static int LeftPri(char op);                // 左边运算符的优先级
    static int RightPri(char op);               // 右边运算符的优先级
    static void Get2Operands(LinkStack<ElemType> &opnd, ElemType &a1, ElemType
        &a2);                                   // 从 opnd 栈中取出两个操作数
    static void DoOperator(LinkStack<ElemType> &opnd, const ElemType &a1,
        char op, const ElemType &a2);           // 形成运算指令 (a1)op(a2),结果进 opnd 栈
    static void PostfixExpression(ofstream &outFile);
        // 将从键盘中输入的中缀表达式转换为后缀表达式,再存入输出流文件 outFile 中
    static void PostfixExpressionValue(ifstream &inFile);
        // 从输入文件 inFile 中输入后缀表达式,并求后缀表达式的值
```

```
public:
    // 接口方法声明
    ExpressionValue(){};                          // 无参数的构造函数模板
    virtual ~ExpressionValue(){};                 // 析构函数模板
    static void Run();                            // 求从键盘输入的中缀表达式之值
};
```

函数 PostfixExpressionValue(ifstream &inFile) 用于从输入文件 inFile 中输入后缀表达式，并求后缀表达式的值，具体算法比较简单，通过后缀表示计算表达式值的思路如下：

(1) 顺序扫描表达式的每一项，根据它的类型做如下相应操作：

若该项是操作数，则将其压栈；

若该项是操作符<op>，则连续从栈中退出两个操作数 a2 和 a1，形成运算指令(a1) op (a2)，并将计算结果重新压栈。

(2) 当表达式的所有项都扫描并处理完后，栈顶存放的就是最后的计算结果。

PostfixExpression(ofstream &outFile) 用于将从键盘中输入的中缀表达式转换为后缀表达式，再存入输出流文件 outFile 中，使用栈可将表达式的中缀表示转换成它的前缀表示和后缀表示。为了实现这种转换，需要考虑各操作符的优先级，为方便起见定义两个函数 LeftPri(ch) 和 RightPri(ch) 分别表示左边操作符与右边操作符的优先级，定义如表 2.6.1 所示。

表 2.6.1　定义函数优先级

操作符 ch	=	(	* 和/	＋和－	)
LeftPri(ch)	0	1	5	3	6
RightPri(ch)	0	6	4	2	1

上面讨论中为方便起见，将括号也当成运算符，中缀表达式转换为后缀表达式的算法思路如下：

(1) 操作符栈初始化，将结束符'='进栈。然后读入中缀表达式字符流的首字符 ch。
(2) 重复执行以下步骤，直到 ch 等于'='，同时栈顶的操作符也是'='，停止循环。
若 ch 是操作数直接输出，读入下一个字符 ch。
若 ch 是操作符，判断 ch 的优先级 RightPri(ch) 和位于栈顶的操作符 optrTop 的优先级 LeftPri(optrTop)：
若 LeftPri(optrTop) 小于 RightPri(ch)，令 ch 进栈，读入下一个字符 ch。
若 LeftPri(optrTop) 大于 RightPri(ch)，退栈并输出。
若 LeftPri(optrTop) 等于 RightPri(ch)，若退出的是 ch ='}'，则退栈，读入下一个字符 ch。
(3) 输出操作符'='，算法结束，输出序列即为所需的后缀表达式。

方法 void Run() 用于求从键盘输入的中缀表达式之值，下面为用伪代码来进行描述。

定义输出流文件
将从键盘所输入的中缀表达式转换为后缀表达式，将结果存入输出流文件中(以'='结束)
关闭输出流文件

定义输入流文件

计算从输入流文件中输入的后缀表达式(以 '=' 结束)的值,并将结果在屏幕上显示出来

关闭输入流文件

删除临时文件

四、实验步骤

1. 建立项目 expression_value。

2. 将链栈需要的头文件 node.h 和 lk_stack.h(参考附录 A)复制到 expression_value 文件夹中,并将 node.h 和 lk_stack.h 加入项目中。

3. 建立头文件 expression_value.h,声明并实现表达式求值类 ExpressionValue。具体内容如下:

```cpp
#ifndef _ _EXPRESSION_VALUE_H_ _
#define _ _EXPRESSION_VALUE_H_ _

#include <iostream>          // 编译预处理命令
#include <fstream>           // 文件输入输出
#include <cstdlib>           // 含 C 函数 exit()的声明(stdlib.h 与 cstdlib 是 C 的头文件)
using namespace std;         // 使用命名空间 std
#include "lk_stack.h"        // 链栈

// 表达式求值类模板
template<class ElemType>
class ExpressionValue
{
private:
// 辅助函数模板
    static bool IsOperator(char ch);         // 判断 ch 是否为运算符
    static int LeftPri(char op);             // 左边运算符的优先级
    static int RightPri(char op);            // 右边运算符的优先级
    static void Get2Operands(LinkStack<ElemType> &opnd, ElemType &a1, ElemType
        &a2);                                // 从 opnd 栈中取出两个操作数
    static void DoOperator(LinkStack<ElemType> &opnd, const ElemType &a1,
        char op, const ElemType &a2);        // 形成运算指令 (a1)op(a2),结果进 opnd 栈
    static void PostfixExpression(ofstream &outFile);
        // 将从键盘中输入的中缀表达式转换为后缀表达式,再存入输出流文件 outFile 中
    static void PostfixExpressionValue(ifstream &inFile);
        // 从输入文件 inFile 中输入后缀表达式, 并求后缀表达式的值

public:
// 接口方法声明
    ExpressionValue(){};                     // 无参数的构造函数模板
    virtual ~ExpressionValue(){};            // 析构函数模板
    static void Run();                       // 求从键盘输入的中缀表达式之值
};

// 表达式求值类模板的实现部分
```

```
template<class ElemType>
bool ExpressionValue<ElemType>::IsOperator(char ch)
// 操作结果: 如果 ch 是运算符, 则返回 true, 否则返回 false
{
    if (ch =='=' || ch =='(' || ch ==' * ' || ch =='/' || ch =='+' || ch =='-' ||
        ch ==') ') return true;
    else return false;
}


template<class ElemType>
int ExpressionValue<ElemType>::LeftPri(char op)
// 操作结果: 左边运算符的优先级
{
    int result;                              // 优先级
    if (op =='=') result =0;
    else if (op =='(') result =1;
    else if (op ==' * ' || op =='/') result =5;
    else if (op =='+' || op =='-') result =3;
    else if (op ==') ') result =6;
    return result;                           // 返回优先级
}


template<class ElemType>
int ExpressionValue<ElemType>::RightPri(char op)
// 操作结果: 右边运算符的优先级
{
    int result;                              // 优先级
    if (op =='=') result =0;
    else if (op =='(') result =6;
    else if (op ==' * ' || op =='/') result =4;
    else if (op =='+' || op =='-') result =2;
    else if (op ==') ') result =1;
    return result;                           // 返回优先级

}


template<class ElemType>
void ExpressionValue<ElemType>::Get2Operands(LinkStack<ElemType> &opnd,
    ElemType &a1, ElemType &a2)
// 操作结果: 从 opnd 栈中取出两个操作数
{
    if (!opnd.Pop(a2)) { cout <<"表达式有错!" <<endl; exit(1); }        // 出现异常
    if (!opnd.Pop(a1)) { cout <<"表达式有错!" <<endl; exit(2); }        // 出现异常
}


template<class ElemType>
```

```cpp
void ExpressionValue<ElemType>::DoOperator(LinkStack<ElemType> &opnd,
    const ElemType &a1, char op, const ElemType &a2)
// 操作结果: 形成运算指令 (a1) op (a2),结果进 opnd 栈
{
    switch(op)
    {
    case '+':
        opnd.Push(a1 + a2);                              // 加法+运算
        break;
    case '-':
        opnd.Push(a1 - a2);                              // 减法-运算
        break;
    case '*':
        opnd.Push(a1 * a2);                              // 乘法*运算
        break;
    case '/':
        if (a2==0) { cout << "除数为 0!" << endl; exit(3); }      // 出现异常
        opnd.Push(a1 / a2);                              // 除法/运算
        break;
    }
}


template<class ElemType>
void ExpressionValue<ElemType>::PostfixExpression(ofstream &outFile)
// 操作结果: 将从键盘中输入的中缀表达式转换为后缀表达式,再存入输出流文件 outFile 中
{
    LinkStack<char> optr;                    // 操作符栈 optr
    char ch, optrTop, op;                    // 输入的字符 ch, 操作符栈 optr 栈顶操作符,操作符 op
    ElemType operand;                        // 操作数
    optr.Push('=');                          // 为编程方便起见,在 optr 的栈底压入'='
    optr.Top(optrTop);                       // 取出操作符栈 optr 的栈顶
    cin >> ch;                               // 从输入流获取一字符 ch
    while (optrTop != '=' || ch != '=')
    {    //当 optrTop 等于'='且 ch 等于'='不成立时,表达式运算未结束
        if (isdigit(ch) || ch=='.')
        {    // ch 为数字或句点时的处理
            cin.putback(ch);                 // 将 ch 放回输入流
            cin >> operand;                  // 读操作数 operand
            outFile << operand << " ";       // 将 operand 输出到文件 outFile 中
            cin >> ch;                       // 从输入流获取一字符 ch
        }
        else if (!IsOperator(ch))
        {    // ch 为非法字符
            cout << "非法字符!" << endl;      // 提示信息
```

```
            exit(4);                             // 退出程序
        }
        else
        {
            if (LeftPri(optrTop) <RightPri(ch))
            {
                optr.Push(ch);                    // ch 进 optr 栈
                cin >>ch;                          // 从输入流获取一字符 ch
            }
            else if (LeftPri(optrTop) >RightPri(ch))
            {
                optr.Pop(op);                      // 从 optr 栈退出 op
                outFile <<op <<" ";                // 将运算符 op 输出到 outFile 中
            }
            else if (LeftPri(optrTop) ==RightPri(ch) && ch ==')')
            {    // 表示 optrTop 等于'('与 ch 等于')'
                optr.Pop(ch);                      // 从 optr 栈退出栈顶的'('
                cin >>ch;                          // 从输入流获取一字符 ch
            }
        }
        optr.Top(optrTop);                         // 取出操作符栈 optr 的栈顶
    }
    outFile <<'=';                                 // 输入流文件 outFile 以'='结束,以便编程实现
}


template<class ElemType>
void ExpressionValue<ElemType>::PostfixExpressionValue(ifstream &inFile)
// 操作结果: 从输入文件 inFile 中输入后缀表达式, 并求后缀表达式的值
{
    LinkStack<ElemType>opnd;            // 操作数栈 opnd
    char ch;                            // 当前字符
    double operand;                     // 操作数

    while (inFile >>ch, ch !='=')
    {    // 只要从输入流文件 inFile 取得的字符不为'='就循环
        if (IsOperator(ch))
        {    // ch 为操作符,进行相关运算
            ElemType a1, a2;                      // 操作数
            Get2Operands(opnd, a1, a2);           // 从 opnd 栈中取出两个操作数
            DoOperator(opnd, a1, ch, a2);         // 形成运算指令 (a1) op (a2),结果进 opnd 栈
        }
        else
        {    // ch 不是操作符
            inFile.putback(ch);                   // 将 ch 放回输入流文件 inFile
            inFile >>operand;                     // 从输入流文件 inFile 输入操作数
```

```
            opnd.Push(operand);                    // 将 operand 入栈 opnd
        }
    }
    opnd.Top(operand);                             // 取得 opnd 的栈顶元素作为表达式运算结果
    cout << operand << endl;                        // 显示运算结果
}


template< class ElemType>
void ExpressionValue<ElemType>::Run()
// 操作结果: 求从键盘输入的中缀表达式之值
{
        ofstream outFile("temp.dat");      //定义输出流文件
        PostfixExpression(outFile);
            // 将从键盘所输入的中缀表达式转换为后缀表达式,将结果存入输出流文件中
            //(以 '=' 结束)
        outFile.close();                   //关闭输出流文件

        ifstream inFile("temp.dat");       //定义输入流文件
        PostfixExpressionValue(inFile);
            // 计算从输入流文件中输入的后缀表达式(以 '=' 结束)的值,并将结果在屏幕
            // 上显示出来
        inFile.close();                    //关闭输入流文件

        remove("temp.dat");                //删除临时文件 temp.dat
}


#endif
```

4. 建立源程序文件 main.cpp,实现 main() 函数,具体代码如下:

```
# include <iostream>                      // 编译预处理命令
# include <cstdlib>       // 含 C 函数 system() 的声明(stdlib.h 与 cstdlib 是 C 的头文件)
# include <cctype>          // 含 C 函数 tolower() 的声明(ctype.h 与 cctype 是 C 的头文件)
using namespace std;                      // 使用命名空间 std
# include "expression_value.h"            // 表达式求值类的头文件


int main()
{
    char select;                          // 用于接收用户是否继续的回答

    do
    {
        cout << "输入表达式:" << endl;
        ExpressionValue<double>::Run(); // 求从键盘输入的中缀表达式之值
```

```
    cout <<"是否继续(y/n)?";
    cin >> select;                          // 接收用户的选择
    select =tolower(select);                // 大写字母转换为小写字母
    while (select !='y' && select !='n')
    {    // 输入有错
        cout <<"输入有错,请重新输入(y/n):";
        cin >> select;                      // 接收用户的选择
        select =tolower(select);            // 大写字母转换为小写字母
    }
} while (select =='y');

    system("PAUSE");                        // 调用库函数 system()
    return 0;                               // 返回值 0,返回操作系统
}
```

5. 编译及运行程序。

五、测试与结论

测试时,应注意尽量覆盖算法的各种情况,屏幕显示如下:

输入表达式:
2+(3+5) * 6/2=
26
是否继续(y, n)?y
输入表达式:

(3-1) * 8+6/2=
19
是否继续(y, n)?

从上面的屏幕显示,可知本程序满足实验目标与要求。

六、思考与感悟

算法只实现了基本的四则运算,读者可添加更多的运算,例如%(求余),^(乘方),使算法的功能更强。算法对异常的处理也不够全面,读者可尽量加强异常的判断,并作适当的处理,这样将极大提高算法的健壮性。

几乎所有著名算法都有多种实现方式(例如表达式求值、哈夫曼编码),通过不同的现实方式的练习可达到融会贯通、举一反三的目的,同时也是一种"下棋找高手,弄斧到班门"的学习态度与境界。

实验 7　文本串的加密

一、目标与要求

一个文本串可用事先给定的字母映射表进行加密,字母表 letters 及字母映射表 map 如下。

(1) 字母表 letters:abcdefghijklmnopqrstuvwxyzABCDEFGHIJKLMNOPQRSTUVWXYZ。

(2) 字母映射表 map:NgzQTCobmUHelkPdAwxfYIvrsJGnZqtcOBMuhELKpaDWXFyiVRjS。

未被映射的字符不加以改变,例如,字符串"e ∗ ncrypt"被加密成"T ∗ kzwsdf",试写一程序要求采用菜单方式实现相应功能,其选项及功能说明如下。

(1) 加密:将输入的文本串进行加密后输出;

(2) 解密:将输入的已加密的文本进行解密后输出;

(3) 退出:退出运行。

二、工具及准备工作

在开始实验前,应回顾或复习相关的内容。

需要一台计算机,其中安装有 Visual C++ 6.0、Visual C++ 2017、Dev-C++ 或 CodeBlocks 等集成开发环境软件。

三、实验分析

程序中定义了加密类 Encrypt。Encrypt 类声明如下:

```
// 加密类
class Encrypt
{
private:
// 加密类的数据成员
    CharString letters;                          // 大小写字母表
    CharString map;                              // 字母映射表

public:
// 加密类方法声明
    Encrypt();                                   // 无参数的构造函数
    virtual ~Encrypt(){};                        // 析构函数
    CharString Encode(const CharString &str);    // 返回进行加密后的文本串
    CharString Decode(const CharString &str);    // 返回进行解密后的文本串
};
```

方法 EnCode()用于加密:返回进行加密后的文本串,具体方法是对文本串中的每个字符,通过查找字母表 letters,确定在字母表中的位置,然后通过字母映射表得到字母的映射。

方法 UnCode()用于解密:返回对加密文本串进行解密后的文本串,具体方法是对加密文本串中的每个字符,通过查找字母映射表 map,确定在字母映射表中的位置,然后通过字母表得到加密前的字母。

四、实验步骤

1. 建立项目 encrypt。

2. 将串需要的头文件 string.h、node.h 和 lk_lk_list.h(参考附录 A)复制到 encrypt 文件夹中,并将 char_string.h、node.h 和 lk_lk_list.h 加入项目中。

3. 建立头文件 encrypt.h,声明并实现行医类 Encrypt。具体内容如下:

```cpp
// 文件路径名: encrypt\encrypt.h
#ifndef __ENCRYPT_H__
#define __ENCRYPT_H__

#include "char_string.h"                        // 串类
#include "lk_list.h"                            // 线性链表

// 加密类
class Encrypt
{
private:
// 加密类的数据成员
    CharString letters;                         // 大小写字母表
    CharString map;                             // 字母映射表

public:
// 加密类方法声明
    Encrypt();                                  // 无参数的构造函数
    virtual ~Encrypt(){};                       // 析构函数
    CharString Encode(const CharString &str);   // 返回进行加密后的文本串
    CharString Decode(const CharString &str);   // 返回进行解密后的文本串
};

// 加密类的实现部分
Encrypt::Encrypt()
// 操作结果: 初始化数据成员
{
    letters = "abcdefghijklmnopqrstuvwxyzABCDEFGHIJKLMNOPQRSTUVWXYZ";
                                                // 字母表
    map = "NgzQTCobmUHelkPdAwxfYIvrsJGnZqtcOBMuhELKpaDWXFyiVRjS";
                                                // 字母映射表
}

CharString Encrypt::Encode(const CharString &str)
// 操作结果: 返回进行加密后的文本串
{
    LinkList<char> lk_tem;                       // 临时线性链表,用于存储加密后的文本串
```

116 ·

```
        for (int i =0; i <str.Length(); i++)
        {    // 处理文本串 str 的每个字符
            int pos;                                          // 位置
            for (pos =0; pos <52; pos++)
            {    // 查找字符 str[i]在字符表中的位置
                if (str[i] ==letters[pos])
                {    // 查找成功
                    lk_tem.Insert(lk_tem.Length() +1, map[pos]);
                                                              // 将加密后的字母存入 lk_tem;
                    break;                                    // 退出内层 for 循环
                }
            }
            if (pos ==52)
            {    // 查找失败
                lk_tem.Insert(lk_tem.Length() +1, str[i]);
                                                        // 未被映射的字符不加以改变存入 lk_tem;
            }
        }
        CharString result(lk_tem);                           // 生成加密文本串
        return result;                                       // 返回加密文本串
}


CharString Encrypt::Decode(const CharString &str)
// 操作结果: 返回进行解密后的文本串
{
    LinkList<char>lk_tem;                                    // 临时线性链表,用于存储解密后的文本串

    for (int i =0; i <str.Length(); i++)
    {    // 处理文本串 str 的每个字符
        int pos;                                             // 位置
        for (pos =0; pos <52; pos++)
        {    // 查找字符 str[i]在字母映射表中的位置
            if (str[i] ==map[pos])
            {    // 查找成功
                lk_tem.Insert(lk_tem.Length() +1, letters[pos]);
                                                        // 将解密后的字母存入 lk_tem;
                break;                                   // 退出内层 for 循环
            }
        }
        if (pos ==52)
        {    // 查找失败
            lk_tem.Insert(lk_tem.Length() +1, str[i]);
                                                    // 未被映射的字符不加以改变存入 lk_tem;
        }
    }
```

```
        CharString result(lk_tem);                    // 生成解密文本串
        return result;                                // 返回解密文本串
    }


#endif
```

4. 建立源程序文件 main.cpp，实现 main()函数，具体代码如下：

```
// 文件路径名：encrypt\main.cpp
#include <iostream>        // 编译预处理命令
#include <cstdlib>         // 包含 C 函数 system()的声明(stdlib.h 与 cstdlib 是 C 的头文件)
using namespace std;       // 使用命名空间 std
#include "encrypt.h"       // 加密类


int main()
{
    int select =1;                                    // 用户功能选择号
    char source[256], destination[256];               // 源串与目标串
    Encrypt objEncrypt;                               // 加密类对象


    while (select !=3)
    {
        // 选择菜单
        cout <<"请选择" <<endl;
        cout <<"1. 加密——将输入的文本串进行加密后输出" <<endl;
        cout <<"2. 解密——将输入的已加密的文本进行解密后输出" <<endl;
        cout <<"3. 退出——退出运行" <<endl;
        cin >>select;


        switch (select)
        {
        case 1:                                       // 加密
            cout <<"请输入文本串:";
            cin >>source;                             // 输入文本串
            CStrCopy(destination, objEncrypt.Encode(source).ToCStr());  // 加密
            cout <<"加密串:" <<destination <<endl <<endl; // 输出加密串
            break;
        case 2:                                       // 解密
            cout <<"请输入加密串:";
            cin >>source;                             // 输入文本串
            CStrCopy(destination, objEncrypt.Decode(source).ToCStr());  // 解密
            cout <<"解密串:" <<destination <<endl <<endl; // 输出解密串
            break;
        }
    }
```

```
        system("PAUSE");                                // 调用库函数 system()
        return 0;                                        // 返回值 0，返回操作系统
}
```

5. 编译及运行程序。

五、测试与结论

测试时，应注意尽量覆盖算法的各种情况，屏幕显示参考如下：

请选择

1. 加密——将输入的文本串进行加密后输出

2. 解密——将输入的已加密的文本进行解密后输出

3. 退出——退出运行

1

请输入文本串：e＊ncrypt

加密串：T＊kzwsdf

请选择

1. 加密——将输入的文本串进行加密后输出

2. 解密——将输入的已加密的文本进行解密后输出

3. 退出——退出运行

2

请输入加密串：T＊kzwsdf

解密串：e＊ncrypt

请选择

1. 加密——将输入的文本串进行加密后输出

2. 解密——将输入的已加密的文本进行解密后输出

3. 退出——退出运行

3

请按任意键继续...

从上面的屏幕显示，可知本程序满足实验目标与要求。

六、思考与感悟

程序中通过查找字母表或字母映射表来进行加密或解密，效率较低，读者还可定义字母映射表 char map[256] 与逆字母映射表 char reverseMap[256]，这样可直接得到字符 ch 的编码 map[ch] 或解码字符 reverseMap[ch]；读者也可将对文本串的加密与解密扩展为对文本文件的加密与解密。

看别人的程序比自己编程序更困难，但是如果不阅读其他人编写的优秀程序，可能会在编写程序时会感到无从下手。因此最好有机会时多读已有程序，然后再加以改造，这样更有趣，也更有成就感，进步也会更快。

实验 8 改造串类

一、目标与要求

对本章的字符串 CharString 类操作较少,试重载字符串连接运算符"＋"、字符串流输入运算符"＞＞"与输出运算符"＜＜",实现一个功能更强的类 MyString。

二、工具及准备工作

在开始实验前,应回顾或复习相关的内容。

需要一台计算机,其中安装有 Visual C＋＋ 6.0、Visual C＋＋ 2017、Dev-C＋＋ 或 CodeBlocks 等集成开发环境软件。

三、实验分析

程序中定义串类 MyString。MyString 类及相关函数声明如下:

```
// 串类
class MyString
{
protected:
// 串实现的数据成员
    mutable char * strVal;                              // 串值
    int length;                                         // 串长


public:
// 抽象数据类型方法声明及重载编译系统默认方法声明
    MyString();                                         // 构造函数
    virtual ~MyString();                                // 析构函数
    MyString(const MyString &source);                   // 复制构造函数
    MyString(const char * source);                      // 从 C 风格串转换的构造函数
    MyString(LinkList<char>&source);                    // 从线性表转换的构造函数
    int Length() const;                                 // 求串长度
    bool Empty() const;                                 // 判断串是否为空
    MyString &operator =(const MyString &source);       // 赋值语句重载
    const char * ToCStr() const { return (const char * )strVal; }
                                                        // 将串转换成 C 风格串
    operator const char * () const { return (const char * )strVal; }
        // 类类型转换函数,用于将串转换成 C 风格串,可替代上面的方法 CStr()
    char &operator [](int pos) const;                   // 重载下标运算符
};


// 串相关操作
```

```
MyString operator +(const MyString &strFirst, const MyString &strSecond);
                                                    // 重载加法运算符+
ostream &operator <<(ostream &outStream, const MyString &outStr);// 重载运算符<<
istream &operator >>(istream &inStream, MyString &inStr);        // 重载运算符>>
```

...

对于重载串的加法运算符＋的函数 MyString operator ＋(const MyString &strFirst, const MyString &strSecond),先将 strFirst 与 strSecond 转换为 C 风格的串 cfirst 和 csecond,C 风格新串 cTarget 分配大小等于串 cfirst 和串 csecond 长度之和再加 1 的存储空间,再进行串值复制与连接操作,最后由 cTarget 生成 MyString 串 answer,并返回 answer。

对于重载运算符＜＜的函数 ostream &operator ＜＜(ostream &outStream, const MyString &outStr),先将 outStr 转换为 C 风格的串,并输出即可。

对于重载运算符＞＞的函数 istream &operator ＞＞(istream &inStream, MyString &inStr),使用了临时字符线性链表来收集指定为参数的输入流的输入,然后调用构造函数将此线性链表转换为 MyString 对象,可假设输入由空格、制表符、换行符或者文件结束符终止。

四、实验步骤

1. 建立项目 my_string。

2. 将定义串需要的头文件 node.h 和 lk_lk_list.h(参考附录 A)复制到 my_string 文件夹中,并将 node.h 和 lk_lk_list.h 加入项目中。

3. 建立头文件 my_string.h,声明并实现字符串类及相关函数。具体内容如下:

```
// 文件路径名: my_string\my_string.h
#ifndef _ _MY_STRING_H_ _
#define _ _MY_STRING_H_ _

#include <iostream>                          // 编译预处理命令
#include <cstring>
            // 包含 C 函数 strlen()和 strcmp()的声明(string.h 与 cstring 是 C 的头文件)
#include <cstdio>                    // 包含 EOF 的声明(stdio.h 与 cstdio 是 C 的头文件)
using namespace std;                         // 使用命名空间 std
#include "lk_list.h"                         // 线性链表

// 串类
class MyString
{
protected:
// 串实现的数据成员
    mutable char * strVal;                   // 串值
    int length;                              // 串长

public:
// 抽象数据类型方法声明及重载编译系统默认方法声明
    MyString();                              // 构造函数
    virtual ~MyString();                     // 析构函数
```

```
        MyString(const MyString &source);                        // 复制构造函数
        MyString(const char * source);                           // 从 C 风格串转换的构造函数
        MyString(LinkList<char>&source);                         // 从线性表转换的构造函数
        int Length() const;                                      // 求串长度
        bool Empty() const;                                      // 判断串是否为空
        MyString &operator = (const MyString &source);           // 赋值语句重载
        const char * ToCStr() const { return (const char *)strVal; }
                                                                 // 将串转换成 C 风格串

        // operator const char * () const { return (const char *)strVal; }
            // 类类型转换函数,用于将串转换成 C 风格串,可替代上面的方法 CStr()
        char &operator [](int pos) const;                        // 重载下标运算符
    };

    // 串相关操作
    MyString operator + (const MyString &strFirst, const MyString &strSecond);
                                                                 // 重载加法运算符+
    ostream &operator << (ostream &outStream, const MyString &outStr);
                                                                 // 重载运算符<<
    istream &operator >> (istream &inStream, MyString &inStr);   // 重载运算符>>
    MyString Read(istream &input);                               // 从输入流读入串
    MyString Read(istream &input, char &terminalChar);
        // 从输入流读入串,并用 terminalChar 返回串结束字符
    void Write(const MyString &s);                               // 输出串
    char * CStrConcat(char * target, const char * source);
                            // C 风格将串 source 连接到串 target 的后面
    void Concat(MyString &target, const MyString &source);
                            // 将串 source 连接到串 target 的后面
    char * CStrCopy(char * target, const char * source);
                            // C 风格将串 source 复制到串 target
    void Copy(MyString &target, const MyString &source);
                            // 将串 source 复制到串 target
    char * CStrCopy(char * target, const char * source, int n);
                            // C 风格将串 source 复制 n 个字符到串 target
    void Copy(MyString &target, const MyString &source, int n);
                            // 将串 source 复制 n 个字符到串 target
    int Index(const MyString &target, const MyString &pattern, int pos = 0);
        // 查找模式串 pattern 第一次在目标串 target 中从第 pos 个字符开始出现的位置
    MyString SubString(const MyString &s, int pos, int len);
                            // 求串 s 的第 pos 个字符开始的长度为 len 的子串
    bool operator == (const MyString &first, const MyString &second);    // 重载关系运算符==
    bool operator < (const MyString &first, const MyString &second);     // 重载关系运算符<
    bool operator > (const MyString &first, const MyString &second);     // 重载关系运算符>
    bool operator <= (const MyString &first, const MyString &second);    // 重载关系运算符<=
    bool operator >= (const MyString &first, const MyString &second);    // 重载关系运算符>=
    bool operator != (const MyString &first, const MyString &second);    // 重载关系运算符!=

    // 串类及相关操作的实现部分
    MyString:: MyString()
```

```cpp
                                                    // 操作结果: 初始化串
{
    length = 0;                                     // 串长度为 0
    strVal = NULL;                                  // 空串
}


MyString:: ~MyString()
// 操作结果: 销毁串,释放串所占用空间
{
    delete []strVal;                                // 释放串 strVal
}


MyString:: MyString(const MyString &source)
// 操作结果: 由串 source 构造新串——复制构造函数
{
    length = strlen(source.ToCStr());               // 串长
    strVal = new char[length +1];                   // 分配存储空间
    CStrCopy(strVal, source.ToCStr());              // 复制串值
}


MyString:: MyString(const char * source)
// 操作结果: 从 C 风格串转换构造新串——转换构造函数
{
    length = strlen(source);                        // 串长
    strVal = new char[length +1];                   // 分配存储空间
    CStrCopy(strVal, source);                       // 复制串值
}


MyString:: MyString(LinkList<char>&source)
// 操作结果: 从线性表转换构造新串——转换构造函数
{
    length = source.Length();                       // 串长
    strVal = new char[length +1];                   // 分配存储空间
    for (int pos =0; pos <length; pos++)
    {   // 复制串值
        source.GetElem(pos +1, strVal[pos]);
    }
    strVal[length] = '\0';                          // 串值以'\0'结束
}


int MyString:: Length() const
// 操作结果: 返回串长度
{
    return length;
}


bool MyString:: Empty() const
// 操作结果: 如果串为空,返回 true,否则返回 false
```

```
    {
        return length ==0;
    }

    MyString &MyString:: operator = (const MyString &source)
    // 操作结果：重载赋值运算符
    {
        if (&source !=this)
        {
            delete []strVal;                                    // 释放原串存储空间
            length =strlen(source.ToCStr());                    // 串长
            strVal =new char[length +1];                        // 分配存储空间
            CStrCopy(strVal, source.ToCStr());                  // 复制串值
        }
        return * this;
    }
```

```
char &MyString:: operator [](int pos) const
// 操作结果：重载下标运算符
{

    return strVal[pos];

}
```

```
MyString operator + (const MyString &strFirst, const MyString &strSecond)
// 操作结果：重载加法运算符+
{
    const char * cFirst =strFirst.ToCStr();                     // 指向第一个串
    const char * cSecond =strSecond.ToCStr();                   // 指向第二个串
    char * cTarget =new char[strlen(cFirst) +strlen(cSecond) +1];
                                                                // 分配存储空间
    CStrCopy(cTarget, cFirst);                                  // 复制第一个串
    CStrConat(cTarget, cSecond);                                // 连接第二个串
    MyString answer(cTarget);                                   // 构造串
    delete []cTarget;                                           // 释放 cTarget
    return answer;                                              // 返回串
}

ostream &operator << (ostream &outStream, const MyString &outStr)
// 操作结果：重载运算符<<
{
    cout <<outStr.ToCStr();                                     // 输出串值
    return outStream;                                           // 返回输出流对象
}

istream &operator >> (istream &inStream, MyString &inStr)
// 操作结果：重载运算符>>
{
```

```
    LinkList<char>temp;                          // 临时线性表
    int size = 0;                                // 初始线性表长度
    char ch;                                     // 临时字符变量
    while ((ch =inStream.peek()) !=EOF &&
                                                 // peek()从输入流中取一个字符,输入流指针不变
        (ch =inStream.get()) !='\n'              // get()从输入流中取一个字符 ch
                                                 // 输入流指针指向下一字符,ch 不为换行符
        && ch !='\t' && ch !=' ')                // ch 也不为制表符与空格
    {   // 将输入的字符追加到线性表中
        temp.Insert(++size, ch);
    }
    MyString answer(temp);                       // 构造串
    inStr =answer;                               // 用 inStr 返回串
    return inStream;                             // 返回输入流对象
}
```

```
MyString Read(istream &input)
// 操作结果: 从输入流读入串
{
    LinkList<char>temList;                                    // 临时线性表
    char ch;                                                 // 临时字符
    while ((ch =input.peek()) !=EOF && // peek()从输入流中取一个字符,输入流指针不变
        (ch =input.get()) !='\n')
                                                // get()从输入流中取一个字符,输入流指针指向下一字符
    {   // 将输入的字符追加线性表中
        temList.Insert(temList.Length() +1, ch);
    }
    return temList;                                          // 返回由 temList 生成的串
}
```

```
MyString Read(istream &input, char &terminalChar)
// 操作结果: 从输入流读入串,并用 terminalChar 返回串结束字符
{
    LinkList<char>temList;                                    // 临时线性表
    char ch;                                                 // 临时字符
    while ((ch =input.peek()) !=EOF && // peek()从输入流中取一个字符,输入流指针不变
        (ch =input.get()) !='\n')   // get()从输入流中取一个字符,输入流指针指向下一字符
    {   // 将输入的字符追加线性表中
        temList.Insert(temList.Length() +1, ch);
    }
    terminalChar =ch;                                        // 用 terminalChar 返回串结束字符
    return temList;                                          // 返回由 temList 生成的串
}
```

```
void Write(const MyString &s)
```

```
// 操作结果: 输出串
{
    cout << s.ToCStr() << endl;                          // 输出串值
}


char * CStrConcat(char * target, const char * source)
// 操作结果: C风格将串 source 连接到串 target 的后面
{
    char * tar = target + strlen(target);                // tar 指向 target 的结尾处
    while((* tar++ = * source++) != '\0');               // 逐个字符连接到 target 的后
                                                         // 面, 直到 '\0' 为止
    return target;                                       // 返回 target
}


void Concat(MyString &target, const MyString &source)
// 操作结果: 将串 source 连接到串 target 的后面
{
    const char * cFirst = target.ToCStr();               // 指向第一个串
    const char * cSecond = source.ToCStr();              // 指向第二个串
    char * cTarget = new char[strlen(cFirst) + strlen(cSecond) + 1];  // 分配存储空间
    CStrCopy(cTarget, cFirst);                           // 复制第一个串
    CStrConcat(cTarget, cSecond);                        // 连接第二个串
    target = cTarget;                                    // 串赋值
    delete []cTarget;                                    // 释放 cTarget
}


char * CStrCopy(char * target, const char * source)
// 操作结果: C风格将串 source 复制到串 target
{
    char * tar = target;                                 // 暂存 target
    while((* tar++ = * source++) != '\0');               // 逐个字符进行复制, 直到 '\0' 为止
    return target;                                       // 返回 target
}


int Index(const MyString &target, const MyString &pattern, int pos)
// 操作结果: 如果匹配成功, 返回模式串 pattern 第一次在目标串 target 中从第 pos
// 个字符开始出现的位置, 否则返回-1
{
    const char * cTarget = target.ToCStr();              // 目标串
    const char * cPattern = pattern.ToCStr();            // 模式串
    const char * ptr = strstr(cTarget + pos, cPattern);  // 模式匹配
    if (ptr == NULL)
    {   // 匹配失败
```

```
            return -1;
    }
    else
    {   // 匹配成功
        return ptr -cTarget;
    }
}


MyString SubString(const MyString &s, int pos, int len)
// 初始条件: 串 s 存在, 0 <=pos <s.Length()且 0 <=len <=s.Length() -pos
// 操作结果: 返回串 s 的第 pos 个字符开始的长度为 len 的子串
{
    if (0 <=pos && pos <s.Length() && 0 <=len)
    {   // 返回串 s 的第 pos 个字符开始的长度为 len 的子串
        len =(len <s.Length() -pos) ? len : (s.Length() -pos);  // 子串长
        char * sub =new char[len +1];                    // 分配存储空间
        const char * str =s.ToCStr();                    // 生成 C 风格串
        CStrCopy(sub, str +pos, len);                    // 复制串
        sub[len] ='\0';                                  // 串值以 '\0' 结束
        return sub;                                       // 返回子串 sub
    }
    else
    {   // 返回空串
        return "";                                       // 返回空串
    }
}


bool operator ==(const MyString &first, const MyString &second)
// 操作结果: 重载关系运算符==
{
    return strcmp(first.ToCStr(), second.ToCStr()) ==0;
}


bool operator <(const MyString &first, const MyString &second)
// 操作结果: 重载关系运算符<
{
    return strcmp(first.ToCStr(), second.ToCStr()) <0;
}


bool operator >(const MyString &first, const MyString &second)
// 操作结果: 重载关系运算符>
{
    return strcmp(first.ToCStr(), second.ToCStr()) >0;
}
```

```cpp
bool operator <=(const MyString &first, const MyString &second)
// 操作结果: 重载关系运算符<=
{
    return strcmp(first.ToCStr(), second.ToCStr()) <=0;
}

bool operator >=(const MyString &first, const MyString &second)
// 操作结果: 重载关系运算符>=
{
    return strcmp(first.ToCStr(), second.ToCStr()) >=0;
}

bool operator !=(const MyString &first, const MyString &second)
// 操作结果: 重载关系运算符!=
{
    return strcmp(first.ToCStr(), second.ToCStr()) !=0;
}

#endif
```

4. 建立源程序文件 main.cpp,实现 main()函数,具体代码如下:

```cpp
// 文件路径名: my_string\main.cpp
#include <iostream>      // 编译预处理命令
#include <cstdlib>       // 包含 C 函数 system()的声明(stdlib.h 与 cstdlib 是 C 的头文件)
using namespace std;     // 使用命名空间 std
#include "my_string.h"  // 串类

int main()
{
    MyString s1, s2, s3;
    cout <<"输入第 1 个串 s1: ";
    cin >>s1;            // 测试>>
    cout <<"输入第 1 个串 s2: ";
    cin >>s2;            // 测试>>
    cout <<"s3 =s1 +s2" <<endl;
    s3 =s1 +s2;          // 测试+
    cout <<"s3: " <<s3 <<endl;
                         // 测试<<

    system("PAUSE");     // 调用库函数 system()
    return 0;            // 返回值 0, 返回操作系统
}
```

5. 编译及运行程序。

五、测试与结论

测试时,应注意尽量覆盖算法的各种情况,屏幕显示如下:

输入第 1 个串 s1: th
输入第 1 个串 s2: is
s3 = s1 + s2
s3: this
请按任意键继续...

从上面的屏幕显示,可知本程序满足实验目标与要求。

六、思考与感悟

对类 CharString 重载字符串连接运算符"+"、字符串流输入运算符">>"与输出运算符"<<"实现了一个功能更强的类 MyString,读者还可以定义方法 Left(返回字符串左边连续若干个字符组成的新串)和 Right(返回字符串右边连续若干个字符组成的新串)等方法,使串使用更方便。

读者还可以通过条件编译或模板等方式实现支持 Unicode 编码的宽字节串(可通过Web 查阅相关资料进一步了解及掌握 Unicode 编码、宽字节及相关操作函数的相关知识),这样更适应 Windows 10。

改造配套资源所提供类库中的类,使其更便于使用,这样读者可得到自己特有的类库,比起单纯使用别人的类库更方便,也更有成就感。

实验 9　螺　旋　方　阵

一、目标与要求

下面是一个 5 阶螺旋方阵，设计一个算法输出此形式的 $n(n<20)$ 阶方阵（逆时针方向旋转）。

$$
\begin{bmatrix}
1 & 16 & 15 & 14 & 13 \\
2 & 17 & 24 & 23 & 12 \\
3 & 18 & 25 & 22 & 11 \\
4 & 19 & 20 & 21 & 10 \\
5 & 6 & 7 & 8 & 9
\end{bmatrix}
$$

二、工具及准备工作

在开始实验前，应回顾或复习相关的内容。

需要一台计算机，其中安装有 Visual C++ 6.0、Visual C++ 2017、Dev-C++ 或 CodeBlocks 等集成开发环境软件。

三、实验分析

对于如下的方阵 A，可看成由 3 个正方形组成，第 1 个正方形的元素为 $\{a_{11}, a_{21}, a_{31}, a_{41}, \boldsymbol{a_{51}}, a_{52}, a_{53}, a_{54}, \boldsymbol{a_{55}}, a_{45}, a_{35}, a_{25}, \boldsymbol{a_{15}}, a_{14}, a_{13}, a_{12}\}$，第 2 个正方形的元素为 $\{a_{22}, a_{32}, \boldsymbol{a_{42}}, a_{43}, \boldsymbol{a_{44}}, a_{34}, \boldsymbol{a_{24}}, a_{23}\}$，第 3 个正方形的元素为 $\{a_{33}\}$，其中粗体元素为位于正方形顶点的元素。经观察易知，对于左上角下标为 (i, i)，边长为 curSide 的正方形的其他 3 个顶点的下标依次为 $(i+{\rm curSide}-1, i)$，$(i+{\rm curSide}-1, i+{\rm curSide}-1)$，$(i, i+{\rm curSide}-1)$。

$$
A =
\begin{bmatrix}
a_{11} & a_{12} & a_{13} & a_{14} & a_{15} \\
a_{21} & a_{22} & a_{23} & a_{24} & a_{25} \\
a_{31} & a_{32} & a_{33} & a_{34} & a_{35} \\
a_{41} & a_{42} & a_{43} & a_{44} & a_{45} \\
a_{51} & a_{52} & a_{53} & a_{54} & a_{55}
\end{bmatrix}
$$

填充 n 阶螺旋方阵时，可按从外到内依次填充各正方形，下面为用伪代码描述的整个游戏的流程。

```
初始化当前要填入矩阵的值 curValue =1
初始化当前要填写正方形的边长 curSide =n

for (i =1; i <=(n +1) / 2; i++)
    如边长为 1,则处理边长为 1 的特殊正方形
    否则处理边长大于 1 的正方形
        填充左面的边
        填充下面的边
```

填充右面的边

填充上面的边

四、实验步骤

1. 建立项目 screw_square_matrix。

2. 将矩阵需要的头文件 matrix.h(参考附录 A)复制到 screw_square_matrix 文件夹中，并将 matrix.h 加入项目中。

3. 建立源程序文件 main.cpp，实现 main()函数，具体代码如下：

```cpp
// 文件路径名：screw_square_matrix\main.cpp
#include <iostream>      // 编译预处理命令
#include <iomanip>       // 含 setw()的声明
#include <cstdlib>       // 含 C 函数 system()的声明(stdlib.h 与 cstdlib 是 C 的头文件)
using namespace std;     // 使用命名空间 std
#include "matrix.h"      // 矩阵类


int main()
{
    int n;                                        // 矩阵的阶

    cout <<"输入矩阵的阶: ";
    do
    {
        cin >>n;                                  // 输入 n
        if (n <1 || n >=20)
        {   // n 不在取值范围内
            cout <<"n 的值应在 1～19,重新输入 n: ";
        }
    }
    while (n <1 || n >=20);

    Matrix<int>screwSquareMatrix(n, n);           // n 阶方阵
    int curValue =1;                              // 当前要填入矩阵的值
    int curSide =n;                               // 当前要填写正方形的边长
    int i, j;                                     // 临时变量

    // 生成 n 阶螺旋方阵
    for (i =1; i <= (n +1) / 2; i++)
    {   // 生成第 i 个正方形, 4 个顶点的下标为
        // (i,i),(i+curSide-1,i),(i+curSide-1,i+curSide-1),(i,i+curSide-1)
        if (curSide ==1)
        {   // 边长 1 的正方形
            screwSquareMatrix(i, i) =curValue++;  // 填入值 curValue
        }
        else
```

```
        {
            for (j =i; j <i +curSide -1; j++)
            {   // 填入正方形左面的边 (i,i)-(i+curSide-1,i)
                screwSquareMatrix(j, i) =curValue++;          // 填入值 curValue
            }

            for (j =i; j <i +curSide -1; j++)
            {   // 填入正方形下面的边 (i+curSide-1,i)-(i+curSide-1,i+curSide-1)
                screwSquareMatrix(i+curSide-1, j) =curValue++;
                                                              // 填入值 curValue
            }

            for (j =i +curSide -1; j >i; j--)
            {   // 填入正方形右面的边 (i+curSide-1,i+curSide-1)-(i,i+curSide-1)
                screwSquareMatrix(j, i+curSide-1) =curValue++;
                                                              // 填入值 curValue
            }

            for (j =i +curSide -1; j >i; j--)
            {   // 填入正方形上面的边 (i,i+curSide-1)-(i,i)
                screwSquareMatrix(i, j) =curValue++;          // 填入值 curValue
            }
        }

        curSide -=2;                                   // 下一个正方形的边长自减 2
    }

    for(i =1; i <=n; i++)
    {   // 第 i 行
        for( j =1; j <=n; j++)
        {   // 第 j 列
            cout <<setw(4) <<screwSquareMatrix(i, j);
        }
        cout <<endl;                                    // 换行
    }

    system("PAUSE");                                    // 调用库函数 system()
    return 0;                                           // 返回值 0, 返回操作系统
}
```

4. 编译及运行程序。

五、测试与结论

测试时,应注意尽量覆盖算法的各种情况,屏幕显示参考如下:

输入矩阵的阶: 5
    1 16 15 14 13

2	17	24	23	12
3	18	25	22	11
4	19	20	21	10
5	6	7	8	9

请按任意键继续...

输入矩阵的阶：8

1	28	27	26	25	24	23	22
2	29	48	47	46	45	44	21
3	30	49	60	59	58	43	20
4	31	50	61	64	57	42	19
5	32	51	62	63	56	41	18
6	33	52	53	54	55	40	17
7	34	35	36	37	38	39	16
8	9	10	11	12	13	14	15

请按任意键继续...

从上面的屏幕显示，可知本程序满足实验目标与要求。

六、思考与感悟

程序只有 main() 函数，比较直接，读者还可将填充螺旋方阵用一个函数来实现，将显示螺旋方阵也用函数来实现，读者还可定义螺旋方阵类 ScrewSquareMatrix，将有关填充与显示螺旋方阵方法进行封装。

填充螺旋方阵有一定的趣味性，兴趣是最好的老师，而编写一些有趣的程序是产生兴趣的最好途径。

实验10 引用数使用空间表法广义表存储结构

一、目标与要求
试将引用数法与使用空间表法结合起来实现广义表存储结构。

二、工具及准备工作
在开始实验前,应回顾或复习相关的内容。

需要一台计算机,其中安装有 Visual C++ 6.0、Visual C++ 2017、Dev-C++ 或 CodeBlocks 等集成开发环境软件。

三、实验分析
定义使用空间表类 MyUseSpaceList。MyUseSpaceList 类声明如下:

```
// 使用空间表类
class MyUseSpaceList
{
protected:
// 数据成员
    Node<Base * > * head;              // 使用空间表头指针

public:
// 方法
    MyUseSpaceList();                  // 无参数的构造函数
    virtual~MyUseSpaceList();          // 析构函数
    void Push(Base * nodePtr);         // 将指向节点的指针加入使用空间表中
    void Delete(Base * nodePtr);       // 释放 nodePtr 所指向的节点
};
```

方法 Delete(void * nodePtr)用于释放 nodePtr 所指向的节点,首先在使用空间表中查找存储 nodePtr 的节点,然后将此节点的数据成分赋成 NULL 以免重复被释放,最后再释放 nodePtr 所指向的节点。

在程序中定义枚举类型 MyGenListNodeType 用于确定节点类型,具体定义如下:

```
enum MyGenListNodeType {HEAD, ATOM, LIST};
```

在程序中定义广义表节点类模板 MyGenListNode,MyUseSpaceList 类模板声明如下:

```
// 广义表节点类模板
template<class ElemType>
struct MyGenListNode: Base
{
// 数据成员
    MyGenListNodeType tag;
        // 标志成分,HEAD(0):头节点, ATOM(1):原子结构, LIST(2):表节点
```

```
    MyGenListNode<ElemType> * nextLink;        // 指向同一层中的下一个节点指针成分
    union
    {
        int ref;                               // tag=HEAD,头节点,存放引用数成分
        ElemType atom;                         // tag=ATOM,存放原子节点的数据成分
        MyGenListNode<ElemType> * subLink;     // tag=LIST,存放指向子表的指针成分
    };
```

// 成员函数模板
```
    MyGenListNode(MyGenListNodeType tg = HEAD, MyGenListNode<ElemType> * next =
    NULL);
        // 由标志 tg 和指针 next 构造广义表节点——构造函数模板
    virtual ～MyGenListNode() { }              // 析构函数模板
};
```

在程序中定义了广义表类模板 MyGenList,MyGenList 类模板声明如下:

```
// 广义表类模板
template<class ElemType>
class MyGenList
{
protected:
// 广义表类的数据成员
    MyGenListNode<ElemType> * head;                    // 广义表头指针
```

// 辅助函数模板
```
    void ShowHelp(MyGenListNode<ElemType> * hd) const;    // 显示以 hd 为头节点的广义表
    int DepthHelp(const MyGenListNode<ElemType> * hd);
                                                         // 计算以 hd 为表头的广义表的深度
    void ClearHelp(MyGenListNode<ElemType> * hd);    // 释放以 hd 为表头的广义表结构
    void CopyHelp(const MyGenListNode<ElemType> * sourceHead,
        MyGenListNode<ElemType> * &destHead);
        // 将以 destHead 为头节点的广义表复制成以 sourceHead 为头节点的广义表
    void CreateHelp(MyGenListNode<ElemType> * &first);// 创建以 first 为头节点的广义表
```

```
public:
// 抽象数据类型方法声明及重载编译系统默认方法声明
    MyGenList();                                        // 无参数的构造函数模板
    MyGenList(MyGenListNode<ElemType> * hd);            // 由头节点指针构造广义表
    virtual～MyGenList();                               // 析构函数模板
    MyGenListNode<ElemType> * First() const;           // 返回广义表的第一个元素
    MyGenListNode<ElemType> * Next(MyGenListNode<ElemType> * elemPtr) const;
        // 返回 elemPtr 指向的广义表元素的后继
    bool Empty() const;                                 // 判断广义表是否为空
    void Push(const ElemType &e);            // 将原子元素 e 作为表头加入广义表最前面
    void Push(MyGenList<ElemType>&subList);
```

```
                        // 将子表 subList 作为表头加入广义表最前面
        int Depth();                                    // 计算广义表深度
        MyGenList(const MyGenList<ElemType>&copy);       // 复制构造函数模板
        MyGenList<ElemType>&operator = (const MyGenList<ElemType>&copy); // 重载赋值语句
        void Input(void);                               // 输入广义表
        void Show(void) const;                          // 显示广义表
    };
```

辅助函数 ClearHelp()用于释放广义表结构,为使用空间表,应将释放指针指向的节点的操作 new 用 gMyUseSpaceList.Delete()函数代替。

四、实验步骤

1. 建立项目 my_gen_list。

2. 将定义串需要的头文件 node.h 和 base.h(参考附录 A)复制到 my_gen_list 文件夹中,并将 node.h 和 base.h 加入项目中。

3. 建立头文件 my_use_space_list.h,声明并实现使用空间表类 MyUseSpaceList。具体内容如下:

```
// 文件路径名: my_gen_list\my_use_space_list.h
#ifndef _ _MY_USE_SPACE_LIST_H_ _
#define _ _MY_USE_SPACE_LIST_H_ _

#include "node.h"                                       // 节点类
#include "base.h"                                       // 基类

// 使用空间表类
class MyUseSpaceList
{
protected:
// 数据成员
    Node<Base * > * head;                               // 使用空间表头指针

public:
// 方法
    MyUseSpaceList();                                   // 无参数的构造函数
    virtual~MyUseSpaceList();                           // 析构函数
    void Push(Base * nodePtr);               // 将指向节点的指针加入使用空间表中
    void Delete(Base * nodePtr);                        // 释放 nodePtr 所指向的节点
};

// 使用空间表类模板的实现部分
MyUseSpaceList:: MyUseSpaceList()
// 操作结果: 构造使用空间表
{
    head =NULL;
}
```

```cpp
MyUseSpaceList:: ～MyUseSpaceList()
// 操作结果: 释放节点占用存储空间
{
    while (head !=NULL)
    {    // 循环释放节点空间
        if (head->data !=NULL) delete head->data;
            // head->data 存储的是指向节点的指针
        Node<Base * > * temPtr =head;                        // 暂存 head
        head =head->next;                                    // 新的 head
        delete temPtr;                                       // 释放 temPtr
    }
}


void MyUseSpaceList:: Push(Base * nodePtr)
// 操作结果: 将指向节点的指针加入使用空间表中
{
    Node<Base * > * temPtr =new Node<Base * >(nodePtr, head);
                                                // 生成新使用空间表节点
    head =temPtr;                               // temPtr 为新表头
}
```

```cpp
void MyUseSpaceList:: Delete(Base * nodePtr)
// 操作结果: 释放 nodePtr 所指向的节点
{
    for (Node<Base * > * p =head; p !=NULL; p =p->next)
    {    // 查找存储 nodePtr 的节点
        if (p->data ==nodePtr)
        {    // 找到存储 nodePtr 的节点
            p->data =NULL;                       // 将 p->data 置空,以免重复删除
            delete nodePtr;                      // 释放 nodePtr 所指向的节点
            break;                               // 退出循环
        }
    }
}
```

```cpp
#ifndef _ _GLOBAL_MY_USE_SPACE_LIST_ _
#define _ _GLOBAL_MY_USE_SPACE_LIST_ _
static MyUseSpaceList gMyUseSpaceList;                   // 全局使用空间表对象
#endif

#endif
```

4. 建立头文件 my_gen_node.h,声明并实现广义表节点类 MyGenListNode。具体内容如下:

```cpp
// 文件路径名: my_gen_list\my_gen_node.h
#ifndef _ _MY_GEN_NODE_H_ _
```

```
#define __MY_GEN_NODE_H__

#include "my_use_space_list.h"                          // 广义表使用空间表类
#include "base.h"                                        // 基类

#ifndef __MY_GEN_LIST_NODE_TYPE__
#define __MY_GEN_LIST_NODE_TYPE__
enum MyGenListNodeType {HEAD, ATOM, LIST};
#endif

// 广义表节点类模板
template<class ElemType>
struct MyGenListNode: Base
{
// 数据成员
    MyGenListNodeType tag;
        // 标志成分,HEAD(0):头节点, ATOM(1):原子结构, LIST(2):表节点
    MyGenListNode<ElemType> * nextLink;                  // 指向同一层中的下一个节点指针成分
    union
    {
        int ref;                                         // tag=HEAD,头节点,存放引用数成分
        ElemType atom;                                   // tag=ATOM,存放原子节点的数据成分
        MyGenListNode<ElemType> * subLink;               // tag=LIST,存放指向子表的指针成分
    };

// 成员函数模板
    MyGenListNode(MyGenListNodeType tg = HEAD, MyGenListNode<ElemType> * next =
    NULL);                              // 由标志 tg 和指针 next 构造广义表节点——构造函数模板
    virtual ~MyGenListNode() { }                         // 析构函数模板
};

// 广义表节点类模板的实现部分
template<class ElemType>
MyGenListNode<ElemType>:: MyGenListNode(MyGenListNodeType tg,
    MyGenListNode<ElemType> * next)
// 操作结果:由标志 tg 和指针 next 构造广义表节点——构造函数模板
{
    tag =tg;                                             // 标志
    nextLink =next;                                      // 后继
    gMyUseSpaceList.Push(this);            // 将指向当前节点的指针加入广义表使用空间表中
}

#endif
```

5. 建立头文件 my_gen_list.h,声明并实现广义表类 MyGenList。具体内容如下:

```
// 文件路径名: my_gen_list\my_gen_list.h
#ifndef __MY_GEN_LIST_H__
#define __MY_GEN_LIST_H__

#include "my_gen_node.h"                              // 广义表节点类

// 广义表类模板
template<class ElemType>
class MyGenList
{
protected:
// 广义表类的数据成员
    MyGenListNode<ElemType> * head;                  // 广义表头指针

// 辅助函数模板
    void ShowHelp(MyGenListNode<ElemType> * hd) const;
        // 显示以 hd 为头节点的广义表
    int DepthHelp(const MyGenListNode<ElemType> * hd);
        // 计算以 hd 为表头的广义表的深度
    void ClearHelp(MyGenListNode<ElemType> * hd);
        // 释放以 hd 为表头的广义表结构
    void CopyHelp(const MyGenListNode<ElemType> * sourceHead,
        MyGenListNode<ElemType> * &destHead);
        // 将以 destHead 为头节点的广义表复制成以 sourceHead 为头节点的广义表
    void CreateHelp(MyGenListNode<ElemType> * &first);
        // 创建以 first 为头节点的广义表

public:
// 抽象数据类型方法声明及重载编译系统默认方法声明
    MyGenList();                                       // 无参数的构造函数模板
    MyGenList(MyGenListNode<ElemType> * hd);           // 由头节点指针构造广义表
    virtual ~MyGenList();                              // 析构函数模板
    MyGenListNode<ElemType> * First() const;           // 返回广义表的第一个元素
    MyGenListNode<ElemType> * Next(MyGenListNode<ElemType> * elemPtr) const;
        // 返回 elemPtr 指向的广义表元素的后继
    bool Empty() const;                                // 判断广义表是否为空
    void Push(const ElemType &e);              // 将原子元素 e 作为表头加入广义表最前面
    void Push(MyGenList<ElemType> &subList);
        // 将子表 subList 作为表头加入广义表最前面
    int Depth();                                       // 计算广义表深度
    MyGenList(const MyGenList<ElemType> &copy);  // 复制构造函数模板
    MyGenList<ElemType> &operator =(const MyGenList<ElemType> &copy);
                                                       // 重载赋值语句

    void Input();                                      // 输入广义表
    void Show() const;                                 // 显示广义表
```

```
    };

    // 广义表类模板的实现部分
    template <class ElemType>
    MyGenList<ElemType>:: MyGenList()
    // 操作结果: 构造一个空广义表
    {
        head =new MyGenListNode<ElemType>(HEAD);
        head->ref =1;                                    // 引用数
    }


    template <class ElemType>
    MyGenList<ElemType>:: MyGenList(MyGenListNode<ElemType> * hd)
    // 操作结果: 由头节点指针构造广义表
    {
        head =hd;                                        // 头节点
    }


    template <class ElemType>
    MyGenListNode<ElemType> * MyGenList<ElemType>:: First() const
    // 操作结果: 返回广义表的第一个元素
    {
        return head->nextLink;
    }


    template <class ElemType>
    MyGenListNode<ElemType> * MyGenList<ElemType>:: Next(MyGenListNode<ElemType>
    * elemPtr) const
    // 操作结果: 返回 elemPtr 指向的广义表元素的后继
    {
        return elemPtr->nextLink;
    }


    template <class ElemType>
    bool MyGenList<ElemType>:: Empty() const
    // 操作结果: 如广义表为空,则返回 true,否则返回 false
    {
        return head->nextLink ==NULL;
    }


    template <class ElemType>
    void MyGenList<ElemType>:: Push(const ElemType &e)
    // 操作结果: 将原子元素 e 作为表头加入广义表最前面
    {
        MyGenListNode<ElemType> * temPtr =new MyGenListNode<ElemType>(ATOM, head->
```

```
        nextLink);
    tempPtr->atom = e;                                      // 数据成分
    head->nextLink = tempPtr;                  // 将 tempPtr 插到 head 与 head->nextLink 之间
}


template <class ElemType>
void MyGenList<ElemType>:: Push(MyGenList<ElemType>&subList)
// 操作结果: 将子表 subList 作为表头加到广义表最前面
{
    MyGenListNode<ElemType> * tempPtr = new MyGenListNode<ElemType>(LIST, head->
    nextLink);
    tempPtr->subLink = subList.head;                    // 子表
    subList.head->ref++;                                // subList 引用数自加 1
    head->nextLink = tempPtr;                  // 将 tempPtr 插到 head 与 head->nextLink 之间
}


template <class ElemType>
void MyGenList<ElemType>:: ShowHelp(MyGenListNode<ElemType> * hd) const
// 操作结果: 显示以 hd 为头节点的广义表
{
    bool first = true;
    cout << "(";                                        // 广义表以(开始
    for (MyGenListNode<ElemType> * tempPtr = hd->nextLink; tempPtr != NULL;
        tempPtr = tempPtr->nextLink)
    {   // 依次处理广义表各元素
        if (first) first = false;                       // 第一个元素
        else cout << ",";                               // 不同元素之间用逗号隔开
        if (tempPtr->tag == ATOM)
        {   // 原子节点
            cout << tempPtr->atom;
        }
        else
        {   // 表节点
            ShowHelp(tempPtr->subLink);
        }
    }
    cout << ")";                                        // 广义表以)结束
}


template <class ElemType>
void MyGenList<ElemType>:: Show() const
// 操作结果: 显示广义表
{
    ShowHelp(head);                                     // 调用辅助函数显示广义表
}
```

```
template <class ElemType>
int MyGenList<ElemType>:: DepthHelp(const MyGenListNode<ElemType> * hd)
// 操作结果：返回以 hd 为表头的广义表的深度
{
    if (hd->nextLink ==NULL) return 1;              // 空广义表的深度为 1

    int subMaxDepth =0;                             // 子表最大深度
    for (MyGenListNode<ElemType> * temPtr =hd->nextLink; temPtr !=NULL;
        temPtr =temPtr->nextLink)
    {   // 求子表的最大深度
        if (temPtr->tag ==LIST)
        {   // 子表
            int curSubDepth =DepthHelp(temPtr->subLink);   // 子表深度
            if (subMaxDepth <curSubDepth) subMaxDepth =curSubDepth;
        }
    }
    return subMaxDepth +1;                          // 广义表深度为子表最大深度加 1
}


template <class ElemType>
int MyGenList<ElemType>:: Depth()
// 操作结果：返回广义表深度
{
    return DepthHelp(head);
}


template <class ElemType>
void MyGenList<ElemType>:: ClearHelp(MyGenListNode<ElemType> * hd)
// 操作结果：释放以 hd 为表头的广义表结构
{
    hd->ref--;                                      // 引用数自减 1

    if (hd->ref ==0)
    {   // 引用数为 0,释放节点所占用空间
        MyGenListNode<ElemType> * temPre, * temPtr;  // 临时变量
        for (temPre =hd, temPtr =hd->nextLink;
            temPtr !=NULL; temPre =temPtr, temPtr =temPtr->nextLink)
        {   // 扫描广义表 hd 的顶层
            gMyUseSpaceList.Delete(temPre);                    // 释放 temPre
            if (temPtr->tag ==LIST)
            {   // temPtr 为子表
                ClearHelp(temPtr->subLink);                    // 释放子表
            }
        }
```

```
    }
}

template <class ElemType>
MyGenList<ElemType>:: ~MyGenList()
// 操作结果: 释放广义表结构——析构函数模板
{
    ClearHelp(head);
}


template <class ElemType>
void MyGenList < ElemType >:: CopyHelp ( const  MyGenListNode < ElemType > *
sourceHead,
    MyGenListNode<ElemType> * &destHead)
// 初始条件: 以 sourceHead 为头节点的广义表为非递归广义表
// 操作结果: 将以 sourceHead 为头节点的广义表复制成以 destHead 为头节点的广义表
{
    destHead = new MyGenListNode<ElemType>(HEAD); // 复制头节点
    MyGenListNode<ElemType> * destPtr = destHead;  // destHead 的当前节点
    destHead->ref = 1;                             // 引用数为 1
    for (MyGenListNode<ElemType> * temPtr = sourceHead->nextLink; temPtr != NULL;
        temPtr = temPtr->nextLink)
    {   // 扫描广义表 sourceHead 的顶层
        destPtr = destPtr->nextLink = new MyGenListNode<ElemType>(temPtr->tag);
                                                    // 生成新节点
        if (temPtr->tag == LIST)
        {   // 子表
            CopyHelp(temPtr->subLink, destPtr->subLink);   // 复制子表
        }
        else
        {   // 原子节点
            destPtr->atom = temPtr->atom;          // 复制原子节点
        }
    }
}


template <class ElemType>
MyGenList<ElemType>:: MyGenList(const MyGenList<ElemType> &copy)
// 操作结果: 由广义表 copy 构造新广义表——复制构造函数模板
{
    CopyHelp(copy.head, head);
}


template<class ElemType>
```

```
MyGenList< ElemType > &MyGenList< ElemType >:: operator = (const MyGenList< ElemType >
&copy)
// 操作结果: 将广义表 copy 赋值给当前广义表——重载赋值运算符
{
    if (&copy !=this)
    {
        ClearHelp(head);                            // 清空当前广义表
        CopyHelp(copy.head, head);                  // 复制广义表
    }
    return * this;
}


template<class ElemType>
void MyGenList<ElemType>:: CreateHelp(MyGenListNode<ElemType> * &first)
// 操作结果: 创建以 first 为头节点的广义表
{
    char ch;                                        // 临时变量
    cin >>ch;                                       // 读入字符
    switch (ch)
    {
    case ')':                                       // 广义表建立完毕
        return;                                     // 结束
    case '(':                                       // 子表
        // 表头为子表
        first =new MyGenListNode<ElemType>(LIST);// 生成表节点

        MyGenListNode<ElemType> * subHead;          // 子表指针
        subHead =new MyGenListNode<ElemType>(HEAD);// 生成子表的头节点
        subHead->ref =1;                            // 引用数为 1
        first->subLink =subHead;                    // subHead 为子表
        CreateHelp(subHead->nextLink);              // 递归建立子表

        cin >>ch;                                   // 跳过','
        if (ch !=',') cin.putback(ch);              // 如不是',',则将 ch 回退到输入流
        CreateHelp(first->nextLink);                // 建立广义表下一节点
        break;
    default:                                        // 原子
        // 表头为原子
        cin.putback(ch);                            // 将 ch 回退到输入流
        ElemType amData;                            // 原子节点数据
        cin >>amData;                               // 输入原子节点数据
        first =new MyGenListNode<ElemType>(ATOM);// 生成原表节点
        first->atom =amData;                        // 原子节点数据
```

```
        cin >> ch;                                      // 跳过','
        if (ch != ',') cin.putback(ch);                 // 如不是',',则将 ch 回退到输入流
        CreateHelp(first->nextLink);                    // 建立广义表下一节点
        break;
    }
}


template<class ElemType>
void MyGenList<ElemType>:: Input()
// 操作结果: 输入广义表
{
    char ch;                                            // 临时变量
    head = new MyGenListNode<ElemType>(HEAD);           // 生成广义表头节点
    head->ref = 1;                                      // 引用数为 1

    cin >> ch;                                          // 读入第一个 '('
    MyGenList<ElemType>:: CreateHelp(head->nextLink);
        // 创建以 head->nextLink 为表头的广义表
}


#endif
```

6. 建立源程序文件 main.cpp,实现 main()函数,具体代码如下:

```
// 文件路径名: my_gen_list\main.cpp
#include <iostream>                                     // 编译预处理命令
#include <cstdlib>      // 含 C 函数 system()的声明(stdlib.h 与 cstdlib 是 C 的头文件)
using namespace std;                                    // 使用命名空间 std

#include "my_gen_list.h"                                // 广义表

int main()
{

    char select;                                        // 接收用户是否继续的回答

    do
    {
        MyGenList<int> gList;
        cout << "请输入广义表 eg: (12,(34)): " << endl;
        gList.Input();
        cout << "广义表为: ";
        gList.Show();
        cout << endl;
        cout << "深度: " << gList.Depth() << endl << endl;
        cout << "是否继续(y/n)?";
```

```
        cin >> select;                                     // 输入用户的选择
        select = tolower(select);                          // 大写字母转换为小写字母
        while (select != 'y' && select != 'n')
        {    // 输入有错
            cout << "输入有错,请重新输入(y/n): ";
            cin >> select;                                 // 输入用户的选择
            select = tolower(select);                      // 大写字母转换为小写字母
        }
    } while (select == 'y');

    system("PAUSE");                                       // 调用库函数 system()
    return 0;                                              // 返回值 0,返回操作系统
}
```

7. 编译及运行程序。

五、测试与结论

测试时,应注意尽量覆盖算法的各种情况,屏幕显示参考如下:

请输入广义表 eg: (12,(34)):
()
广义表为: ()
深度: 1

是否继续(y, n)?y
请输入广义表 eg: (12,(34)):
(16,(12,8))
广义表为: (16,(12,8))
深度: 2

是否继续(y, n)?

从上面的屏幕显示,可知本程序满足实验目标与要求。

六、思考与感悟

读者可在广义表节点类 MyGenListNode 中重载运算符 delete 与 new,这样可不修改广义表类 MyGenList 的任意成员函数,而使实现更完美。

引用数法广义表对于递归表并不能完全释放节点,而使用空间表法广义表虽然能释放所有节点,但只能在程序运行结束时才通过全局使用空间表对象 gUseSpaceList 进行统一释放,也就是不能提前释放节点。将引用数和使用空间表结合起来构造广义表可更完美实现广义表。

在实现数据结构时,将已知的不同实现方法的优点结合起来可实现更完美的数据结构,这也是一种"下棋找高手,弄斧到班门",这样在不知不觉中将提高对数据结构的悟性,迅速提高计算机软件设计水平。

实验 11　用二叉树表示表达式

一、目标与要求

编写一个程序,用二叉树表示表达式,表达式只包含＝、＋、－、*、/、()和用字母表示的数且没有错误。例如"$(a+b)*c-e/f=$"表达式对应的二叉树如图 2.11.1 所示。

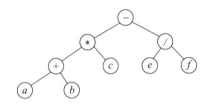

图 2.11.1　"$(a+b)*c-e/f=$"表达式对应的二叉树

提示:采用中缀表达式求值的算法思想,只是操作数栈中用存储指向节点的指针来代替存储操作数。

二、工具及准备工作

在开始实验前,应回顾或复习相关的内容。

需要一台计算机,其中安装有 Visual C++ 6.0、Visual C++ 2017、Dev-C++ 或 CodeBlocks 等集成开发环境软件。

三、实验分析

程序中定义了表达式的二叉树表示类 FigureExprByBiTree。FigureExprByBiTree 类声明如下:

```
// 表达式的二叉树表示类
class FigureExprByBiTree
{
private:
// 辅助函数
    static bool IsOperator(char ch);        // 判断 ch 是否为运算符
    static int LeftPri(char op);            // 左边运算符的优先级
    static int RightPri(char op);           // 右边运算符的优先级


public:
// 接口方法声明
    FigureExprByBiTree(){};                 // 无参数的构造函数
    virtual ～FigureExprByBiTree(){};        // 析构函数
    static void Run();                      // 将从键盘输入的中缀表达式用二叉树表示
};
```

函数 Run()将从键盘中输入的中缀表达式转换为后缀表达式,用二叉树表示,并显示二叉树,需要考虑各操作符的优先级,为方便起见定义两个函数 LeftPri(ch)和 RightPri(ch)分别表示左边操作符与右边操作符的优先级,定义如表 2.11.1 所示。

表 2.11.1　定义函数优先级

操作符 ch	=	(	* 和/	＋和－	)
LeftPri(ch)	0	1	5	3	6
RightPri(ch)	0	6	4	2	1

在表示中缀表达式时,可采用中缀表达式求值的算法思想,只是操作数栈(即下面算法思想中的二叉树栈 biTr)中用存储指向节点的指针来代替存储操作数。具体算法思想如下:

(1) 定义二叉树栈 biTr(即操作数栈),操作符栈 optr,将结束符'='进 optr 栈,然后读入中缀表达式字符流的首字符 ch。
(2) 重复执行以下步骤,直到 ch 等于'=',同时栈顶的操作符也是'=',停止循环。
若 ch 是操作数,则用 ch 生成只含一个节点的二叉树,并入 biTr 栈,读入下一个字符 ch。
若 ch 是操作符,判断 ch 的优先级 RightPri(ch)和位于栈顶的操作符 optrTop 的优先级 LeftPri(optrTop):
若 LeftPri(optrTop)小于 RightPri(ch),令 ch 进栈 optr,读入下一个字符 ch。
若 LeftPri(optrTop)大于 RightPri(ch),从栈 biTr 中退出 rightr 与 leftr,从 optr 中退出 theta,由 theta,rightr,leftr 生成新二叉树,并入 biTr 栈。
若 LeftPri(optrTop)等于 RightPri(ch),若退出的是 ch = ')',则退栈,读入下一个字符 ch。
(3) 取出 biTr 栈顶 r,输出相应二叉树。

四、实验步骤

1. 建立项目 figure_expr_by_bitree。
2. 将链栈与二叉树需要的头文件 node.h,lk_stack.h,bin_tree_node.h,binary_tree.h 和 lk_queue.h(参考附录 A)复制到 figure_expr_by_bitree 文件夹中,并将其加入项目中。
3. 建立头文件 figure_expr_by_bitree.h,声明并实现表达式的二叉树表示类 FigureExprByBiTree。具体内容如下:

```
// 文件路径名: figure_expr_by_bitree\figure_expr_by_bitree.h
#ifndef __FIGURE_EXPR_BY_BI_TREE_H__
#define __FIGURE_EXPR_BY_BI_TREE_H__

#include <iostream>                     // 编译预处理命令
#include <cstdlib>          // 含 C 函数 exit()的声明(stdlib.h 与 cstdlib 是 C 的头文件)
using namespace std;                    // 使用命名空间 std
#include "lk_stack.h"                   // 链栈
#include "bin_tree_node.h"              // 二叉树节点类
#include "binary_tree.h"                // 二叉树类

// 表达式的二叉树表示类
class FigureExprByBiTree
{
private:
// 辅助函数
```

```cpp
    static bool IsOperator(char ch);              // 判断 ch 是否为运算符
    static int LeftPri(char op);                  // 左边运算符的优先级
    static int RightPri(char op);                 // 右边运算符的优先级

public:
// 接口方法声明
    FigureExprByBiTree(){};                       // 无参数的构造函数
    virtual ~FigureExprByBiTree(){};              // 析构函数
    static void Run();                            // 将从键盘输入的中级表达式用二叉树表示
};

// 表达式的二叉树表示类的实现部分
bool FigureExprByBiTree:: IsOperator(char ch)
// 操作结果: 如果 ch 是运算符, 则返回 true, 否则返回 false
{
    if (ch =='=' || ch =='(' || ch =='*' || ch =='/' || ch =='+' || ch =='-' || ch =
    =')') return true;
    else return false;
}


int FigureExprByBiTree:: LeftPri(char op)
// 操作结果: 左边运算符的优先级
{
    int result;                                   // 优先级
    if (op =='=') result =0;
    else if (op =='(') result =1;
    else if (op =='*' || op =='/') result =5;
    else if (op =='+' || op =='-') result =3;
    else if (op ==')') result =6;
    return result;                                // 返回优先级
}


int FigureExprByBiTree:: RightPri(char op)
// 操作结果: 右边运算符的优先级
{
    int result;                                   // 优先级
    if (op =='=') result =0;
    else if (op =='(') result =6;
    else if (op =='*' || op =='/') result =4;
    else if (op =='+' || op =='-') result =2;
    else if (op ==')') result =1;
    return result;                                // 返回优先级
}


void FigureExprByBiTree:: Run()
```

```
// 操作结果: 将从键盘中输入的中缀表达式转换为后缀表达式, 用二叉树表示, 并显示二叉树
{
    LinkStack<BinTreeNode<char> * >biTr;      // 二叉树栈
    LinkStack<char>optr;                       // 操作符栈
    char ch, optrTop, theta;    // 输入的字符 ch, 操作符栈 optr 栈顶操作符, 操作符 theta
    BinTreeNode<char> * r;                      // 指向二叉树结构指针
    optr.Push('=');                            // 为编程方便起见, 在 optr 的栈底压入 '='
    optr.Top(optrTop);                         // 取出操作符栈 optr 的栈顶
    cin >>ch;                                  // 从输入流 cin 中取出一个字符
    while (optrTop !='=' || ch !='=')
    {   //当 optrTop 等于 '=' 且 ch 等于 '=' 不成立时, 表达式运算未结束
        if (!IsOperator(ch))
        {   // ch 为操作数
            r =new BinTreeNode<char>(ch);      // 生成只含一个节点的二叉树
            biTr.Push(r);                       // r 进 optr 栈
            cin >>ch;;                          // 从输入流 cin 中取出一个字符
        }
        else
        {   // ch 为操作符
            if (LeftPri(optrTop) <RightPri(ch))
            {   // ch 优先级更高
                optr.Push(ch);                 // ch 进 optr 栈
                cin >>ch;                       // 从输入流 cin 中取出一个字符
            }
            else if (LeftPri(optrTop) >RightPri(ch))
            {   // optrTop 优先级更高
                BinTreeNode<char> * leftr, * rightr;  // 二叉树

                if (!biTr.Pop(rightr))
                {   // 出现异常
                    cout <<"表达式有错!" <<endl;       // 提示信息
                    exit(1);                           // 退出程序
                }
                if (!biTr.Pop(leftr))
                {   // 出现异常
                    cout <<"表达式有错!" <<endl;       // 提示信息
                    exit(2);                           // 退出程序
                }

                optr.Pop(theta);                         // 从 optr 栈退出 theta
                r =new BinTreeNode<char>(theta, leftr, rightr);   // 生成新二叉树
                biTr.Push(r);                            // r 进 biTr 栈
            }
            else if (LeftPri(optrTop) ==RightPri(ch) && ch ==')')
            {   // 表示 optrTop 等于 '(' 与等于 ')'
```

```
            optr.Pop(ch);                          // 从 optr 栈退出栈顶的 '('
            cin >> ch;                              // 从输入流 cin 中取出一个字符
         }
      }
      optr.Top(optrTop);                            // 取出操作符栈 optr 的栈顶
   }
   biTr.Pop(r);                                     // r 为生成的二叉树的根
   BinaryTree<char>bt(r);                           // 生成二叉树
   DisplayBTWithTreeShape(bt);                      // 显示二叉树
}
```

```
#endif
```

4. 建立源程序文件 main.cpp，实现 main()函数，具体代码如下：

```
// 文件路径名: figure_expr_by_bitree\main.cpp
#include <iostream>                                 // 编译预处理命令
#include <cstdlib>        // 含 C 函数 system()的声明(stdlib.h 与 cstdlib 是 C 的头文件)
#include <cctype>         // 含 C 函数 tolower()的声明(ctype.h 与 cctype 是 C 的头文件)
using namespace std;                                // 使用命名空间 std
#include "figure_expr_by_bitree.h"                  // 表达式求值类的头文件

int main()
{
   char select;                                     // 接收用户是否继续的回答

   do
   {
      cout << "输入表达式: " << endl;
      FigureExprByBiTree:: Run();                   // 用二叉树表示从键盘输入的中级表达式
      cout << "是否继续(y/n)?";
      cin >> select;                                // 输入用户的选择
      select = tolower(select);                     // 大写字母转换为小写字母
      while (select != 'y' && select != 'n')
      {    // 输入有错
          cout << "输入有错,请重新输入(y/n): ";
      cin >> select;                                // 输入用户的选择
      select = tolower(select);                     // 大写字母转换为小写字母
      }
   } while (select == 'y');

   system("PAUSE");                                 // 调用库函数 system()
   return 0;                                        // 返回值 0, 返回操作系统
}
```

5. 编译及运行程序。

五、测试与结论

测试时,应注意尽量覆盖算法的各种情况,屏幕显示参考如下:

输入表达式:

a+b＊(c+d)=

```
            d
        +
            c
        ＊
        b
    +
        a
```

是否继续(y, n)?y

输入表达式:

(a+b)＊c-e/f=

```
            f
        /
            e
        -
            c
        ＊
            b
        +
            a
```

是否继续(y/n)?

...

从上面的屏幕显示,可知本程序满足实验目标与要求。

六、思考与感悟

算法只实现了基本的四则运算,读者可添加更多的运算,例如％(求余),＾(乘方),使算法的功能更强。读者还可增加对单目运算符＋、-的处理,思想是判断出某运算符是单目运算符后,用此运算符生成的二叉树的左子树为空。

本实验中用到了表达式求值的算法思路,实际大部分算法思想都可应用于解决不同问题,因此平时应多编程,多积累算法思路。所谓的软件高手,就是编程经验丰富而已,实际上人人都可成为软件高手,关键是看愿不愿意多动手编程实践。

**实验12　改进哈夫曼树类

一、目标与要求

试对哈夫曼树类模板(参考附录 A)的方法 EnCode 加以改进,将查找字符位置通过指向函数的指针来实现,则在具体应用时可进行优化,进而提高算法效率。

二、工具及准备工作

在开始实验前,应回顾或复习相关的内容。

需要一台计算机,其中安装有 Visual C++ 6.0、Visual C++ 2017、Dev-C++ 或 CodeBlocks 等集成开发环境软件。

三、实验分析

程序中定义了哈夫曼树类模板 MyHuffmanTree。MyHuffmanTree 类模板声明如下:

```
// 哈夫曼树类模板
template <class CharType, class WeightType>
class MyHuffmanTree
{
protected:
// 哈夫曼树的数据成员
    HuffmanTreeNode<WeightType> * nodes;    // 存储节点信息,nodes[0]未用
    CharType * LeafChars;                   // 叶节点字符信息,LeafChars[0]未用
    CharString * LeafCharCodes;             // 叶节点字符编码信息,LeafCharCodes[0]未用
    int curPos;                             // 译码时从根节点到叶节点路径的当前节点
    int num;                                // 叶节点个数
    unsigned int ( * CharIndex)(const CharType &);        // 字符位置映射
// 辅助函数模板
    void Select(int cur, int &r1, int &r2); // nodes[1 ~ cur]中选择双亲为 0,权值最
                                            // 小的两个节点 r1,r2
    void CreatMyHuffmanTree(CharType ch[], WeightType w[], int n);
        // 由字符、权值、字符个数的字符位置映射构造哈夫曼树

public:
// 哈夫曼树方法声明及重载编译系统默认方法声明
    MyHuffmanTree(CharType ch[], WeightType w[], int n, unsigned int ( * ChIndex)
        (const CharType &));                // 由字符、权值和字符个数构造哈夫曼树
    virtual ~MyHuffmanTree();               // 析构函数模板
    CharString Encode(CharType ch);         // 编码
    LinkList<CharType>Decode(CharString strCode);  // 译码
    MyHuffmanTree(const MyHuffmanTree<CharType, WeightType> &source);
                                            // 复制构造函数模板
```

```
    MyHuffmanTree<CharType, WeightType>&operator=(
        const MyHuffmanTree<CharType, WeightType>& source);    // 重载赋值运算符
};
```

方法 Encode()用于求字符编码,通过指向函数的指针 CharIndex 所指向的函数
(*CharIndex)()来实现查找,在具体应用时可进行优化,进而提高算法效率。

四、实验步骤

1. 建立项目 my_huffman_tree。

2. 将需要的其他头文件 char_string.h,node.h,lk_list.h 和 huffman_tree_node.h(参考
附录 A)复制到 my_huffman_tree 文件夹中,并加入项目中。

3. 建立头文件 my_huffman_tree.h,声明并实现哈夫曼树类 MyHuffmanTree。具体内
容如下:

```
// 文件路径名: my_huffman_tree\my_huffman_tree.h
#ifndef __MY_HUFFMAN_TREE_H__
#define __MY_HUFFMAN_TREE_H__

#include "char_string.h"                      // 串类
#include "huffman_tree_node.h"                // 哈夫曼树节点类模板

// 哈夫曼树类模板
template <class CharType, class WeightType>
class MyHuffmanTree
{
protected:
// 哈夫曼树的数据成员
    HuffmanTreeNode<WeightType> * nodes;      // 存储节点信息,nodes[0]未用
    CharType * LeafChars;                      // 叶节点字符信息,LeafChars[0]未用
    CharString * LeafCharCodes;                // 叶节点字符编码信息,LeafCharCodes[0]未用
    int curPos;                                // 译码时从根节点到叶节点路径的当前节点
    int num;                                   // 叶节点个数
    unsigned int (*CharIndex)(const CharType &);        // 字符位置映射

// 辅助函数模板
    void Select(int cur, int &r1, int &r2);
        // nodes[1 ~ cur]中选择双亲为 0,权值最小的两个节点 r1,r2
    void CreatMyHuffmanTree(CharType ch[], WeightType w[], int n);
        // 由字符、权值、字符个数的字符位置映射构造哈夫曼树

public:
// 哈夫曼树方法声明及重载编译系统默认方法声明:
    MyHuffmanTree(CharType ch[], WeightType w[], int n, unsigned int
        (*ChIndex)(const CharType &));        // 由字符、权值和字符个数构造哈夫曼树
```

```
virtual ~MyHuffmanTree();                                      // 析构函数模板
CharString Encode(CharType ch);                                // 编码
LinkList<CharType>Decode(CharString strCode);                  // 译码
MyHuffmanTree(const MyHuffmanTree<CharType, WeightType>&source);
    // 复制构造函数模板
MyHuffmanTree<CharType, WeightType>&operator
    =(const MyHuffmanTree<CharType, WeightType>& source);  // 重载赋值运算符
};


// 孩子兄弟表示哈夫曼树类模板的实现部分
template <class CharType, class WeightType>
void MyHuffmanTree<CharType, WeightType>:: Select(int cur, int &r1, int &r2)
// 操作结果：nodes[1 ~ cur]中选择双亲为 0,权值最小的两个节点 r1,r2
{
    r1 =r2 =0;                                                 // 0 表示空节点
    for (int pos =1; pos <=cur; pos++)
    {    // 查找权值最小的两个节点
        if (nodes[pos].parent !=0) continue;   // 只处理双亲不为 0 的节点
        if (r1 ==0)
        {    // r1 为空,将 pos 赋值给 r1
            r1 =pos;
        }
        else if (r2 ==0)
        {    // r2 为空,将 pos 赋值给 r2
            r2 =pos;
        }
        else if(nodes[pos].weight <nodes[r1].weight)
        {    // nodes[pos]权值比 nodes[r1]更小,将 pos 赋为 r1
            r1 =pos;
        }
        else if (nodes[pos].weight <nodes[r2].weight)
        {    // nodes[pos]权值比 nodes[r2]更小,将 pos 赋为 r2
            r2 =pos;
        }
    }
}


template <class CharType, class WeightType>
void MyHuffmanTree<CharType, WeightType>:: CreatMyHuffmanTree(CharType ch[],
    WeightType w[], int n)
// 操作结果：由字符、权值和字符个数构造哈夫曼树
{
    num =n;                                                    // 叶节点个数
    int m =2 * n -1;                                           // 节点个数
```

```
nodes = new HuffmanTreeNode<WeightType>[m +1];          // nodes[0]未用
LeafChars = new CharType[n +1];                          // LeafChars[0]未用
LeafCharCodes = new CharString[n +1];                    // LeafCharCodes[0]未用

int pos;                                                 // 临时变量
for (pos =1; pos <=n; pos++)
{   // 存储叶节点信息
    nodes[pos].weight = w[pos -1];                       // 权值
    LeafChars[pos] = ch[pos -1];                         // 字符
}


for (pos =n +1; pos <=m; pos++)
{   // 建立哈夫曼树
    int r1, r2;
    Select(pos -1, r1, r2);
                    // nodes[1 ～ pos -1]中选择双亲为 0,权值最小的两个节点 r1, r2

    // 合并以 r1,r2 为根的树
    nodes[r1].parent = nodes[r2].parent = pos;           // r1, r2 双亲为 pos
    nodes[pos].leftChild = r1;                           // r1 为 pos 的左孩子
    nodes[pos].rightChild = r2;                          // r2 为 pos 的右孩子
    nodes[pos].weight = nodes[r1].weight + nodes[r2].weight;
                                            //pos 的权为 r1,r2 的权值之和
}


for (pos =1; pos <=n; pos++)
{   // 求 n 个叶节点字符的编码
    LinkList<char> charCode;                             // 暂存叶节点字符编码信息
    for (unsigned int child =pos, parent =nodes[child].parent; parent !=0;
        child =parent, parent =nodes[child].parent)
    {   // 从叶节点到根节点逆向求编码
        if (nodes[parent].leftChild ==child) charCode.Insert(1, '0');
                                                // 左分支编码为'0'
        else charCode.Insert(1, '1');           // 右分支编码为'1'
    }
    LeafCharCodes[pos] = charCode;                       // charCode 中存储字符编码
}

curPos = m;                                              // 译码时从根节点开始,m 为根
}


template <class CharType, class WeightType>
    MyHuffmanTree<CharType, WeightType>:: MyHuffmanTree(CharType ch[],
        WeightType w[], int n, unsigned int ( * ChIndex)(const CharType &))
```
// 操作结果：由字符、权值、字符个数的字符位置映射构造哈夫曼树

```cpp
{
    CharIndex =ChIndex;                                  // 字符位置映射
    CreatMyHuffmanTree(ch, w, n);                        // 由字符、权值和字符个数构造哈夫曼树
}


template <class CharType, class WeightType>
MyHuffmanTree<CharType, WeightType>:: ～MyHuffmanTree()
// 操作结果：销毁哈夫曼树
{
    if (nodes !=NULL) delete []nodes;                    // 释放节点信息
    if (LeafChars !=NULL) delete []LeafChars;            // 释放叶节点字符信息
    if (LeafCharCodes !=NULL) delete []LeafCharCodes;
                                                         // 释放叶节点字符编码信息
}


template <class CharType, class WeightType>
CharString MyHuffmanTree<CharType, WeightType>:: Encode(CharType ch)
// 操作结果：返回字符编码
{
    return LeafCharCodes[(* CharIndex)(ch)];             // 返回字符编码
}


template <class CharType, class WeightType>
LinkList< CharType > MyHuffmanTree < CharType, WeightType >:: Decode (CharString
strCode)
// 操作结果：对编码串 strCode 进行译码，返回编码前的字符序列
{
    LinkList<CharType>charList;                          // 编码前的字符序列

    for (int pos =0; pos <strCode.Length(); pos++)
    {   // 处理每位编码
        if (strCode[pos] =='0') curPos =nodes[curPos].leftChild;
                                                         // '0'表示左分支
        else curPos =nodes[curPos].rightChild; // '1'表示右分支

        if (nodes[curPos].leftChild ==0 && nodes[curPos].rightChild ==0)
        {   // 译码时从根节点到叶节点路径的当前节点为叶节点
            charList.Insert(charList.Length() +1, LeafChars[curPos]);
            curPos =2 * num -1;                          // curPos 回归根节点
        }
    }
    return charList;                                     // 返回编码前的字符序列
}
```

```cpp
template <class CharType, class WeightType>
MyHuffmanTree<CharType, WeightType>:: MyHuffmanTree(
    const MyHuffmanTree<CharType, WeightType> &source)
// 操作结果: 由哈夫曼树 source 构造新哈夫曼树——复制构造函数
{
    num = source.num;                          // 叶节点个数
    curPos = source.curPos;                    // 译码时从根节点到叶节点路径的当前节点
    int m = 2 * num - 1;                       // 节点总数
    nodes = new HuffmanTreeNode<WeightType>[m + 1];
                                               // nodes[0]未用
    LeafChars = new CharType[num + 1];         // LeafChars[0]未用
    LeafCharCodes = new CharString[num + 1];   // LeafCharCodes[0]未用
    CharIndex = source.CharIndex;              // 字符位置映射

    int pos;                                   // 临时变量
    for (pos = 1; pos <= m; pos++)
    {   // 复制节点信息
        nodes[pos] = source.nodes[pos];        // 节点信息
    }

    for (pos = 1; pos <= num; pos++)
    {   // 复制叶节点字符信息与叶节点字符编码信息
        LeafChars[pos] = source.LeafChars[pos]; // 叶节点字符信息
        LeafCharCodes[pos] = source.LeafCharCodes[pos];   // 叶节点字符编码信息
    }
}


template <class CharType, class WeightType>
MyHuffmanTree< CharType, WeightType > &MyHuffmanTree < CharType, WeightType >::
operator=(
    const MyHuffmanTree<CharType, WeightType>& source)
// 操作结果: 将哈夫曼树 source 赋值给当前哈夫曼树——赋值运算符重载
{
    if (&source != this)
    {
        if (nodes != NULL) delete []nodes;          // 释放节点信息
        if (LeafChars != NULL) delete []LeafChars;  // 释放叶节点字符信息
        if (LeafCharCodes != NULL) delete []LeafCharCodes;
                                                    // 释放叶节点字符编码信息

        num = source.num;                           // 叶节点个数
        curPos = source.curPos;                     // 译码时从根节点到叶节点路径的当前节点
        int m = 2 * num - 1;                        // 节点总数
        nodes = new HuffmanTreeNode<WeightType>[m + 1];
                                                    // nodes[0]未用
        LeafChars = new CharType[num + 1];          // LeafChars[0]未用
```

```
        LeafCharCodes =new CharString[num +1];   // LeafCharCodes[0]未用
        CharIndex =source.CharIndex;                // 字符位置映射

        int pos;                                    // 临时变量
        for (pos =1; pos <=m; pos++)
        {   // 复制节点信息
            nodes[pos] =source.nodes[pos];         // 节点信息
        }

        for (pos =1; pos <=num; pos++)
        {   // 复制叶节点字符信息与叶节点字符编码信息
            LeafChars[pos] =source.LeafChars[pos];   // 叶节点字符信息
            LeafCharCodes[pos] =source.LeafCharCodes[pos];   // 叶节点字符编码信息
        }
    }
    return * this;
}


#endif
```

4. 建立源程序文件 main.cpp，实现 main()函数，具体代码如下：

```
// 文件路径名：my_huffman_tree\main.cpp
#include <iostream>                          // 编译预处理命令
#include <cstdlib>      // 包含 C 函数 system()的声明(stdlib.h 与 cstdlib 是 C 的头文件)
using namespace std;                         // 使用命名空间 std
#include "my_huffman_tree.h"                 // 哈夫曼树类模板

unsigned int CharIndex(const char &ch)
// 操作结果：字符位置映射
{
    unsigned int result;                     // 返回结果
    if (ch =='a') result =1;                 // 'a'存储位置为 1
    else if (ch =='b') result =2;            // 'b'存储位置为 2
    else if (ch =='c') result =3;            // 'c'存储位置为 3
    return result;                           // 返回结果
}

int main()
{
    char ch[] ={'a', 'b', 'c'};
    int w[] ={10, 20, 10};
    int n =3;

    MyHuffmanTree<char, int>hmTree1(ch, w, n, CharIndex);
```

```
MyHuffmanTree<char, int>hmTree(hmTree1);      // 复制构造函数
hmTree =hmTree1;                               // 赋值语句重载
CharString strText ="abc";                     // 文本串
CharString strCode ="10011";                   // 编码串

cout <<"文本串" <<strText.ToCStr() <<"编码为: ";
for (int pos =0; pos <strText.Length(); pos++)
{
    CharString strTem =hmTree.Encode(strText[pos]);
    cout <<strTem.ToCStr();
}
cout <<endl;
system("PAUSE");                              // 调用库函数 system()

cout <<"编码串" <<strCode.ToCStr() <<"译码为: ";
LinkList<char>lkText =hmTree.Decode(strCode);
strText =lkText;
cout <<strText.ToCStr() <<endl;

system("PAUSE");                              // 调用库函数 system()
return 0;                                      // 返回值 0, 返回操作系统
}
```

5. 编译及运行程序。

五、测试与结论

测试时,应注意尽量覆盖算法的各种情况,屏幕显示如下:

文本串 abc 编码为: 10011
请按任意键继续...
编码串 10011 译码为: abc
请按任意键继续...

从上面的屏幕显示,可知本程序满足实验目标与要求。

六、思考与感悟

算法中辅助函数 Select(int cur, int $\&r_1$, int $\&r_2$)用于从 nodes[1~cur]中选择双亲为 0,权值最小的两个节点 r_1、r_2 是通过不断比较权值大小实现的,效率较低,可通过优先队列来实现,特别是通过用堆来实现的小顶堆效率最高。

几乎所有算法,只要用心,都可想出更好的实现方法,这也就是处处留心皆学问,这种处事态度对读者将来人生遇到不同问题时也会起积极影响,应记住几乎任何问题都有解决办法,而且还会有更好解决办法,任何难题或困难都是对人的考验,都是人生的宝贵财富。

实验 13 求最小生成树的 Kruskal 的算法改进

一、目标与要求

改进求最小生成树的 Kruskal 算法(参考附录 A),用最大优先队列来实现按照边的权值顺序处理,用等价关系判断两个节点是否属于同一棵自由树以及合并自由树。

二、工具及准备工作

在开始实验前,应回顾或复习相关的内容。

需要一台计算机,其中安装有 Visual C++ 6.0、Visual C++ 2017、Dev-C++ 或 CodeBlocks 等集成开发环境软件。

三、实验分析

首先 Kruskal 算法需要声明边类模板,边类模板中包含有边的顶点及权值。具体声明如下:

```
// Kruskal 边类模板
template <class WeightType>
struct KruskalEdge
{
    int vertex1, vertex2;                    // 边的顶点
    WeightType weight;                       // 边的权值
    KruskalEdge(int v1 = -1, int v2 = -1, int w = 0): vertex1(v1), vertex2(v2),
    weight(w) { };
        // 构造函数
};
```

在利用优先队列实现 Kruskal 算法时,需要进行关系运算$\leq$,所以还应重载关系运算符$\leq$。具体重载如下:

```
template <class WeightType>
bool operator <=(const KruskalEdge<WeightType>&first,
    const KruskalEdge<WeightType>&second)
// 操作结果: 重载关系运算符<=
{
    return first.weight <=second.weight;
}
```

下面为用伪代码描述的 Kruskal 算法:

```
将图的所有边进优先队列
for (输出边数小于顶点数-1)
    从优先队列中出队 temKEdge
    if (temKEdge 的两个顶点不在同一棵树中)
        输出 temKEdge
```

对输出边进行计数

四、实验步骤

1. 建立项目 my_kruskal。

2. 将等价类、最小优先链队列类及无向网的邻接表类需要的头文件 equivalence.h，min
_priority_lk_queue.h，lk_queue.h，node.h，adj_list_undir_network.h，adj_list_network_
edge.h，adj_list_network_vex_node.h，lk_list.h(参考附录 A)复制到 my_kruskal 文件夹中，
并加入项目中。

3. 建立 Kruskal 算法头文件 my_kruskal.h，具体代码如下：

```cpp
// 文件路径名：my_kruskal\my_kruskal.h
#ifndef __MY_KRUSKAL_H__
#define __MY_KRUSKAL_H__

#include <iostream>                           // 编译预处理命令
using namespace std;                          // 使用命名空间 std
#include "adj_list_undir_network.h"           // 邻接表无向网
#include "equivalence.h"                      // 等价类
#include "min_priority_lk_queue.h"            // 最小优先链队列类

// Kruskal 边类模板
template <class WeightType>
struct KruskalEdge
{
    int vertex1, vertex2;                     // 边的顶点
    WeightType weight;                        // 边的权值
    KruskalEdge(int v1 =-1, int v2 =-1, int w =0) : vertex1(v1), vertex2(v2), weight(w) { };
        // 构造函数模板
};

template <class WeightType>
bool operator <=(const KruskalEdge<WeightType> &first,
    const KruskalEdge<WeightType> &second)
// 操作结果：重载关系运算符<=
{
    return first.weight <=second.weight;
}

template <class ElemType, class WeightType>
void MiniSpanTreeKruskal(const AdjListUndirNetwork<ElemType, WeightType> &net)
// 初始条件：存在网 net
// 操作结果：用 Kruskal 算法构造网 net 的最小代价生成树
{
    int vexNum =net.GetVexNum();                                  // 顶点数
    Equivalence equival(vexNum);                                  // 等价类
    MinPriorityLinkQueue<KruskalEdge<WeightType>>prioQ;          // 优先队列
```

• 162 •

```cpp
    for (int v = 0; v < vexNum; v++)
    {    // 顶点 v
        for (int u = net.FirstAdjVex(v); u >= 0; u = net.NextAdjVex(v, u))
        {    // 将边(v, u)存入 temKEdge 中
            if (v < u)
            {    // 只存储 v > u 的边(v,u)
                KruskalEdge<WeightType> temKEdge(v, u, net.GetWeight(v, u));    // 边
                prioQ.InQueue(temKEdge);                                        // 边入队
            }
        }
    }

    for (int count = 0; count < vexNum - 1;)
    {    // 输出最小生成树中的边
        KruskalEdge<WeightType> temKEdge;                    // 边
        prioQ.OutQueue(temKEdge);                            // 边出队
        int v1 = temKEdge.vertex1, v2 = temKEdge.vertex2;    // 边的顶点
        if (equival.Differ(v1, v2))
        {    // 边的两端不在同一棵树上,则为最小代价生成树上的边
            cout << "edge: (" << v1 << "," << v2 << ") weight: "
                << net.GetWeight(v1, v2) << endl;            // 输出边及权值
            count++;                                         // 输出边的个数自加 1
            equival.Union(v1, v2);                           // 将 v2 所在树与 v1 所在树进行合并
        }
    }
}


#endif
```

4. 建立源程序文件 main.cpp,实现 main()函数,具体代码如下:

```cpp
// 文件路径名: my_kruskal\main.cpp
#include <iostream>                    // 编译预处理命令
#include <cstdlib>        // 含 C 函数 system()的声明(stdlib.h 与 cstdlib 是 C 的头文件)
using namespace std;                   // 使用命名空间 std
#include "my_kruskal.h"                // Kruskal 算法

int main()
{
    char vexs[] = {'A', 'B', 'C', 'D'};    // 顶点元素
    int m[4][4] = {
        {0, 2, 3, 4},
        {2, 0, 5, 6},
        {3, 5, 0, 7},
        {4, 6, 7, 0}
```

```
};
int n = 4;                                          // 顶点数

AdjListUndirNetwork<char, int>net(vexs, n);         // 生成网

for (int u = 0; u < n; u++)
{    // 生成邻接矩阵的行
    for (int v = 0; v < n; v++)
    {    // 生成邻接矩阵元素的值
        if (m[u][v] != 0) net.InsertEdge(u, v, m[u][v]);
    }
}

cout << "原网: ";
Display(net);                                       // 显示网 net
cout << endl;
system("PAUSE");                                    // 调用库函数 system()

cout << "Kruskal算法产生最小生成树的边: " << endl;
MiniSpanTreeKruskal(net);                           // Kruskal算法
cout << endl;

system("PAUSE");                                    // 调用库函数 system()
return 0;                                           // 返回值 0, 返回操作系统
}
```

5. 编译及运行程序。

五、测试与结论

在编程测试程序时, 应尽量具有代表性, 屏幕显示如下:

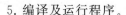

原网:

0   A --> (1, 2) --> (2, 3) --> (3, 4)

1   B --> (0, 2) --> (2, 5) --> (3, 6)

2   C --> (0, 3) --> (1, 5) --> (3, 7)

3   D --> (0, 4) --> (1, 6) --> (2, 7)

请按任意键继续...
Kruskal算法产生最小生成树的边:
edge: (0, 1) weight: 2
edge: (0, 2) weight: 3
edge: (0, 3) weight: 4

从上面的屏幕显示,可知本程序满足实验目标与要求。

六、思考与感悟

算法只实现了邻接表无向网的 Kruskal 算法,由于图(网)采用统一基本操作,因此其他图(网)的 Kruskal 算法的代码完全相同;在算法中采用了最小优先链队列类,实际上最小优先堆队列的效率更高,读者最好采用最小优先堆队列来实现 Kruskal 算法;在算法中未包含生成最小生成树失败时的异常处理,因此读者还可进一步提高算法的健壮性。

学生的最高境界不是学会知识,也不是具有学习新知识的能力,而是具有创造新知识的能力。在学习时,要不断改造教材算法,从内心感到具有超越前人的实力。

实验14 图的根顶点

一、目标与要求

在有向图 G 中,如果 G 的顶点 r 到 G 中的每个顶点都有路径可达,则称顶点 r 为 G 的根顶点。编写算法判断有向图 G 是否有根,若有,则显示所有根顶点。

二、工具及准备工作

在开始实验前,应回顾或复习相关的内容。

需要一台计算机,其中安装有 Visual C++ 6.0、Visual C++ 2017、Dev-C++ 或 CodeBlocks 等集成开发环境软件。

三、实验分析

求图的根顶点的方法是从图的某个顶点出发进行搜索(深度优先或广度优先,不妨以深度优先搜索实现),如搜索到的顶点个数与图的顶点个数相等,则这样的顶点就为根顶点。下面用伪代码描述算法:

```
for (图的每个顶点 v)
        从 v 出发进行深度优先搜索
        if (搜索到的顶点个数与图顶点个数相等)
                输出顶点
```

四、实验步骤

1. 建立项目 graph_root。

2. 将有向图的邻接矩阵类需要的头文件 adj_matrix_dir_graph.h 及链队列相关的头文件 lk_queue.h 和 node.h(参考附录 A)复制到 graph_root 文件夹,并加入项目中。

3. 建立求根顶点算法的头文件 graph_root.h,具体代码如下:

```
// 文件路径名: graph_root\graph_root.h
#ifndef __GRPH_ROOT_H__
#define __GRPH_ROOT_H__

#include <iostream>                          // 编译预处理命令
using namespace std;                         // 使用命名空间 std
#include "adj_matrix_dir_graph.h"            // 有向图的邻接矩阵类

template <class ElemType>
void GraphRoot(const AdjMatrixDirGraph<ElemType> &g)
// 操作结果: 判断有向图 g 是否有根,若有,则显示所有根节点的值
{
    bool exitRoot = false;                   // 是否存在根

    for (int v = 0; v < g.GetVexNum(); v++)
```

```
    {   // 依次判断每个顶点是否为根
        for(int u = 0; u < g.GetVexNum(); u++)
        {   // 设置访问标志
            g.SetTag(u, false);
        }
        int count = 0;                              // 已访问顶点数
        DFS(g, v, count);                           // 用 DFS 算法从 v 出发搜索树
        if (count == g.GetVexNum())
        {   //count == g.GetVexNum()表示 v 为根顶点
            if (!exitRoot)
            {   // 显示存储根顶点
                exitRoot = true;                    // 表示存在根顶点
                cout << "存在根顶点: ";
            }
            cout << v << " ";                       // 显示根顶点
        }
    }
    cout << endl;                                   // 换行

    if (!exitRoot)
    {   // 显示不存在根顶点
        cout << "存在根顶点." << endl;
    }
}


template <class ElemType>
void DFS(const AdjMatrixDirGraph<ElemType> &g, int v, int &count)
// 操作结果：从第 v 个顶点出发递归地深度优先搜索图 g
{
    g.SetTag(v, true);                              // 作访问标志
    count++;                                        // 对已访问顶点进行计数
    for (int w = g.FirstAdjVex(v); w != -1; w = g.NextAdjVex(v, w))
    {   // 对 v 的尚未访问过的邻接顶点 w 递归调用 DFS
        if (!g.GetTag(w))
        {   // 从 w 开始进行深度优先搜索
            DFS<ElemType>(g, w , count);            // 用<ElemType>确定函数模板参数
        }
    }
}


#endif
```

4. 建立源程序文件 main.cpp，实现 main()函数，具体代码如下：

```
// 文件路径名：graph_root\main.cpp
#include <iostream>                                 // 编译预处理命令
#include <cstdlib>    // 包含 C 函数 system()的声明(stdlib.h 与 cstdlib 是 C 的头文件)
```

```cpp
using namespace std;                                        // 使用命名空间 std
#include "adj_matrix_dir_graph.h"                          // 有向图的邻接矩阵类模板
#include "graph_root.h"                                     // 图顶点算法

int main()
{
    char vexs[] = {'A', 'B', 'C', 'D'};
    int m[4][4] = {                                         // 邻接矩阵
        {0, 1, 1, 1},
        {0, 0, 0, 0},
        {0, 0, 0, 1},
        {1, 0, 0, 0}
    };
    int n = 4;                                              // 顶点个数

    AdjMatrixDirGraph<char> g(vexs, n);                    // 定义图

    for (int u = 0; u < n; u++)
    {   // 生成邻接矩阵的行
        for (int v = 0; v < n; v++)
        {   // 生成邻接矩阵元素的值
            if (m[u][v] == 1) g.InsertEdge(u, v);
        }
    }

    cout << "图: " << endl;
    Display(g);                                            // 显示图 g
    cout << endl;
    GraphRoot(g);                              // 判断有向图 g 是否有根,若有,则显示所有根节点的值

    system("PAUSE");                                       // 调用库函数 system()
    return 0;                                              // 返回值 0, 返回操作系统
}
```

5. 编译及运行程序。

五、测试与结论

在编程测试程序时,应尽量具有代表性,屏幕显示如下:

```
图:
A    0    1    1    1
B    0    0    0    0
C    0    0    0    1
D    1    0    0    0

存在根顶点: 0   2   3
```

从上面的屏幕显示,可知本程序满足实验目标与要求。

六、思考与感悟

算法只实现了有向图的邻接矩阵类求根顶点的算法,由于图(网)采用统一基本操作,因此其他图(网)的求根顶点的算法的代码完全相同;在算法中采用了深度优先搜索,读者也可以采用广度优先搜索。

任何算法都有不同的实现方法,通过采用不同方法来重新实现算法,比单纯学习算法的效果要好得多,也更易达到融会贯通与举一反三的境界。

实验 15　链地址法处理冲突的哈希表

一、目标与要求

试实现用除留余数法构造哈希表,用链地址法处理冲突的哈希表类模板。

二、工具及准备工作

在开始实验前,应回顾或复习相关的内容。

需要一台计算机,其中安装有 Visual C++ 6.0、Visual C++ 2017、Dev-C++ 或 CodeBlocks 等集成开发环境软件。

三、实验分析

在程序中声明哈希表类模板 MyHashTable。MyHashTable 类模板声明如下:

```
// 哈希表类模板
template <class ElemType, class KeyType>
class MyHashTable
{
protected:
// 哈希表的数据成员
    LinkList<ElemType> * ht;                              // 哈希表
    int m;                                               // 哈希表长度

// 辅助函数模板
    bool SearchHelp(const KeyType &key, int &pos) const;
                                               // 查找关键字为 key 的元素的位置

public:
// 二叉树方法声明及重载编译系统默认方法声明
    MyHashTable(int size);                               // 构造函数模板
    virtual ~MyHashTable();                              // 析构函数模板
    void Traverse(void ( * visit)(const ElemType &)) const;  // 遍历哈希表
    bool Search(const KeyType &key, ElemType &e) const ;
                                               // 查找关键字为 key 的元素的值
    bool Insert(const ElemType &e);                      // 插入元素 e
    bool Delete(const KeyType &key);                     // 删除关键字为 key 的元素
    MyHashTable(const MyHashTable<ElemType, KeyType> &source);
                                               // 复制构造函数模板
    MyHashTable<ElemType, KeyType> &operator=
        (const MyHashTable<ElemType, KeyType> &source);  // 重载赋值运算符
};
```

查找函数模板 bool Search(const KeyType &key, int &pos)用 pos 返回关键字为 key 的元素在链表中的位置。

插入函数模板 bool Insert(const ElemType &e)在查找失败时将元素 e 插入链表中。

删除函数模板 bool Delete(const KeyType &key)在成功时删除元素 e 在链表中节点。

四、实验步骤

1. 建立项目 my_hash_table。

2. 将线性链表类需要的头文件 node.h 和 lk_list.h(参考附录 A)复制到 my_hash_table 文件夹,并加入项目中。

3. 建立哈希表类头文件 my_hash_table.h,具体代码如下:

```cpp
// 文件路径名: my_hash_table\my_hash_table.h
#ifndef __MY_HASH_TABLE_H__
#define __MY_HASH_TABLE_H__

#include "lk_list.h"                                      // 线性链表模板

// 哈希表类模板
template <class ElemType, class KeyType>
class MyHashTable
{
protected:
// 哈希表的数据成员
    LinkList<ElemType> * ht;                              // 哈希表
    int m;                                                // 哈希表长度

// 辅助函数模板
    bool SearchHelp(const KeyType &key, int &pos) const;  // 查找关键字为 key 的
                                                          // 元素的位置

public:
// 二叉树方法声明及重载编译系统默认方法声明
    MyHashTable(int size);                                // 构造函数模板
    virtual ~MyHashTable();                               // 析构函数模板
    void Traverse(void ( * visit)(const ElemType &)) const;  // 遍历哈希表
    bool Search(const KeyType &key, ElemType &e) const ;  // 查找关键字为 key 的
                                                          // 元素的值
    bool Insert(const ElemType &e);                       // 插入元素 e
    bool Delete(const KeyType &key);                      // 删除关键字为 key 的元素
    MyHashTable(const MyHashTable<ElemType, KeyType>&source);
                                                          // 复制构造函数模板
    MyHashTable<ElemType, KeyType>&operator=
        (const MyHashTable<ElemType, KeyType>&source);    // 重载赋值运算符
};

// 哈希表类模板的实现部分
template <class ElemType, class KeyType>
MyHashTable<ElemType, KeyType>:: MyHashTable(int size)
```

```
// 操作结果: 以 size 为哈希表长度构造一个空的哈希表
{
    m = size;                                        // 赋值哈希表容量
    ht = new LinkList<ElemType>[m];                  // 分配存储空间
}

template <class ElemType, class KeyType>
MyHashTable<ElemType, KeyType>:: ~MyHashTable()
// 操作结果: 销毁哈希表
{
    delete []ht;                                     // 释放 ht
}

template <class ElemType, class KeyType>
void MyHashTable<ElemType, KeyType>:: Traverse(void (*visit)(const ElemType
    &)) const
// 操作结果: 依次对哈希表的每个元素调用函数(*visit)
{
    for (int pos =0; pos <m; pos++)
    {   // 遍历哈希表的每个链表
        ht[pos].Traverse(visit);                     // 遍历链表 ht[pos]
    }
}

template <class ElemType, class KeyType>
bool MyHashTable<ElemType, KeyType>:: SearchHelp(const KeyType &key, int
    &pos) const
// 操作结果: 查找关键字为 key 的元素的位置,如果查找成功,返回 true,并用 pos 指示待
//查数据元素在哈希表链表中的位置,否则返回 false
{
    int index = key %m;                              // 哈希表下标

    for (pos =1; pos <=ht[index].Length(); pos++)
    {   // 查找链表 ht[index]
        ElemType e;                                  // 链表元素
        ht[index].GetElem(pos, e);                   // 取出元素
        if (e ==key) return true;                    // 查找成功
    }
    return false;                                    // 查找失败
}

template <class ElemType, class KeyType>
bool MyHashTable<ElemType, KeyType>:: Search(const KeyType &key, ElemType
    &e) const
// 操作结果: 查找关键字为 key 的元素的值,如果查找成功,返回 true,并用 e 返回元素的值,
```

```
// 否则返回 false
{
    int index = key % m;                               // 哈希表下标

    for (int pos = 1; pos <= ht[index].Length(); pos++)
    {   // 查找链表 ht[index]
        ht[index].GetElem(pos, e);                     // 取出元素
        if (e == key) return true;                     // 查找成功
    }
    return false;                                      // 查找失败
}


template <class ElemType, class KeyType>
bool MyHashTable<ElemType, KeyType>:: Insert(const ElemType &e)
// 操作结果: 在哈希表中插入数据元素 e, 插入成功返回 true, 否则返回 false
{
    int pos;                                           // 插入位置
    int index = (KeyType)e % m;                        // 哈希表下标

    if (!SearchHelp(e, pos))
    {   // 插入成功
        ht[index].Insert(ht[index].Length() + 1, e);  // 插入元素
        return true;                                   // 插入成功
    }
    return false;                                      // 插入失败
}


template <class ElemType, class KeyType>
bool MyHashTable<ElemType, KeyType>:: Delete(const KeyType &key)
// 操作结果: 删除关键字为 key 的数据元素, 删除成功返回 true, 否则返回 false
{
    int pos;                                           // 数据元素在链表中的位置
    int index = key % m;                               // 哈希表下标
    ElemType e;                                        // 链表元素

    if (SearchHelp(key, pos))
    {   // 删除成功
        ht[index].Delete(pos, e);                      // 删除元素
        return true;                                   // 删除成功
    }
    return false;                                      // 删除失败
}


template <class ElemType, class KeyType>
MyHashTable < ElemType,  KeyType >::  MyHashTable ( const  MyHashTable < ElemType,
```

```cpp
KeyType> &source)
// 操作结果: 由哈希表 source 构造新哈希表——复制构造函数
{
    m = source.m;                                        // 哈希表容量
    ht = new LinkList<ElemType>[m];                      // 分配存储空间

    for (int pos = 0; pos < m; pos++)
    {    // 复制数据元素
        ht[pos] = source.ht[pos];                        // 复制链表
    }
}


template <class ElemType, class KeyType>
MyHashTable<ElemType, KeyType> &MyHashTable<ElemType, KeyType>::
    operator=(const MyHashTable<ElemType, KeyType> &source)
// 操作结果: 将哈希表 source 赋值给当前哈希表——重载赋值运算符
{
    if (&source != this)
    {    // 复制哈希表
        delete []ht;                                     // 释放当前哈希表存储空间
        m = source.m;                                    // 哈希表容量
        ht = new LinkList<ElemType>[m];                  // 分配存储空间

        for (int pos = 0; pos < m; pos++)
        {    // 复制链表
            ht[pos] = source.ht[pos];                    // 复制链表
        }
    }
    return * this;
}


#endif
```

4. 建立源程序文件 main.cpp, 实现 main() 函数, 具体代码如下:

```cpp
// 文件路径名: my_hash_table\main.cpp
#include <iostream>          // 编译预处理命令
#include <cstdlib>           // 含 C 函数 system() 的声明(stdlib.h 与 cstdlib 是 C 的头文件)
using namespace std;         // 使用命名空间 std
#include "my_hash_table.h"   // 哈希表类

template <class ElemType>
void Show(const ElemType &e)
// 操作结果: 显示数据元素
{
    cout << e << " ";
```

```
    }

int main()
{
    int elems[] = {19, 14, 23, 1, 68, 20, 84, 27, 55, 11, 10, 79};
    int n = 12;                                          // 元素个数
    int m = 6;                                           // 哈希表长度
    MyHashTable<int, int>ht(m);                          // 哈希表

    for (int i = 0; i < n; i++)
        ht.Insert(elems[i]);                             // 插入节点

    cout << "遍历 Hash 表: " << endl;
    ht.Traverse(Show);
    cout << endl;
    system("PAUSE");                                     // 调用库函数 system()

    int e = 79;
    ht.Delete(e);                                        // 删除
    cout << "删除 79 后: " << endl;
    ht.Traverse(Show);
    cout << endl;
    system("PAUSE");                                     // 调用库函数 system()

    MyHashTable<int, int>htNew(ht);                      // 复制构造新哈希表
    cout << "复制构造新 Hash 表: " << endl;
    htNew.Traverse(Show);
    cout << endl;
    system("PAUSE");                                     // 调用库函数 system()

    htNew = ht;                                          // 赋值生成新哈希表
    cout << "赋值构造新 Hash 表: " << endl;
    htNew.Traverse(Show);
    cout << endl;

    system("PAUSE");                                     // 调用库函数 system()
    return 0;                                            // 返回值 0, 返回操作系统
}
```

5. 编译及运行程序。

五、测试与结论

在编写类的测试程序时,应注意尽量直接或间接地调用类的所有方法,本程序运行时屏幕显示如下:

遍历 Hash 表:
84 19 1 55 79 14 68 20 27 10 23 11

　请按任意键继续...

删除 79 后：

84　19　1　55　14　68　20　27　10　23　11

请按任意键继续...

复制构造新 Hash 表：

84　19　1　55　14　68　20　27　10　23　11

请按任意键继续...

赋值构造新 Hash 表：

84　19　1　55　14　68　20　27　10　23　11

请按任意键继续...

从上面的屏幕显示，可知本程序满足实验目标与要求。

六、思考与感悟

算法中可以将哈希表长度用模板参数来表示，这样表示时还可将哈希表直接定义成数组，实现更简捷。

通过增加典型数据结构的不同实现方式，可构造出特有的类模板库，这样不但越用越对已有类（模板）更熟练，而且还会构造更多的类（模板），使算法实现时选择的余地更大，也更容易实现不同的算法。

** 实验16 字符统计

一、目标与要求

编写一个程序读入一个字符串,统计字符串中出现的字符及次数,然后输出结果。要求用一个二叉排序树来保存处理结果,节点的数据元素由字符与出现次数组成,关键字为字符。

二、工具及准备工作

在开始实验前,应回顾或复习相关的内容。

需要一台计算机,其中安装有 Visual C++ 6.0、Visual C++ 2017、Dev-C++ 或 CodeBlocks 等集成开发环境软件。

三、实验分析

由于要求用二叉排序树来进行统计处理,为此,首先应定义二叉排序树需要的元素类 ElemType。ElemType 类声明如下:

```
// 元素类
struct ElemType
{
// 数据成员
    char ch;                                    // 字符
    int num;                                    // 出现次数

// 成员函数
    ElemType(){};                               // 无参数的构造函数
    virtual ~ElemType(){};                      // 析构函数
    ElemType(char c, int n =1);                 // 构造函数
    operator char() const;                      // 类类型转换函数
};
```

类类型转换函数 operator char() const 用于自动将类类型转换为基本数据类型,此处转换为关键字类型——字符类型,这样在比较二叉排序树的元素时,将自动转换成相应关键字的比较。

在算法实现时,要通过遍历二叉树来显示统计结果,为此应定义显示统计结果的函数。具体定义如下:

```
void DisplayElem(ElemType &e)
// 操作结果: 显示元素
{
    cout <<e.ch <<": " <<e.num <<endl;         // 显示元素所含的字符及出现次数
}
```

利用二叉排序树实现统计字符出现次数,用伪代码描述如下:

定义二叉排序树

```
for (字符串的字符)
    在二叉排序树中查找字符
    if (查找成功)
        字符对应的元素中的字符出现次数自加 1
    else
        插入字符对应的元素
```

通过遍历二叉排序树显示统计结果

通过遍历二叉排序树显示统计结果。

四、实验步骤

1. 建立项目 stat_char。

2. 将二叉排序树类 binary_sort_tree.h,bin_tree_node.h,lk_queue.h 和 node.h(参考附录 A)从软件包中复制到 stat_char 文件夹,并加入项目中。

3. 建立实现统计字符出现次数的 stat_char.h,具体代码如下:

```cpp
// 文件路径名: stat_char\stat_char.h
#ifndef __STAT_CHAR_H__
#define __STAT_CHAR_H__

#include <iostream>                          // 编译预处理命令
#include <cstring>    // 包含 C 函数 strlen()的声明(string.h 与 cstring 是 C 的头文件)
using namespace std;                          // 使用命名空间 std
#include "binary_sort_tree.h"                 // 二叉排序树类

// 元素类
struct ElemType
{
// 数据成员
    char ch;                                  // 字符
    int num;                                  // 出现次数

// 成员函数
    ElemType(){};                             // 无参数的构造函数
    virtual ~ElemType(){};                    // 析构函数
    ElemType(char c, int n =1);               // 构造函数
    operator char() const;                    // 类类型转换函数
};

// 二叉树元素类及相关函数的实现部分
ElemType::ElemType(char c, int n)
// 操作结果: 由字符 c 与出现次数 n 构造元素
{
    ch =c;                                    // 字符
    num =n;                                   // 出现次数
```

```
}

ElemType:: operator char() const
// 操作结果：将数据元素类类型转换为字符类型——类类型转换函数
{
    return ch;                                        // 返回字符
}


void DisplayElem(const ElemType &e)
// 操作结果：显示元素
{
    cout <<e.ch <<": " <<e.num <<endl;                // 显行元素所含的字符及出现次数
}


void StatChar(char * str)
// 操作结果：统计并显示字符串 str 中各字符出现的次数
{
    BinarySortTree<ElemType, char>t;                  // 二叉排序树
    for (unsigned int i =0; i <strlen(str); i++)
    {   // 依次统计各字符出现的次数
        BinTreeNode<ElemType> * p =t.Search(str[i]);  // 查找字符 str[i]
        if (p !=NULL)
        {   // 查找成功
            p->data.num++;                            // 字符出现次数自加 1
        }
        else
        {   // 查找失败
            ElemType e(str[i]);                       // 生成元素
            t.Insert(e);                              // 插入元素
        }
    }

    // 显示字符统计信息
    t.InOrder(DisplayElem);                           // 按中序遍历显示出字符及出现次数
}


#endif
```

4. 建立源程序文件 main.cpp，实现 main()函数，具体代码如下：

```
// 文件路径名：stat_char\main.cpp
#include <iostream>   // 编译预处理命令
#include <cstdlib>    // 包含 C 函数 system()的声明(stdlib.h 与 cstdlib 是 C 的头文件)
using namespace std;    // 使用命名空间 std
#include "stat_char.h"   // 统计字符算法

int main()
```

```
{
    char str[256];                    // 字符串
    cout << "输入字符串: " << endl;    // 提示信息
    cin >> str;                        // 输入字符串
    StatChar(str);                     // 统计字符信息

    system("PAUSE");                   // 调用库函数 system()
    return 0;                          // 返回值 0, 返回操作系统
}
```

5. 编译及运行程序。

五、测试与结论

在测试程序时,可输入若干个英语单词,测试时屏幕显示参考如下:

输入字符串:

EnglishSentenceString

E: 1

S: 2

c: 1

e: 3

g: 2

h: 1

i: 2

l: 1

n: 4

r: 1

s: 1

t: 2

请按任意键继续...

从上面的屏幕显示,可知本程序满足实验目标与要求。

六、思考与感悟

测试程序中输入的字符串中不含空格,读者可加以修改,使字符串可包含空格;算法中的字符串采用了 C 风格串,在输入字符串值时,有最大长度的限制,读者还采用 C++ 风格的串 CharString,并重载输入运算符 >>,使输入串时无长度限制。

统计字符出现次数本是在 C 程序设计课程中都会介绍的算法,但通过采用二叉排序树来实现统计工作效率更高,也应用了所学的数据结构的知识。

学以致用是学习的目的,通过应用所学的数据结构新知识来改写以前课程所学的算法,不但可以巩固新知识,也是在不自觉中复习了旧知识。

*实验 17 改造快速排序算法

一、目标与要求

用一次赋值语句代替交换两个数据元素的方法来优化快速排序算法,试实现优化后的算法。

二、工具及准备工作

在开始实验前,应回顾或复习相关的内容。

需要一台计算机,其中安装有 Visual C++ 6.0、Visual C++ 2017、Dev-C++ 或 CodeBlocks 等集成开发环境软件。

三、实验分析

在一般数据结构与算法的教材中关于快速排序的算法实现时,为了简单起见,划分函数 Partition 都采用类似下面的方法实现:

```
template <class ElemType>
int Partition(ElemType elem[], int low, int high)
// 操作结果: 交换 elem[low .. high]中的元素,使支点移动到适当位置,要求在支点之前的元素
//不大于支点,在支点之后的元素不小于支点,并返回支点的位置
{
    while (low <high)
    {
        while (low <high && elem[high] >=elem[low])
        {   // elem[low]为支点,使 high 右边的元素不小于 elem[low]
            high--;
        }
        ElemType temp =elem[low]; elem[low] =elem[high]; elem[high] =temp;
        // 交换 elem[low]与 elem[high]

        while (low <high && elem[low] <=elem[high])
        {   // elem[high]为支点,使 low 左边的元素不大于 elem[high]
            low++;
        }
        temp =elem[low]; elem[low] =elem[high]; elem[high] =temp;
                                            // 交换 elem[low]与 elem[high]
    }
    return low;                             // 返回支点位置
}
```

具体实现上述算法时,每交换一对元素需进行 3 次元素赋值操作。而实际上,在排序过程中对支点记录的赋值是多余的,因为只有在一趟排序结束时,即 low==high 的位置才是支点元素的最后位置。由此可改写上述算法,先将支点记录暂存起来,排序过程中只进行

elem[low]或 elem[high]的赋值即可,直至一趟排序结束后再将支点元素赋值到正确位置上。对关键字序列(49,38,66,97,38,68)第一趟快速划分的过程如图 2.17.1 所示。

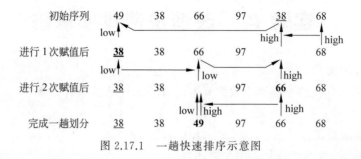

图 2.17.1　一趟快速排序示意图

　　为比较改进后的快速排序相对于改进前的效果,需要对相数量的随机数进行排序计时,需声明一个计时器类 Timer 用于计时,以便知道排序时间的长短。类 Timer 的声明请参考实验 4 中类 Timer 的声明,此处从略。

四、实验步骤

1. 建立项目 my_quick_sort。

2. 将快速排序算法需要的头文件 quick_sort.h(参考附录 A)从软件包中复制到 my_quick_sort 文件夹,并加入项目中。

3. 建立头文件 timer.h,声明计时器。具体内容如下:

```
#ifndef _ _TIMER_H_ _
#define _ _TIMER_H_ _

#include <ctime>                          // 日期和时间函数(time.h 与 ctime 是 C 的头文件)

// 计时器类 Timer
class Timer
{
private:
// 数据成员
    clock_t startTime;

public:
// 方法声明
    Timer() { startTime =clock(); }                      // 构造函数
    virtual~Timer() {};                                  // 析构函数
    double ElapsedTime()                                 // 返回已过的时间
    {
        clock_t endTime =clock();                        // 结束时间
        return (double)(endTime -startTime) / (double)CLK_TCK;
            // 返回从 Timer 对象启动或最后一次调用 reset()后所使用的 CPU 时间
    }
    void Reset() { startTime =clock(); }                 // 重置开始时间
};
```

```
# endif
```

4. 建立改造过的快速排序算法实现头文件 my_quick_sort.h,具体代码如下:

```
// 文件路径名: my_quick_sort\my_quick_sort.h
#ifndef __MY_QUICK_SORT_H__
#define __MY_QUICK_SORT_H__

template <class ElemType>
int MyPartition(ElemType elem[], int low, int high)
// 操作结果: 交换 elem[low .. high]中的元素,使支点移动到适当位置,要求在支点之前的元素
//不大于支点,在支点之后的元素不小于支点,并返回支点的位置
{
    ElemType pivotElem =elem[low];                          // 支点元素

    while (low <high)
    {
        while (low <high && elem[high] >=pivotElem)
        {   // elem[low]为支点,使 high 右边的元素不小于 elem[low]
            high--;
        }
        elem[low] =elem[high];          // 将小于支点的元素移到低端

        while (low <high && elem[low] <=pivotElem)
        {   // elem[high]为支点,使 low 左边的元素不大于 elem[high]
            low++;
        }
        elem[high] =elem[low];              // 将大于支点的元素移到高端
    }
    elem[low] =pivotElem;              // 支点元素到位

    return low;                                      // 返回支点位置
}

template <class ElemType>
void MyQuickSortHelp(ElemType elem[], int low, int high)
// 操作结果: 对数组 elem[low .. high]中的记录进行快速排序
{
    if (low <high)
    {   // 子序列 elem[low .. high]长度大于 1
        int pivotLoc =MyPartition(elem, low, high);   // 进行一趟划分
        MyQuickSortHelp(elem, low, pivotLoc -1);
                                        // 对子表 elem[low, pivotLoc -1]递归排序
        MyQuickSortHelp(elem, pivotLoc +1, high);
                                        // 对子表 elem[pivotLoc +1, high]递归排序
```

```
        }
    }

template <class ElemType>
void MyQuickSort(ElemType elem[], int n)
// 操作结果: 对数组 elem 进行快速排序
{
    MyQuickSortHelp(elem, 0, n - 1);
}


#endif
```

5. 建立源程序文件 main.cpp,实现 main()函数,具体代码如下:

```
// 文件路径名: my_quick_sort\main.cpp
#include <iostream>                                    // 编译预处理命令
#include <cstdlib>
        // 包含 C 函数 system()、srand()和 rand()的声明(stdlib.h 与 cstdlib 是 C 的头文件)
using namespace std;                                   // 使用命名空间 std
#include "timer.h"                                     // 定时器类 Timer
#include "quick_sort.h"                                // 快速排序算法
#include "my_quick_sort.h"                             // 改造后的快速排序算法

int main()
{
    int * a, * b;                                      // 数组
    int size = 1000000;                                // 元素个数
    int pos;                                           // 临时变量
    a = new int[size];                                 // 分配存储空间
    b = new int[size];                                 // 分配存储空间

    srand((unsigned)time(NULL));                       // 设置当前时间为随机数种子
    for (pos = 0; pos < size; pos++)
        a[pos] = rand();                               // 成生随机数

    for (pos = 0; pos < size; pos++)
        b[pos] = a[pos];                               // 复制 a 到 b

    cout << "数据元素个数: " << size << endl;
    Timer tm;                                          // 计时器对象

    QuickSort(b, size);                                // 快速排序
    cout << "快速排序: " << tm.ElapsedTime() << "秒" << endl;  // 显示排序时间
```

```
for (pos =0; pos <size; pos++)
    b[pos] =a[pos];                                    // 复制 a 到 b

tm.Reset();                                            // 重置开始时间
MyQuickSort(b, size);                                  // 改造后的快速排序
cout <<"改造后的快速排序: " <<tm.ElapsedTime() <<"秒" <<endl;  // 显示排序时间

delete []a; delete []b;                                // 释放存储空间

system("PAUSE");                                       // 调用库函数 system()
return 0;                                              // 返回值 0, 返回操作系统
}
```

6. 编译及运行程序。

五、测试与结论

编写测试程序时,将软件包中提供的快速排序算法与改造后的快速排序算法进行对比,可发现改造后的快速排序算法的效率提高了,测试时屏幕显示参考如下:

数据元素个数: 1000000
快速排序: 0.719 秒
改造后的快速排序: 0.422 秒

从上面的屏幕显示,可知改造后的快速排序算法的效率提高了 41.3%。

六、思考与感悟

读者可用同样思路来改造堆排序。在本实验的算法实现中,划分函数 MyPartition 首先定义一个存储支点的临时变量 pivotElem,影响了算法的效率,读者可将数据元素存储在 elem [1], elem [2], …, elem [n] 中,用 elem[0] 存储支点,这样可进一步提高算法效率。

本实验的算法只比软件包中提供的算法改动了几行代码,运行效率就提高了 40% 左右。只要用心,可能只要做小小的改动,运行效率就可得到意想不到的提高,也在无形中提高了关于算法的水平。

实验18 改造基数排序算法

一、目标与要求

采用数组的下标值模拟指针实现链表,优化基数排序算法,试实现优化后的基数排序算法。

二、工具及准备工作

在开始实验前,应回顾或复习相关的内容。

需要一台计算机,其中安装有 Visual C++ 6.0、Visual C++ 2017、Dev-C++ 或 CodeBlocks 等集成开发环境软件。

三、实验分析

在一般数据结构与算法的教材中关于基数排序,为了简单起见,用线性链表存储队列进行分配与收集,这样在分配时将用 new 操作分配存储空间,在收集时用 delete 操作释放空间,运行效率较低。为此可采用数组的下标值模拟指针实现链表——静态链表,这样在分配与收集时不用分配与释放存储空间。具体节点类型如下:

```
// 静态链表的节点类型
template <class ElemType>
struct NodeType
{
    ElemType e;                          // 数据元素
    int next;                            // 表示后继的元素的位置
};
```

用静态链表存储若干个待排记录,令表头指针指向第一个记录。例如对于序列{27, 91, 01, 97, 17, 23, 72, 25, 05, 68},如图 2.18.1 (a)所示,第一趟分配对最低数位关键字(个位数)进行,改变记录的指针值将链表中的记录分配至 10 个静态链队列中去,每个队列中的记录关键字的个位数相等,如图 2.18.1 (b)所示,其中 $f[i]$ 和 $e[i]$ 分别为第 i 个队列的头指针和尾指针;第 1 趟收集是改变所有非空队列的队尾记录的指针成分,令其指向下一个非空队列的队头记录,重新将 10 个队列中的记录链成一个链表,如图 2.18.1(c)所示;第 2 趟分配、第 2 趟收集是对十位数进行的,和个位数相同,如图 2.18.1(d)和图 2.18.1(e)所示。

与实验 17 相同,为比较改进后的基数排序相对于改进前的效果,在对随机数进行排序计时。需声明一个计时器类 Timer 用于计时,以便知道排序时间的长短。类 Timer 的声明请参考实验 4 中类 Timer 的声明,此处从略。

四、实验步骤

1. 建立项目 my_radix_sort。

2. 将基数排序算法需要的头文件 radix_sort.h(参考附录 A)从软件包中复制到 my_quick_sort 文件夹中,并加入项目中。

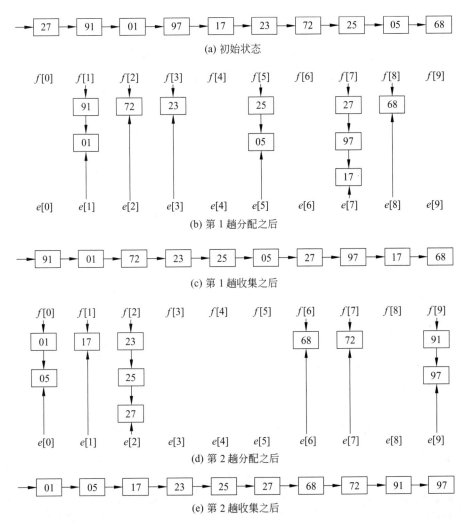

(a) 初始状态

(b) 第 1 趟分配之后

(c) 第 1 趟收集之后

(d) 第 2 趟分配之后

(e) 第 2 趟收集之后

图 2.18.1　链式基数排序示意图

3. 建立头文件 timer.h,声明计时器。具体内容如下：

```
#ifndef __TIMER_H__
#define __TIMER_H__

#include <ctime>                              // 日期和时间函数(time.h 与 ctime 是 C 的头文件)

// 计时器类 Timer
class Timer
{
private:
// 数据成员
    clock_t startTime;
```

```
public:
// 方法声明
    Timer() { startTime =clock(); }                     // 构造函数
    ~Timer() {};                                        // 析构函数
    double ElapsedTime()                                // 返回已过的时间
    {
        clock_t endTime =clock();                       // 结束时间
        return (double)(endTime - startTime) / (double)CLK_TCK;
            // 返回从 Timer 对象启动或最后一次调用 reset() 后所使用的 CPU 时间
    }
    void Reset() { startTime =clock(); }                // 重置开始时间
};


#endif
```

4. 建立改造后的基数排序算法的头文件 my_radix_sort.h，具体代码如下：

```
// 文件路径名: my_radix_sort\my_radix_sort.h
#ifndef _ _MY_RADIX_SORT_H_ _
#define _ _MY_RADIX_SORT_H_ _

#include <cmath>                    // 含 C 函数 pow() 的声明(math.h 与 cmath 是 C 的头文件)

// 静态链表的结点类型
template <class ElemType>
struct NodeType
{
    ElemType e;                                         // 数据元素
    int next;                                           // 表示后继的元素的位置
};


template <class ElemType>
void MyDistribute(NodeType<ElemType>node[], int n, int r, int d, int i, int f[],
    int e[])
// 初始条件: node 存储静态链表, r 为基数, d 为关键字位数, f[]与 e[]存储各队列的队头与队尾
// 操作结果: 进行第 i 趟分配
{
    int j, index, power;                                // 临时变量
    for (j =0; j <r; j++) f[j] =-1;                     // 各队列为空
    for (power = (int)pow((double) r, i -1), index =node[0].next; index !=-1;
        index =node[index].next)
    {   // 进行第 i 趟分配
        j = (node[index].e / power) % r;                // 取出第 i 位
        if (f[j] ==-1) f[j] =index;                     // 空队列
        else node[e[j]].next =index;                    // 非空队列
        e[j] =index;                                    // 新队尾
```

```cpp
    }
}


template <class ElemType>
void MyColect(NodeType<ElemType>node[], int n, int r, int d, int i, int f[],
    int e[])
// 初始条件: node 存储静态链表, r 为基数, d 为关键字位数, f[]与 e[]存储各队列的队头与队尾
// 操作结果: 进行第 i 趟收集
{
    int j, t;                          // 临时变量
    int first =true;                   // 是否为 1 个非空队列
    for (j =0; j <r; j++)
    {    // 将非空队列连接成一个链表
        if (f[j] !=-1)
        {    // 非空队列
            if (first)
            {    // 第一个非空队列
                node[0].next =f[j];     // node[0].next 指向第一个非空队列的队头节点
                first =false;           // 下一个非空队列将不为 1 个非空队列
            }
            else
            {    // 非第一个非空队列
                node[t].next =f[j];     // 上一个非空队列队尾 t 的后继为 f[j]
            }
            t =e[j];                    // t 表示当前非空队列的队尾
        }
    }
    node[t].next =-1;                   // 静态链表的最后一个节点的后继为空
}


template <class ElemType>
void MyRadixSort(ElemType elem[], int n, int r, int d)
// 初始条件: r 为基数, d 为关键字位数
// 操作结果: 对 elem 进行基数排序
{
    NodeType<ElemType> * node;          // 存储静态链表节点
    int * f, * e;                       // 队头与队尾数组
    int i, p;                           // 临时变量

    node =new NodeType<ElemType>[n +1]; // 分配存储空间, node[0]为头节点
    f =new int[r];e =new int[r];        // 为队头与队尾数组分配存储空间

    for (i =1; i <=n; i++)
```

```
    {                                       // 初始化静态链表
        node[i].e = elem[i - 1];            // 初始元素值
        node[i].next = i + 1;               // 后继元素位置
    }
    node[0].next = 1;                       // 头节点的后继
    node[n].next = -1;                      // 表尾后继为空(-1 表示空)

    for (i = 1; i <= d; i++)
    {                                       // 第 i 趟分配与收集
        MyDistribute(node, n, r, d, i, f, e);  // 分配
        MyColect(node, n, r, d, i, f, e);      // 收集
    }

    p = node[0].next;                       // p 指向第 1 个元素
    for (i = 0; i < n; i++)
    {                                       // 将静态链表中的元素存入 elem[]
        elem[i] = node[p].e;                // 元素值
        p = node[p].next;                   // p 移向后继
    }

    delete []f;                             // 释放队头数组所占存储空间
    delete []e;                             // 释放队尾数组所占存储空间
    delete []node;                          // 释放静态链表所占存储空间
}


#endif
```

5. 建立源程序文件 main.cpp, 实现 main() 函数, 具体代码如下:

```
// 文件路径名: my_radix_sort\main.cpp
#include <iostream>                         // 编译预处理命令
#include <cstdlib>
    // 包含 C 函数 system()、srand()和 rand()的声明(stdlib.h 与 cstdlib 是 C 的头文件)
using namespace std;                        // 使用命名空间 std
#include "timer.h"                          // 定时器类 Timer
#include "radix_sort.h"                     // 基数排序算法
#include "my_radix_sort.h"                  // 改造后的基数排序算法

int main()
{
    int * a, * b;                           // 数组
    int size = 100000;                      // 元素个数
    int pos;                                // 临时变量
    a = new int[size];                      // 分配存储空间
```

```
        b = new int[size];                    // 分配存储空间

        srand((unsigned)time(NULL));          // 设置当前时间为随机数种子
        for (pos = 0; pos < size; pos++)
            a[pos] = rand();                  // 生成随机数

        for (pos = 0; pos < size; pos++)
            b[pos] = a[pos];                  // 复制 a 到 b

        cout << "数据元素个数: " << size << endl;
        Timer tm;                             // 计时器对象

        RadixSort(b, size, 10, 5);            // 基数排序
        cout << "基数排序: " << tm.ElapsedTime() << "秒" << endl;   // 显示排序时间

        for (pos = 0; pos < size; pos++)
            b[pos] = a[pos];                  // 复制 a 到 b

        tm.Reset();                           // 重置开始时间
        MyRadixSort(b, size, 10, 5);          // 改造后的基数排序
        cout << "改造后的基数排序: " << tm.ElapsedTime() << "秒" << endl;   // 显示排序时间

        delete []a; delete []b;               // 释放存储空间

        system("PAUSE");                      // 调用库函数 system()
        return 0;                             // 返回值 0, 返回操作系统
}
```

6. 编译及运行程序。

五、测试与结论

编写测试程序时,将软件包中提供的基数排序算法与改造后的基数排序算法进行对比,可发现改造后的基数排序算法的效率提高了,下面是测试时屏幕显示:

数据元素个数: 100000
基数排序: 1.338 秒
改造后的基数排序: 0.033 秒

从上面的屏幕显示,可知改造后的基数排序算法的效率是原基数排序算法的 40.5 倍。

六、思考与感悟

在本实验的算法实现中,通过 j = (node[index].e / power) % r 取一个整数的某一位,效率较低,如果用数组存储关键字的各位,具体声明如下:

```
// 静态链表的节点类型
template <class ElemType, class DigitType, int d>
```

```
struct NodeType
{
    int digit[d];                          // 关键字
    ElemType e;                            // 数据元素
    int next;                              // 表示后继的元素的位置
};
```

这样分配时,只需直接取出关键字的某一位就可极大地提高算法效率,在数据元素个数较多时,这样改造后的基数排序速度会更快,约为之前的 40 倍。

实验 19　学生基本信息管理

一、目标与要求

编写一个程序，实现文件访问。设有两个文件：数据主文件 student.dat 和索引文件 student.idx。数据主文件由记录学生基本情况的若干条记录组成，每个记录由 num(学号)、name(姓名)、sex(性别)、age(年龄)和 dep (系)组成。索引文件的每个记录由 num(学号)及 offset(学生基本情况记录在数据主文件中的相应位置)组成。索引文件中的记录按学号升序排列。

要求完成如下功能：

(1) 具有输入与编辑主文件记录功能，要求能同步建立或修改对应的索引文件。

(2) 输出主文件全部记录。

(3) 根据用户输入的学号，在索引文件中采用二分查找法找到对应记录在数据主文件中的相应位置，再通过主文件输出该记录。

二、工具及准备工作

在开始实验前，应回顾或复习相关的内容。

需要一台计算机，其中安装有 Visual C++ 6.0、Visual C++ 2017、Dev-C++ 或 CodeBlocks 等集成开发环境软件。

三、实验分析

在实现时，记录都插入在主文件尾，删除记录时，为不移动记录，只作删除标记。定义学生信息记录结构如下：

```
// 学生信息记录结构
struct StuInforType
{
    char num[7];                          // 学号
    char name[9];                         // 姓名
    char sex[3];                          // 性别
    int age;                              // 年龄
    char dep[19];                         // 系
    bool isDeleted;                       // 是否被删除
};
```

记录在文件中的位置实际上就是记录在文件中距离文件头的字节数，用 offset 表示，索引项结构如下：

```
// 索引项结构
struct IndexItemType
{
    char num[7];                          // 学号
    long offset;                          // 学生基本情况记录在数据主文件中的相应位置
```

```
};
```

将学生信息管理封装成类 StudentInforManage。StudentInforManage 类声明如下：

```
// 学生信息管理类
class StudentInforManage
{
private:
// 学生信息管理类的数据成员
    FILE * pFStuData;                    // 学生数据文件
    IndexItemType * pIndexTable;         // 索引表
    long size;                           // 索引表当前索引项数
    long maxSize;                        // 索引表最大索引项数

// 辅助函数
    void Display(const StuInforType &stuInfor);   // 显示记录
    void DisplayALL();                   // 显示所有记录
    void Search();                       // 查找记录
    void Input();                        // 输入记录
    void Delete();                       // 删除记录
    void Update();                       // 更新记录

public:
// 公有函数
    StudentInforManage();                // 无参数的构造函数
    virtual ~StudentInforManage();       // 析构函数
    void Run();                          // 学生信息管理
};
```

在查找记录时，首先在索引表中采用二分查找算法，找到索引项后，由索引项中的 offset 得到记录在数据主文件中的位置，然后读出相应记录即可。

输入记录时，先将记录插入在数据主文件尾，再将相应索引项插入在索引表中（采用插入排序思想进行插入）。

删除记录时，先查找并读出相应记录，将删除标记置为 true，然后再写回数据主文件，并在索引表中删除相应索引项。

更新记录时，先查找并读出相应记录，修改记录后再写入数据主文件；如果主关键字发生了变化，则在索引表中删除旧索引项，再插入新索引项。

四、实验步骤

1. 建立项目 student_infor_manage。

2. 将二分查找算法需要的头文件 bin_search.h（参考附录 A）从软件包中复制到 student_infor_manage 文件夹中，并加入项目中。

3. 建立学生信息管理需要的头文件 student_infor_manage.h，具体代码如下：

```
// 文件路径名：student_infor_manage\student_infor_manage.h
#ifndef __STUDENT_INFOR_MANAGE_H__
```

```cpp
#define __STUDENT_INFOR_MANAGE_H__

#include <iostream>                          // 编译预处理命令
#include <cstring>        // 包含 C 函数 strcmp()的声明(string.h 与 cstring 是 C 的头文件)
#include <iomanip>                           // 包含 setw()的声明
#include <fstream>                           // 文件输入输出
using namespace std;                         // 使用命名空间 std
#include "bin_search.h"                      // 二分查找算法

// 学生信息记录结构
struct StuInforType
{
    char num[7];                             // 学号
    char name[9];                            // 姓名
    char sex[3];                             // 性别
    int age;                                 // 年龄
    char dep[19];                            // 系
    bool isDeleted;                          // 是否被删除
};

// 索引项结构
struct IndexItemType
{
    char num[7];                             // 学号
    long offset;                             // 学生基本情况记录在数据主文件中的相应位置
};

// 重载排序与查找需要的关系运算符
bool operator <=(const char num[7], const IndexItemType &item);
                                             // 重载关系运算符<=
bool operator <(const char num[7], const IndexItemType &item);  // 重载关系运算符<
bool operator ==(const char num[7], const IndexItemType &item); // 重载关系运算符==
bool operator <(const IndexItemType &first, const IndexItemType &second);
                                             // 重载关系运算符<

static const long INCREMENT_OF_INDEX_TABLE =100;    // 索引表增量

// 学生信息管理类
class StudentInforManage
{
private:
// 学生信息管理类的数据成员
    FILE * pFStuData;                                // 学生数据文件
    IndexItemType * pIndexTable;                     // 索引表
    long size;                                       // 索引表当前索引项数
    long maxSize;                                    // 索引表最大索引项数

// 辅助函数
```

```cpp
    void Display(const StuInforType &stuInfor);              // 显示记录
    void DisplayALL();                                       // 显示所有记录
    void Search();                                           // 查找记录
    void Input();                                            // 输入记录
    void Delete();                                           // 删除记录
    void Update();                                           // 更新记录
    static void CStrCopy(char * target, const char * source)
                                    // C 风格将串 source 复制到串 target
    { while((* target++= * source++) !='\0'); }

public:
// 公有函数
    StudentInforManage();                                   // 无参数的构造函数
    virtual ~StudentInforManage();                          // 析构函数
    void Run();                                             // 学生信息管理
};

// 学生信息管理类及相关函数的实现部分
bool operator <=(const char num[7], const IndexItemType &item)
// 操作结果：重载关系运算符<=
{
    return strcmp(num, item.num) <=0;
}


bool operator <(const char num[7], const IndexItemType &item)
// 操作结果：重载关系运算符<
{
    return strcmp(num, item.num) <0;
}


bool operator ==(const char num[7], const IndexItemType &item)
// 操作结果：重载关系运算符==
{
    return strcmp(num, item.num) ==0;
}


bool operator <(const IndexItemType &first, const IndexItemType &second)
// 操作结果：重载关系运算符<
{
    return strcmp(first.num, second.num) <0;
}


StudentInforManage:: StudentInforManage()
// 操作结果：构造索引表及初始化相关信息
{
    if ((pFStuData =fopen("student.dat", "rb+")) ==NULL)
    {    // 不存在文件 student.dat
```

```cpp
    if ((pFStuData = fopen("student.dat", "wb+")) == NULL)
    {    // 出现异常
        cout << "打开数据文件失败!" << endl;                    // 提示信息
        exit(1);                                                // 退出程序
    }
}


FILE * pFStuIndex;                                              // 索引文件
if ((pFStuIndex = fopen("student.idx", "rb+")) == NULL)
{    // 不存在文件 student.idx
    size = 0;                                                  // 无索引项
    maxSize = INCREMENT_OF_INDEX_TABLE;                        // 索引表最大索引项数
    pIndexTable = new IndexItemType[maxSize];                  // 分配存储空间
}
else
{
    fseek(pFStuIndex, 0, SEEK_END);                           // 使文件指针指向文件尾
    size = ftell(pFStuIndex) / sizeof(IndexItemType);         // 索引项数
    maxSize = size + INCREMENT_OF_INDEX_TABLE;                 // 索引表最大索引项数
    pIndexTable = new IndexItemType[maxSize];                  // 分配存储空间
    fseek(pFStuIndex, 0, SEEK_SET);                           // 使文件指针指向文件头
    for (int pos = 0; pos < size; pos++)
    {    // 读出索引项
        fread(&pIndexTable[pos], sizeof(IndexItemType), 1, pFStuIndex);
                                                               // 读索引项
    }
    fclose(pFStuIndex);                                        // 关闭文件
}
}


StudentInforManage:: ～StudentInforManage()
// 操作结果: 关闭文件与释放存储空间
{
    fclose(pFStuData);                                        // 关闭文件
    FILE * pFStuIndex;                                         // 索引文件
    if ((pFStuIndex = fopen("student.idx", "wb")) == NULL)
    {    // 出现异常
        cout << "打开索引文件失败!" << endl;                    // 提示信息
        exit(2);                                              // 退出程序
    }
    for (int pos = 0; pos < size; pos++)
    {    // 写索引项
        fwrite(&pIndexTable[pos], sizeof(IndexItemType), 1, pFStuIndex);
    }
    fclose(pFStuIndex);                                       // 关闭文件
    delete []pIndexTable;                                     // 释放存储空间
}
```

```cpp
void StudentInforManage:: Display(const StuInforType &stuInfor)
// 操作结果: 显示记录
{
    cout <<"学号: " <<stuInfor.num <<endl;
    cout <<"姓名: " <<stuInfor.name <<endl;
    cout <<"性别: " <<stuInfor.sex <<endl;
    cout <<"年龄: " <<stuInfor.age <<endl;
    cout <<"系: " <<stuInfor.dep <<endl;
}


void StudentInforManage:: DisplayALL()
// 操作结果: 显示所有记录
{
    cout <<setw(8) <<"学号" <<setw(10) <<"姓名" <<setw(6) <<"性别"
        <<setw(6) <<"年龄" <<setw(16) <<"系" <<endl;
    for (int pos =0; pos <size; pos++)
    {   // 显示所有记录
        StuInforType stuInfor;                                      // 学生信息
        fseek(pFStuData, pIndexTable[pos].offset, SEEK_SET); // 定位主文件记录
        fread(&stuInfor, sizeof(StuInforType), 1, pFStuData); // 读记录
        cout <<setw(8) <<stuInfor.num <<setw(10) <<stuInfor.name <<setw(6) <<
        stuInfor.sex
            <<setw(6) <<stuInfor.age <<setw(16) <<stuInfor.dep <<endl;
    }
}


void StudentInforManage:: Search()
// 操作结果: 查找记录
{
    char num[7];
    cout <<"输入学号: ";
    cin >>num;
    while (cin.get() !='\n');                                    // 跳过当前行的其他字符
    int pos =BinSearch(pIndexTable, size, num);                 // 二分查找
    if (pos ==-1)
    {   // 查找失败
        cout <<"查无此学号!" <<endl;
    }
    else
    {   // 查找成功
        StuInforType stuInfor;                                  // 学生信息
        fseek(pFStuData, pIndexTable[pos].offset, SEEK_SET); // 定位主文件记录
        fread(&stuInfor, sizeof(StuInforType), 1, pFStuData); // 读记录
        Display(stuInfor);                                      // 显示记录
    }
```

```
}

void StudentInforManage:: Input()
// 操作结果: 输入记录
{
    StuInforType stuInfor;                                      // 学生信息
    stuInfor.isDeleted = false;                                 // 删除标记
    cout << "学号: "; cin >> stuInfor.num;
    cout << "姓名: "; cin >> stuInfor.name;
    cout << "性别: "; cin >> stuInfor.sex;
    cout << "年龄: "; cin >> stuInfor.age;
    cout << "系: "; cin >> stuInfor.dep;
    while (cin.get() != '\n');                                  // 跳过当前行的其他字符
    if (BinSearch(pIndexTable, size, stuInfor.num) >= 0)
    {   // 查找成功
        cout << "学号重复, 插入失败!" << endl;
        return;
    }

    fseek(pFStuData, 0, SEEK_END);                              // 定位主文件当前位置为文件尾
    long offset = ftell(pFStuData);           // 学生基本情况记录在数据主文件中的相应位置
    fwrite(&stuInfor, sizeof(StuInforType), 1, pFStuData);     // 写记录

    if (size >= maxSize)
    {   // 索引项已达到最大容量
        maxSize += INCREMENT_OF_INDEX_TABLE;                   // 扩大最大容量
        IndexItemType * pTem;                                  // 临时索引表
        pTem = new IndexItemType[maxSize];                     // 重新分配存储空间
        for (int pos = 0; pos < size; pos++)
            pTem[pos] = pIndexTable[pos];                      // 复制索引项
        delete []pIndexTable;                                  // 释放 pIndexTable
        pIndexTable = pTem;                              // pIndexTable 指向新存储空间
    }

    int j;
    for (j = size - 1; j >= 0 && stuInfor.num < pIndexTable[j]; j--)
    {   // 将比 stuInfor.num 大的索引项后移
        pIndexTable[j + 1] = pIndexTable[j];
    }
    CStrCopy(pIndexTable[j + 1].num, stuInfor.num);            // 学号
    pIndexTable[j + 1].offset = offset;    // 学生基本情况记录在数据主文件中的相应位置
    size++;                                                    // 索引项个数自加 1
}

void StudentInforManage:: Delete()
```

```
    // 操作结果: 删除记录
{
    char num[7];
    cout <<"输入学号: ";
    cin >>num;
    while (cin.get() !='\n');                             // 跳过当前行的其他字符
    int pos =BinSearch(pIndexTable, size, num);           // 二分查找
    if (pos ==-1)
    {   // 查找失败
        cout <<"查无此学号!" <<endl;
    }
    else
    {   // 查找成功
        StuInforType stuInfor;                            // 学生信息
        fseek(pFStuData, pIndexTable[pos].offset, SEEK_SET); // 定位主文件记录
        fread(&stuInfor, sizeof(StuInforType), 1, pFStuData); // 读记录
        stuInfor.isDeleted =true;                         // 删除标记
        fseek(pFStuData, pIndexTable[pos].offset, SEEK_SET); // 定位主文件记录
        fwrite(&stuInfor, sizeof(StuInforType), 1, pFStuData); // 写记录

        for (int i =pos +1; i <size; i++)
        {   // 在索引表中删除索引项
            pIndexTable[i -1] =pIndexTable[i];
        }
        size--;                                           // 索引项个数自减 1
        Display(stuInfor);                                // 显示记录
        cout <<"删除成功!" <<endl;
    }
}


void StudentInforManage:: Update()
// 操作结果: 更新记录
{
    char num[7];
    cout <<"输入学号: ";
    cin >>num;
    while (cin.get() !='\n');                             // 跳过当前行的其他字符
    int pos =BinSearch(pIndexTable, size, num);           // 二分查找
    if (pos ==-1)
    {   // 查找失败
        cout <<"查无此学号!" <<endl;
    }
    else
    {   // 查找成功
        StuInforType stuInfor;                            // 学生信息
```

```
fseek(pFStuData, pIndexTable[pos].offset, SEEK_SET);  // 定位主文件记录
fread(&stuInfor, sizeof(StuInforType), 1, pFStuData); // 读记录
Display(stuInfor);                                     // 显示记录

cout << "学号: "; cin >> stuInfor.num;
cout << "姓名: "; cin >> stuInfor.name;
cout << "性别: "; cin >> stuInfor.sex;
cout << "年龄: "; cin >> stuInfor.age;
cout << "系: "; cin >> stuInfor.dep;
while (cin.get() != '\n');                             // 跳过当前行的其他字符
fseek(pFStuData, pIndexTable[pos].offset, SEEK_SET);  // 定位主文件记录
long offset = pIndexTable[pos].offset;                // 暂存 offset
if (strcmp(stuInfor.num, pIndexTable[pos].num) == 0)
{   // 关键字没变, 索引表不变
    fwrite(&stuInfor, sizeof(StuInforType), 1, pFStuData);  // 写记录
}
else
{   // 修改索引表
    if (BinSearch(pIndexTable, size, stuInfor.num) >= 0)
    {   // 更新后, 学号重复
        cout << "学号重复, 更新失败!" << endl;
    }
    else
    {
        for (int i = pos + 1; i < size; i++)
        {   // 在索引表中删除索引项
            pIndexTable[i - 1] = pIndexTable[i];
        }
        CStrCopy(pIndexTable[size - 1].num, stuInfor.num);  // 学号
        pIndexTable[size - 1].offset = offset;
            // 学生基本情况记录在数据主文件中的相应位置
        for (int j = size - 1; j > 0 && pIndexTable[j] < pIndexTable[j - 1];
        j--)
        { // 将 pIndexTable[size-1]大的记录都交换到 pIndexTable[size-1]的后面
            IndexItemType tem = pIndexTable[j];
            pIndexTable[j] = pIndexTable[j - 1];
            pIndexTable[j - 1] = tem;
        }
    }
}
```

```cpp
void StudentInforManage:: Run()
// 操作结果: 学生信息管理
{
    int select;                                              // 临时变量
    do
    {
        cout << "1.输入记录 2.删除记录 3.更新记录 4.查找记录 5.显示所有记录 6.退出"
            << endl;
        cout << "输入选择: ";
        cin >> select;                                       // 输入选择
        while (cin.get() != '\n');                           // 跳过当前行的其他字符
        switch (select)
        {
        case 1:
            Input();                                         // 输入记录
            break;
        case 2:
            Delete();                                        // 删除记录
            break;
        case 3:
            Update();                                        // 更新记录
            break;
        case 4:
            Search();                                        // 查找记录
            break;
        case 5:
            DisplayALL();                                    // 显示所有记录
            break;
        }
    } while (select != 6);
}

#endif
```

4. 建立源程序文件 main.cpp,实现 main()函数,具体代码如下:

```cpp
// 文件路径名: student_infor_manage\main.cpp
#include <iostream>                                          // 编译预处理命令
#include <cstring>
        // 包含 C 函数 strcpy()和 strcmp()的声明(string.h 与 cstring 是 C 的头文件)
#include <cstdlib>
           // 包含 C 函数 system()和 exit()的声明(stdlib.h 与 cstdlib 是 C 的头文件)
#include "student_infor_manage.h"                            // 学生基本信息管理类

int main()
```

```
{
    StudentInforManage objStudentInforManage;          // 学生信息管理对象
    objStudentInforManage.Run();                        // 运行学生基本信息管理

    system("PAUSE");                                    // 调用库函数 system()
    return 0;                                           // 返回值 0, 返回操作系统
}
```

5. 编译及运行程序。

五、测试与结论

测试时,应注意尽量覆盖算法的各种情况,屏幕显示参考如下:

1.输入记录 2.删除记录 3.更新记录 4.查找记录 5.显示所有记录 6.退出
输入选择: 1
学号: 060101
姓名: 李敏
性别: 女
年龄: 18
系: 计算机

1.输入记录 2.删除记录 3.更新记录 4.查找记录 5.显示所有记录 6.退出
输入选择: 1
学号: 060102
姓名: 王明
性别: 男
年龄: 16
系: 数学

1.输入记录 2.删除记录 3.更新记录 4.查找记录 5.显示所有记录 6.退出
输入选择: 5

学号	姓名	性别	年龄	系
060101	李敏	女	18	计算机
060102	王明	男	16	数学

1.输入记录 2.删除记录 3.更新记录 4.查找记录 5.显示所有记录 6.退出
输入选择: 3
输入学号: 060101
学号: 060101
姓名: 李敏
性别: 女
年龄: 18
系: 计算机

学号: 060101
姓名: 李倩
性别: 女
年龄: 18
系: 计算机

1.输入记录 2.删除记录 3.更新记录 4.查找记录 5.显示所有记录 6.退出
输入选择: 5

203 ·

学号	姓名	性别	年龄	系
060101	李倩	女	18	计算机
060102	王明	男	16	数学

1.输入记录 2.删除记录 3.更新记录 4.查找记录 5.显示所有记录 6.退出

输入选择：4

输入学号：060102

学号：060102

姓名：王明

性别：男

年龄：16

系：数学

1.输入记录 2.删除记录 3.更新记录 4.查找记录 5.显示所有记录 6.退出

输入选择：2

输入学号：060102

学号：060102

姓名：王明

性别：男

年龄：16

系：数学

删除成功！

1.输入记录 2.删除记录 3.更新记录 4.查找记录 5.显示所有记录 6.退出

输入选择：5

学号	姓名	性别	年龄	系
060101	李倩	女	18	计算机

1.输入记录 2.删除记录 3.更新记录 4.查找记录 5.显示所有记录 6.退出

输入选择：

从上面的屏幕显示，可知本程序满足实验目标与要求。

六、思考与感悟

程序在删除记录时，在索引表中删除了索引项，在数据主文件只做了删除标志，并没有在物理上真正删除记录。这样程序运行时间越长，将会有越来越多的带有删除标志的记录，越来越浪费存储空间，因此最好增加清除删除记录的操作；在删除记录时也可在索引表中做删除标志，还可增加恢复被删除记录的操作。

本实验的程序已具备了数据库的基本功能，稍加扩充即可达到 FoxBase 数据库的所有功能，读者可达到不但能熟练使用数据库系统，还能自行开发数据库系统。

实验 20　电话号码的查找

一、目标与要求

试设计采用哈希文件实现电话号码的查找。

设每个记录由 teleNo(电话号码)、name(用户名)与 addr(地址)组成,以电话号码为关键字建立哈希文件。要求实现如下功能:

(1) 输入记录,建立哈希文件;

(2) 删除指定电话号码的记录;

(3) 查找并显示给定电话号码的记录。

二、工具及准备工作

在开始实验前,应回顾或复习相关的内容。

需要一台计算机,其中安装有 Visual C++ 6.0、Visual C++ 2017、Dev-C++ 或 CodeBlocks 等集成开发环境软件。

三、实验分析

在实现时,记录插入在哈希文件中,删除记录时,为不移动记录,只做标记,定义电话结构如下:

```
// 电话结构
struct TelephoneType
{
    char teleNo[18];                        // 电话号码
    char name[16];                          // 用户名
    char addr[18];                          // 地址
    bool isEmpty;                           // 是否为空
};
```

在哈希文件实际存储时,应定义桶结构,具体定义桶结构如下:

```
// 桶结构
struct BucketType
{
    TelephoneType records[m];               // 存储电话记录
    long next;                              // 表示后继的地址
};
```

将电话号码簿封装成类模板 TelephoneBook。TelephoneBook 类模板声明如下:

```
// 电话号码簿类模板(m表示桶容量, b表示基桶数)
template <int m, int b>
class TelephoneBook
{
```

```
private:
// 数据成员
    fstream hashFile;                                          // 电话号码簿文件

    // 桶结构
    struct BucketType
    {
        TelephoneType records[m];                              // 存储电话记录
        long next;                                             // 表示后继的地址
    };

// 辅助函数模板
    long Hash(const char teleNo[18]);                          // 哈希函数模板
    int LocateHelp(const BucketType &bucket, char teleNo[18]); // 定位辅助函数模板
    void Locate(BucketType &bucket, long &offset, int &pos, char teleNo[18]);
                                                               // 定位函数模板
    int LocateEmptyRecordHelp(const BucketType &bucket);       // 定位空记录辅助函数模板
    void LocateEmptyRecord (BucketType &bucket, long &offset, int &pos, char
    teleNo[18]);
        // 定位空记录
    void Input();                                              // 输入记录
    void Delete();                                             // 删除记录
    void Search();                                             // 查询记录

public:
// 构造函数模板, 析构函数模板与方法
    TelephoneBook();                                           // 无参数的构造函数模板
    virtual ~TelephoneBook();                                  // 析构函数模板
    void Run();                                                // 处理电话号码簿
};
```

　　在查询记录时,由哈希函数的值在基桶中查找记录,如失败,则沿 next 指示的溢出桶,在相应溢出桶中进行查找,如还没有查找成功,则在下一个溢出桶中查找,直到查找成功,或没有溢出桶为止。

　　输入记录时,根据哈希函数的值,将记录插入在基桶中,如基桶已满,则插入在溢出桶中,如所有溢出桶已满,则生成新的溢出桶。

　　删除记录时,先查找并读出相应记录,将其置标志,然后再写回数据哈希文件。

四、实验步骤

1. 建立项目 telephone_book。

2. 建立电话号码簿类的头文件 telephone_book,具体代码如下:

```
// 文件路径名: telephone_book\telephone_book.h
#ifndef __TELEPHONE_BOOK_H__
#define __TELEPHONE_BOOK_H__

#include <iostream>                                            // 编译预处理命令
#include <cstring>
        // 包含 C 函数 stelen() 和 strcmp() 的声明(string.h 与 cstring 是 C 的头文件)
```

```cpp
#include <cstdlib>          // 包含 C 函数 exit() 的声明 (stdlib.h 与 cstdlib 是 C 的头文件)
#include <fstream>          // 文件输入输出
                            // 使用命名空间 std using namespace std;


// 电话结构
struct TelephoneType
{
    char teleNo[18];                                    // 电话号码
    char name[16];                                      // 用户名
    char addr[18];                                      // 地址
    bool isEmpty;                                       // 是否为空
};


// 电话号码簿类模板 (m 表示桶容量, b 表示基桶数)
template <int m, int b>
class TelephoneBook
{
private:
// 数据成员
    fstream hashFile;                                   // 电话号码簿文件

    // 桶结构
    struct BucketType
    {
        TelephoneType records[m];                       // 存储电话记录
        long next;                                      // 表示后继的地址
    };

// 辅助函数模板
    long Hash(const char teleNo[18]);                   // 哈希函数模板
    int LocateHelp(const BucketType &bucket, char teleNo[18]); // 定位辅助函数模板
    void Locate(BucketType &bucket, long &offset, int &pos, char teleNo[18]);
                                                        // 定位函数模板
    int LocateEmptyRecordHelp(const BucketType &bucket); // 定位空记录辅助函数模板
    void LocateEmptyRecord(BucketType &bucket, long &offset, int &pos,
    char teleNo[18]);                                   // 定位空记录
    void Input();                                       // 输入记录
    void Delete();                                      // 删除记录
    void Search();                                      // 查询记录

public:
// 构造函数模板, 析构函数模板与方法
    TelephoneBook();                                    // 无参数的构造函数模板
    virtual ~TelephoneBook();                           // 析构函数模板
    void Run();                                         // 处理电话号码簿
};
```

```
// 电话号码簿类的实现
template <int m, int b>
long TelephoneBook<m, b>:: Hash(const char teleNo[18])
// 操作结果: 返回哈希函数值
{
    long h = 0;                                          // 哈希函数值
    for (int pos = 0; pos < (int) strlen(teleNo); pos++)
    {   // 依次处理各数字字符
        h = (h * 10 + teleNo[pos] - '0') % b;
    }
    return h;                                            // 返回哈希函数值
}


template <int m, int b>
int TelephoneBook<m, b>:: LocateHelp(const BucketType &bucket, char teleNo[18])
// 操作结果: 返回电话号码 teleNo 在桶 bucket 中的位置
{

    for (int pos = 0; pos < m; pos++)
    {   // 依次比较桶中各电话记录
        if (!bucket.records[pos].isEmpty &&
            strcmp(bucket.records[pos].teleNo, teleNo) == 0) return pos;
                                                         // 定位成功
    }
    return -1;                                           // 定位失败
}


template <int m, int b>
void TelephoneBook<m, b>:: Locate(BucketType &bucket, long &offset,
    int &pos, char teleNo[18])
// 操作结果: 定位电话号码 teleNo 所在的桶 bucket, 在桶中的位置 pos, 桶在文件
// 中的位置 offset
{
    long h = Hash(teleNo);                               // 哈希函数值
    offset = sizeof(BucketType) * h;                     // 桶在文件中的位置
    hashFile.clear();                                    // 清除标志
    hashFile.seekg(offset, ios:: beg);                   // 文件定位
    hashFile.read((char *) &bucket, sizeof(BucketType)); // 读取基桶
    pos = LocateHelp(bucket, teleNo);                    // 定位电话记录在桶中的位置
    if (pos == -1) offset = bucket.next;                 // 溢出桶的位置
    while (pos == -1 && offset != -1)
    {   // 继续在溢出桶中查找
        hashFile.clear();                                // 清除标志
        hashFile.seekg(offset, ios:: beg);               // 文件定位
        hashFile.read((char *) &bucket, sizeof(BucketType));  // 读到基桶
        pos = LocateHelp(bucket, teleNo);                // 定位电话记录在桶中的位置
        if (pos == -1) offset = bucket.next;             // 后继溢出桶的位置
```

```
        }
    }


    template <int m, int b>
    int TelephoneBook<m, b>:: LocateEmptyRecordHelp(const BucketType &bucket)
    // 操作结果: 返回空记录位置
    {
        for (int pos = 0; pos < m; pos++)
        {    // 依次比较桶中各电话记录
            if (bucket.records[pos].isEmpty) return pos;      // 定位成功
        }
        return -1;                                            // 定位失败
    }


    template <int m, int b>
    void TelephoneBook<m, b>:: LocateEmptyRecord(BucketType &bucket, long &offset,
        int &pos, char teleNo[18])
    // 操作结果: 定位电话号码 teleNo 所在的具有空记录的桶 bucket, 桶中的空记录位置 pos, 桶
    //在文件中的位置 offset
    {
        long h = Hash(teleNo);                                // 哈希函数值
        offset = sizeof(BucketType) * h;                      // 桶在文件中的位置
        hashFile.clear();                                     // 清除标志
        hashFile.seekg(offset, ios:: beg);                    // 文件定位
        hashFile.read((char *)&bucket, sizeof(BucketType));   // 读到基桶
        pos = LocateEmptyRecordHelp(bucket);                  // 定位桶中空记录的位置
        if (pos == -1) offset = bucket.next;                  // 溢出桶的位置
        while (pos == -1 && offset != -1)
        {    // 继续在溢出桶中查找
            hashFile.clear();                                 // 清除标志
            hashFile.seekg(offset, ios:: beg);                // 文件定位
            hashFile.read((char *)&bucket, sizeof(BucketType));  // 读到基桶
            pos = LocateEmptyRecordHelp(bucket);              // 定位桶中空记录的位置
            if (pos == -1) offset = bucket.next;              // 后继溢出桶的位置
        }
    }


    template <int m, int b>
    void TelephoneBook<m, b>:: Input()
    // 操作结果: 输入记录
    {
        TelephoneType telph;                                  // 电话号码记录
        telph.isEmpty = false;                                // 标记

        cout << "输入电话号码: ";
```

```
cin >> telph.teleNo;
cout << "输入用户名: ";
cin >> telph.name;
cout << "输入地址: ";
cin >> telph.addr;
BucketType bucket;                                        // 桶
long offset;                                             // 桶在文件中的相应位置
int pos;                                                 // 电话记录在桶中的位置
Locate(bucket, offset, pos, telph.teleNo);              // 定位电话记录的位置
if (pos != -1)
{   // 定位成功
    cout << "电话已在散列文件中!" << endl;
}
else
{   // 定位失败
    LocateEmptyRecord(bucket, offset, pos, telph.teleNo);  // 定位空记录位置
    if (pos != -1)
    {   // 找到空记录
        bucket.records[pos] = telph;    // 将电话记录赋值给 bucket.records[pos]
        hashFile.clear();                               // 清除标志
        hashFile.seekg(offset, ios:: beg);              // 定位文件
        hashFile.write((char *) &bucket, sizeof(BucketType));  // 写桶
    }
    else
    {
        hashFile.clear();                               // 清除标志
        hashFile.seekg(0, ios:: end);                   // 定位到文件尾
        bucket.next = hashFile.tellg();                 // 后继溢出桶位置
        hashFile.clear();                               // 清除标志
        hashFile.seekg(offset, ios:: beg);              // 定位文件
        hashFile.write((char *) &bucket, sizeof(BucketType));// 写桶
        offset = bucket.next;                           // 新溢出桶在文件中的位置
        for (pos = 1; pos < m; pos++)
        {   // 设置空记录
            bucket.records[pos].isEmpty = true;
        }
        pos = 0;                                        // 电话记录的位置
        bucket.records[pos] = telph;    // 将电话记录赋值给 bucket.records[pos]
        hashFile.clear();                               // 清除标志
        hashFile.seekg(offset, ios:: beg);              // 定位文件
        hashFile.write((char *) &bucket, sizeof(BucketType));// 写桶
    }
}
```

```
template <int m, int b>
void TelephoneBook<m, b>:: Delete()
// 操作结果：删除记录
{
    char teleNo[18];                                          // 电话号码
    cout << "输入电话号码: ";
    cin >> teleNo;
    BucketType bucket;                                        // 桶
    long offset;                                              // 桶在文件中的相应位置
    int pos;                                                  // 电话记录在桶中的位置
    Locate(bucket, offset, pos, teleNo);                     // 定位电话记录的位置
    if (pos == -1)
    {    // 定位失败
        cout << "删除记录失败!" << endl;
    }
    else
    {
        hashFile.clear();                                    // 清除标志
        hashFile.seekg(offset, ios:: beg);                   // 定位文件
        hashFile.read((char *) &bucket, sizeof(BucketType)); // 读桶
        bucket.records[pos].isEmpty = true;                  // 空记录
        hashFile.clear();                                    // 清除标志
        hashFile.seekg(offset, ios:: beg);                   // 定位文件
        hashFile.write((char *) &bucket, sizeof(BucketType)); // 写桶
        cout << "电话号码: " << bucket.records[pos].teleNo << endl;
        cout << "用户名: " << bucket.records[pos].name << endl;
        cout << "地址: " << bucket.records[pos].addr << endl;
        cout << "删除成功!" << endl;
    }
}


template <int m, int b>
void TelephoneBook<m, b>:: Search()
// 操作结果：查找记录
{
    char teleNo[18];                                          // 电话号码
    cout << "输入电话号码: ";
    cin >> teleNo;
    BucketType bucket;                                        // 桶
    long offset;                                              // 桶在文件中的相应位置
    int pos;                                                  // 电话记录在桶中的位置
    Locate(bucket, offset, pos, teleNo);                     // 定位电话记录的=-1)
    if (pos == -1)
    {    // 定位失败
        cout << "查找失败!" << endl;
```

```
        }
        else
        {
            hashFile.clear();                                        // 清除标志
            hashFile.seekg(offset, ios::beg);                        // 定位文件
            hashFile.read((char *)&bucket, sizeof(BucketType));   // 读桶
            cout <<"电话号码: " <<bucket.records[pos].teleNo <<endl;
            cout <<"用户名: " <<bucket.records[pos].name <<endl;
            cout <<"地址: " <<bucket.records[pos].addr <<endl;
        }
    }


    template <int m, int b>
    TelephoneBook<m, b>:: TelephoneBook()
    // 操作结果: 初始化电话号码簿
    {
        ifstream iFile("telph.dat");                             // 建立输入文件


        if (iFile.fail())
        {   // 打开文件失败, 表示不存在文件
            ofstream oFile("telph.dat");                         // 建立输出文件
            if (oFile.fail())
            {   // 出现异常
                cout <<"打开文件失败!" <<endl;                    // 提示信息
                exit(1);                                         // 退出程序
            }
            oFile.close();                                       // 关闭文件
        }
        else
        {   // 存在文件
            iFile.close();                                       // 关闭文件
        }

        hashFile.open("telph.dat", ios:: in|ios:: out|ios:: binary);     // 以读写方式打开文件
        if (hashFile.fail())
        {   // 出现异常
            cout <<"打开文件失败!" <<endl;                        // 提示信息
            exit(2);                                             // 退出程序
        }
        hashFile.seekg(0, ios:: end);                            // 定位到文件尾
        int bucketNum =hashFile.tellg() / sizeof(BucketType);   // 桶数

        if (bucketNum <b)
```

```cpp
    {   // 桶数不等于基桶数,说明文件不完整或已被破坏,应初始化基桶
        BucketType bucket;
        int pos;                                    // 临时变量
        for (pos = 0; pos < m; pos++)
        {   // 初始化基桶
            bucket.records[pos].isEmpty = true;     // 空记录
            bucket.next = -1;                       // 无溢出
        }
        hashFile.clear();                           // 清除标志
        hashFile.seekg(0, ios:: beg);               // 定位到文件头
        for (pos = 0; pos < b; pos++)
        {   // 写基桶到文件中
            hashFile.write((char *) &bucket, sizeof(BucketType));// 写入基桶
        }
    }
}


template < int m, int b>
TelephoneBook<m, b>:: ~TelephoneBook()
// 操作结果: 关闭文件
{
    hashFile.close();                               // 关闭文件
}


template < int m, int b>
void TelephoneBook<m, b>:: Run()
// 操作结果: 处理电话号码簿
{
    int select;                                     // 临时变量
    do
    {
        cout << "1.输入记录 2.删除记录 3.查找记录 4.退出" << endl;
        cout << "输入选择: ";
        cin >> select;                              // 输入选择
        while (cin.get() != '\n');                  // 跳过当前行的其他字符
        switch (select)
        {
        case 1:
            Input();                                // 输入记录
            break;
        case 2:
            Delete();                               // 删除记录
            break;
        case 3:
            Search();                               // 查找记录
```

```
        break;
      }
  } while (select !=4);
}

#endif
```

3. 建立源程序文件 main.cpp，实现 main() 函数，具体代码如下：

```
// 文件路径名：telephone_book\main.cpp
#include <cstdlib>    // 包含 C 函数 system() 的声明(stdlib.h 与 cstdlib 是 C 的头文件)
#include "telephone_book.h"                            // 电话号码簿类

int main()
{
    const int m =3, b =7;                         // m 表示桶容量，b 表示基桶数

    TelephoneBook<m, b>objTelephoneBook;          // 电话号码簿对象
    objTelephoneBook.Run();                       // 运行电话号码簿

    system("PAUSE");                              // 调用库函数 system()
    return 0;                                      // 返回值 0，返回操作系统
}
```

4. 编译及运行程序。

五、测试与结论

测试时，应注意尽量覆盖算法的各种情况，屏幕显示参考如下：

1.输入记录 2.删除记录 3.查找记录 4.退出
输入选择：1
输入电话号码：16866889988
输入用户名：吴世发
输入地址：北京
1.输入记录 2.删除记录 3.查找记录 4.退出
输入选择：1
输入电话号码：88885188
输入用户名：李民
输入地址：成都
1.输入记录 2.删除记录 3.查找记录 4.退出
输入选择：3
输入电话号码：88885188
电话号码：88885188
用户名：李民
地址：成都
1.输入记录 2.删除记录 3.查找记录 4.退出
输入选择：2

输入电话号码：16866889988

电话号码：16866889988

用户名：吴世发

地址：北京

删除成功！

1.输入记录 2.删除记录 3.查找记录 4.退出

输入选择：

从上面的屏幕显示，可知本程序满足实验目标与要求。

六、思考与感悟

在插入时，要在基桶或溢出桶中根据标志查找空记录。如果桶容量较大，在桶中依次查找空记录时，效率较低，读者可在桶中记下当前的记录数，插入记录时只插入桶的现有记录的后面；在删除记录时只做删除标志，在经过一段时间的运行后有较多的被删除标记的记录，占用较多的存储空间。可增加重组记录的操作，在物理上清除所有删除的记录。

本实验的程序已具备了现代数据库的某些功能，读者通过实验实现流行系统软件的某些功能，对将来从事软件开发工作必将起到事半功倍的效果，也为将来从事系统软件的开发打下坚实的基础。

* 实验 21　农夫过河问题

一、目标与要求

一个农夫带着一只狼、一只羊和一棵白菜，身处河的南岸。他要把这些东西全部运到北岸。他面前只有一条小船，船只能容下他和一件东西，另外只有农夫才能撑船。如果农夫在场，则狼不能吃羊，羊不能吃白菜，否则狼会吃羊，羊会吃白菜，所以农夫不能留下羊和白菜自己离开，也不能留下狼和羊自己离开。请求出农夫将所有的东西运过河的方案。

提示：要模拟农夫过河问题，需要对问题中每个角色的过河状态进行描述。一个很方便的办法是用 4 位二进制数串顺序表示白菜、羊、狼和农夫的位置。用 0 表示农夫或者某东西在河的南岸，1 表示在河的北岸。例如，0110 表示农夫和白菜在河的南岸，而狼和羊在北岸。

问题变成从初始的状态 0000（全部在河的南岸）出发，寻找一种全部由安全状态构成的状态序列，它以二进制数 1111（全部到达河的北岸）为最终目标，并且在序列中的每个状态都可以从前一状态到达。为避免白费功夫，要求在序列中不出现重复的状态。

实现上述求解的搜索过程可以采用两种不同的策略：一种是广度优先搜索；另一种是深度优先搜索。

二、工具及准备工作

在开始实验前，应回顾或复习相关的内容。

需要一台计算机，其中安装有 Visual C++ 6.0、Visual C++ 2017、Dev-C++ 或 CodeBlocks 等集成开发环境软件。

三、实验分析

通常的求解方法是用一个 4 位二进制数来分别表示白菜、羊、狼和农夫的过河状态。0 表示在南岸，尚未过河；1 表示在北岸，已经过河了。将过河对象定义为如下枚举 enum 类型：

```
// 过河对象枚举类型
enum Wader
{
    cabbage,                              // 白菜
    goat,                                 // 羊
    wolf,                                 // 狼
    farmer                                // 农夫
};
```

过河方向只有从南到北与从北到南，也定义为如下枚举 enum 类型：

```
// 过河方向枚举类型
enum WadeDirection
{
```

```
    southToNorth,                                  // 由南岸到北岸
    northToSouth                                   // 由北岸到南岸
};
```

为使可读性更强,利用串类 MyString 来描述 4 位二进制数,MyString 类声明如下:

```
// 自定义串类
class MyString
{
private:
// 串类的数据成员:
    char strVal[5];                                // 串值

// 辅助函数:
    void CStrCopy(char * target, const char * source)
                                                   // C 风格将串 source 复制到串 target
    { while((* target++= * source++) !='\0'); }

public:
// 公共函数
    MyString(int value =0);                        // 构造函数
    MyString(const char strValue[]);               // 构造函数
    virtual ~MyString(){};                         // 析构函数
    operator int() const;                          // 类类型转换函数
    char &operator [](int pos);                    // 重载下标运算符
};
```

通过类类型转换函数 operator int() const 自动将 MyString 对象转换成整数。

重载下标运算符函数 char &operator [](int pos)使 MyString 对象能像数组一样进行操作,这样可读性更强。

将农夫过河封装成类 FarmerWade。FarmerWade 类声明如下:

```
// 农夫过河类
class FarmerWade
{
private:
// 农夫过河类的数据成员
    int path[16];          // 表示路径,如某状态 state 未出现过,用-1 表示,否则为前驱状态

// 辅助函数
    bool WithFarmer(Wader wader, MyString &state) const;
                                    // 过河者 wader 是否与 farmer 在河的同一侧
    bool IsSafe(MyString &state) const;           // 判断状态是否安全
    void DisplayRoute();                          // 显示过河方案
    void Init();                                  // 初始化路径
    void DFS(MyString curState ="0000");          // 深度优先搜索过河的方案

public:
// 公共函数
```

```
FarmerWade(){};                                        // 无参数的构造函数
virtual ～FarmerWade(){};                               // 析构函数
void Run();                                             // 运行农夫过河
```

```
};
```

过河的对象必须与农夫在河的同一侧,设计函数 WithFarmer()来判断。如果当前状态 state 下,过河对象与农夫的状态参数一致,则返回真,表示二者在河的同一侧。

不论农夫每次过河带的东西如何,首先都应该判断这样过河是否安全,也就是在无人看管情况下,狼和羊,羊和白菜都没有在河的同一侧。为此,设计函数 IsSafe()。当农夫与羊不在河的同一侧时,羊与白菜、或羊与狼在同一侧都是不安全的,返回 false;其他情况则是安全的,返回 true。

为防止发生状态的往复,也就是农夫将一个对象带过去又带回来的情况发生,也为了记录过河的状态过程,需要对所有可能的状态进行标记。4 位二进制数的所有可能状态数为 16,都初始化−1,表示过河过程尚未出现过;随着过河过程的不断进行,它被改变为其前一状态二进制数对应的整数值。农夫过河问题经过二进制化以后,从初始状态 0000 出发,经过一系列安全状态后,如果最后状态到达 1111,即 path[15]有前驱状态,则表示过河成功。问题求解以后,得到一系列的二进制数,为此,还需要设计一个函数,将一系列二进制数表示的过河状态转换为实际的过河方案。DisplayRoute()函数就是用来完成这一功能,通过判断路径中相邻状态的变化情况,获取这次过河发生变化的对象。过河总是从“到河北岸”和“回到南岸”交互进行,因此设计了一个变量来说明过河的方向,它从“到河南岸”开始,每过一次河就翻转一次;最后,按照过河顺序,依次打印出过河对象移动的具体过程。

采用深度优先策略搜索过河状态。首先考虑当前状态,然后进入下一个状态。依次进行下去,直至发现失败,或找到一个解或者将所有路径搜索完毕,发现没有解位置。

四、实验步骤

1. 建立工程 farmer_wade。

2. 将顺序表需要的头文件 sq_list.h(参考附录 A)从软件包中复制到 farmer_wade 文件夹中,并加入工程中。

3. 建立农夫过河需要的头文件 farmer_wade.h,具体代码如下:

```
// 文件路径名: farmer_wade\farmer_wade.h
#ifndef __FARMER_WADE_H__
#define __FARMER_WADE_H__

#include <iostream>                                     // 编译预处理命令
using namespace std;                                    // 使用命名空间 std
#include "sq_list.h"                                    // 顺序表

// 过河对象枚举类型
enum Wader
{
    cabbage,                                            // 白菜
    goat,                                               // 羊
    wolf,                                               // 狼
    farmer                                              // 农夫
```

```
};

// 过河方向枚举类型
enum WadeDirection
{
    southToNorth,                                        // 由南岸到北岸
    northToSouth                                         // 由北岸到南岸
};

// 自定义串类
class MyString
{
private:
// 串类的数据成员
    char strVal[5];                                      // 串值

public:
// 公共函数
    MyString(int value = 0);                             // 构造函数
    MyString(const char strValue[]);                     // 构造函数
    virtual ~MyString(){};                               // 析构函数
    operator int() const;                                // 类类型转换函数
    char &operator [](int pos);                          // 重载下标运算符
};

// 自定义串类的实现部分
MyString:: MyString(int value)
// 操作结果: 构造函数, 将整数转换为二进制串
{
    int mask = 1;                                        // 屏蔽字
    strVal[4] = '\0';                                    // 串结束符
    for (int pos = 3; pos >= 0; pos--)
    {   // 依次取出二进制的各位
        strVal[pos] = value & mask ? '1' : '0';          // 取出 1 位二进制数
        mask = mask << 1;                                // 左移 1 位
    }
}

MyString:: MyString(const char strValue[])
// 操作结果: 构造函数, 由 C 风格串构造 C++风格串
{
    CStrCopy(strVal, strValue);
}

MyString:: operator int() const
// 操作结果: 类类型转换函数, 将类类型转换为整型
{
    int val = 0;                                         // 整型值
```

```
        for (int pos = 0; pos < 4; pos++)
        {    // 将类类型转换为整型
            val = val * 2 + strVal[pos] - '0';
        }
        return val;                                      // 返回整型值
    }


char &MyString:: operator [](int pos)
// 操作结果: 重载下标运算符
{
    return strVal[pos];
}


// 农夫过河类
class FarmerWade
{
private:
// 农夫过河类的数据成员
    int path[16];            // 表示路径,如某状态 state 未出现过,用-1表示,则否为前驱状态

// 辅助函数
    bool WithFarmer(Wader wader, MyString &state) const;
                                    // 过河者 wader 是否与 farmer 在河的同一侧
    bool IsSafe(MyString &state) const;              // 判断状态是否安全
    void DisplayRoute();                             // 显示过河方案
    void Init();                                     // 初始化路径
    void DFS(MyString curState = "0000");            // 深度优先搜索过河的方案

public:
// 公共函数
    FarmerWade(){};                                  // 无参数的构造函数
    virtual ～FarmerWade(){};                        // 析构函数
    void Run();                                      // 运行农夫过河

};


// 农夫过河类的实现部分
bool FarmerWade:: WithFarmer(Wader wader, MyString &state) const
// 操作结果: 过河者 wader 是否与农夫 farmer 在河的同一侧
{
    return (state[wader] == state[farmer]);
}


bool FarmerWade:: IsSafe(MyString &state) const
// 操作结果: 判断状态是否安全
```

```
{
    if (state[goat] ==state[cabbage] && state[farmer] !=state[cabbage] ||
                                                    // 羊吃白菜
        state[wolf] ==state[goat] && state[farmer] !=state[goat]) return false;
                                                    // 狼吃羊
    else return true;
}


void FarmerWade:: DisplayRoute()
// 操作结果: 显示过河方案
{
    if (path[15] ==-1)
    {   // path[15]无前驱,表示不能成功到达目的状态
        cout <<"农夫过河问题无解" <<endl;
        return;
    }

    SqList<MyString>statePath;                      // 用串存储状态路径
    int state;                                      // 临时变量
    for (state =15; state >=0; state =path[state])
    {   // 反向插入,完成从初始状态到目的状态的转换
        statePath.Insert(1, state);
        // 此状态要用到 MyString 的构造函数,自动将整数转换为 MyString 的串
    }

    WadeDirection direction =southToNorth;          // 过河方向
    MyString current, next;                         // 当前状态,下一状态
    for (int step =1; step <statePath.Length(); step++)
    {   // 依次显示过河的每一步
        statePath.GetElem(step, current);           // 取出当前状态
        statePath.GetElem(step +1, next);           // 取出下一状态
        Wader wader;
        for (int w =0; w <=3; w++)
        {   // 获取状态发生变化的第 1 个过河者
            if (current[w] !=next[w])
            {   // 状态发生变化
                wader = (Wader)w;
                break;
            }
        }

        cout <<"步骤" <<step <<": ";
        switch (wader)
        {
        case cabbage:
```

```cpp
        cout << "农夫把白菜带" << ((direction ==southToNorth) ? "到北岸" : "回南
            岸") <<endl;
        break;
    case goat:
        cout << "农夫把羊带" << ((direction ==southToNorth) ? "到北岸" : "回南
            岸") <<endl;
        break;
    case wolf:
        cout << "农夫把狼带" << ((direction ==southToNorth) ? "到北岸" : "回南
            岸") <<endl;
        break;
    case farmer:
        cout << "农夫独自" << ((direction ==southToNorth) ? "到北岸" : "回南岸")
            <<endl;
        break;
    }
    direction = ((direction ==southToNorth) ? northToSouth : southToNorth);
                                                        // 改变方向
    }

    cout << "祝贺您! 过河问题求解成功!" <<endl;
}


void FarmerWade:: Init()
// 操作结果: 初始化路径
{
    for (int pos =0; pos <16; pos++) path[pos] =-1;
}


void FarmerWade:: DFS(MyString curState)
// 操作结果: 深度优先搜索过河的方案
{
    if (path[15] ==-1)
    {   // 尚未到达最终状态
        for (int companion =0; companion <=3; companion++)
        {   // 过河者
            if (WithFarmer((Wader)companion, curState))
            {   // 随农夫过河的只能与农夫在同一河岸
                MyString nextState =curState;            // 下一状态
                nextState[farmer] = ((nextState[farmer] =='0') ? '1' : '0');
                                                        // 农夫必定过河

                if (companion !=(int)farmer)
                {   // 不是农夫单独过河
                    nextState[companion] = ((nextState[companion] =='0') ? '1' : '0');
                }
```

```
            if (IsSafe(nextState) && path[nextState] ==-1 && nextState !=0)
            {     // 利用类类型转换函数自动进行 MyString ->int
                path[nextState] =curState;          // 当前状态与下一状态的联系
                DFS(nextState);                     // 从下一状态继续进行搜索
            }
        }
    }
}


void FarmerWade:: Run()
// 操作结果: 运行农夫过河
{
    Init();                                          // 初始化路径
    DFS();                                           // 深度优先搜索过河的方案
    DisplayRoute();                                  // 显示过河方案
}


#endif
```

4. 建立源程序文件 main.cpp,实现 main()函数,具体代码如下:

```
// 文件路径名: farmer_wade\main.cpp
#include <cstdlib>    // 包含 C 函数 system()的声明(stdlib.h 与 cstdlib 是 C 的头文件)
#include "farmer_wade.h"                            // 农夫过河

int main()                                           // 主函数 main()
{
    FarmerWade fw;                                   // 农夫过河对象
    fw.Run();                                        // 运行农夫过河

    system("PAUSE");                                 // 调用库函数 system()
    return 0;                                        // 返回值 0
}
```

5. 编译及运行程序。

五、测试与结论

测试时,屏幕显示如下:

步骤 1: 农夫把羊带到北岸
步骤 2: 农夫独自回南岸
步骤 3: 农夫把白菜带到北岸
步骤 4: 农夫把羊带回南岸
步骤 5: 农夫把狼带到北岸
步骤 6: 农夫独自回南岸
步骤 7: 农夫把羊带到北岸
祝贺您! 过河问题求解成功!

从上面的屏幕显示,可知本程序满足实验目标与要求。

六、思考与感悟

程序采用深度优先策略搜索过河状态,读者也可按广度优先策略搜索过河状态。

学了算法设计后,设计程序才能变为艺术,从艺术角度讲,只有经过不断实践,对于问题都能用不同算法加以解决,最终才能达到算法设计的最高境界,不拘泥于具体的设计方法,而是法无定法,设计者可在看起来不经意间设计出一般人看来难以想象的算法,或者说一般人看来难以达到的境界。

*实验 22　n 皇后问题

一、目标与要求

要求在一个 $n \times n$ 的棋盘上放置 n 个皇后,要求放置的 n 个皇后不会互相吃掉;皇后棋子可以吃掉任何它所在的那一行、那一列以及那两条对角线上的任何棋子。

二、工具及准备工作

在开始实验前,应回顾或复习相关的内容。

需要一台计算机,其中安装有 Visual C++ 6.0、Visual C++ 2017、Dev-C++ 或 CodeBlocks 等集成开发环境软件。

三、实验分析

图 2.22.1 展示 4 皇后问题求解过程中棋盘状态的变化情况。这是一棵 4 叉树,树上每个节点表示一个局部布局或一个完整的布局。根节点表示棋盘的初始状态:棋盘上无任何棋子。每个(皇后)棋子都有 4 个可选择的位置,在任何时刻,棋盘的合法布局都必须满足 3 个约束条件,即任何两个棋子都不占据棋盘上的同一行,或者同一列,或者同一对角线。

4 个皇后要放置在不同列,设第 i 个皇后放置在第 i 列上,只要能确定第 i 个皇后所放置的行号即可求解问题,设第 i 个皇后放置在第 x_i 行上,对 4 皇后问题回溯法求解过程为:

首先添加 $x_1 = 1$,然后再添加满足条件的 $x_2 = 3$,由于对所有的 $x_3 \in \{1, 2, 3, 4\}$ 都不能找到满足约束条件的部分解 (x_1, x_2, x_3),则回溯到部分解 (x_1),重新添加满足约束条件的 $x_2 = 4$,以此类推(请读者具体分析并求解 4 皇后问题的一个解)。

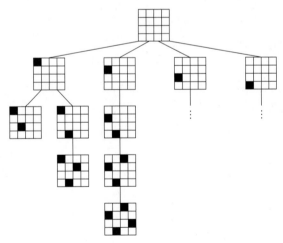

图 2.22.1　4 皇后问题的棋盘解空间树

n 皇后问题的关键是判定某个位置可不可以放一个皇后棋子,只有在该位置同一行、同一列以及两个对角线上都没有其他皇后棋子的时候,才可以把皇后棋子放在那里。因为每一列上都只能有一个皇后棋子,用一个一维数组就足够了。用 $x[\ ]$ 来存放各个棋子的所在位置行号,换言之,$x[i]=j$ 表示第 i 列上的棋子是在第 j 行,这样用 $x[]$ 数组可以肯定每一列上只会有一个棋子,所以就不用检查一列上是否有两个棋子。如何检查一行上是否有两个棋子呢? 可以准备一个数组 row[],如果 row[i] 是 true,那就表示第 i 行上已经有了棋子。

两个对角线比较复杂一些,图 2.22.2 所示是一个 4×4 的棋盘,图 2.22.2(a)标出了它的各条反对角线号码,图 2.22.2(b)标出了它的各条主对角线号码。

1	2	3	4
2	3	4	5
3	4	5	6
4	5	6	7

(a) 反对角线

4	3	2	1
5	4	3	2
6	5	4	3
7	6	5	4

(b) 主对角线

图 2.22.2 4 皇后问题的棋盘的对角线

如果仔细检查一下可以发现,第 i 条反对角线上的元素 (r,c) 都满足 $i=r+c-1$ 的关系。因此,可以准备一个 backDiag[] 数组,如果要看看棋子能否放在第 r 行第 c 列,第一件事是查看 row[r] 是否是 true,如果不是,就查 backDiag[$r+c-1$] 是否为 true,如果不是,则 3 项检查就通过 2 项了。最后是 $n\times n$ 棋盘的主对角线,图 2.22.2(b)是一个 4×4 棋盘的所有主对角线,很容易验证,第 r 行第 c 列的元素在第 $n-c+r$ 条主对角线上。用 diag[] 数组来记录哪一条主对角线已经被占据了。

如果要在第 r 行第 c 列上放一个皇后棋子,那么

```
row[r]
diag[n - c + r]
backDiag[r + c - 1]
```

三者都为 false 才行。求所有合法布局的过程就是在上述约束条件下先根遍历图 11.1 所示的解空间树的过程。遍历中访问节点的操作为,判别棋盘上是否已得到一个完整的布局(即棋盘上是否已摆上 4 个棋子),若是,则输出该布局;否则依次先根遍历满足约束条件的各棵子树,即首先判断该子树根的布局是否合法。若合法,则先根遍历该子树,否则剪去该子树分支。

四、实验步骤

1. 建立工程 queen。

2. 建立皇后问题需要的头文件 queen.h,具体代码如下:

```
// 文件路径名: queen\queen.h
#ifndef _ _QUEEN_H_ _
#define _ _QUEEN_H_ _

#include <iostream>                                    // 编译预处理命令
using namespace std;                                   // 使用命名空间 std

// 皇后问题算法

void BackTrack(int c, int n, bool row[], bool diag[], bool backDiag[], int x[]);
                                                       // 回溯求解 n 皇后问题
void OutSolution(int n, int x[]);                      // 输出一组解

void Queen(int n)
// 操作结果: 求解 n 皇后问题
{
```

```cpp
    bool * row = new bool[n +1];                                    // 行是否有皇后
    bool * diag = new bool[2 * n];                                  // 主对角线是否有皇后
    bool * backDiag = new bool[2 * n];                             // 反对角线是否有皇后
    int * x = new int[n +1];                                        // n 皇后问题的解
    int i;                                                          // 临时变量

    // 赋初值
    for (i =1; i <=n; i++) row[i] = false;
    for (i =1; i < 2 * n; i++) diag[i] = false;
    for (i =1; i < 2 * n; i++) backDiag[i] = false;

    BackTrack(1, n, row, diag, backDiag, x);                       // 递归求解 n 皇后问题

    delete []row; delete []diag; delete []backDiag; delete []x;    // 释放存储空间
}


void BackTrack(int c, int n, bool row[], bool diag[], bool backDiag[], int x[])
// 操作结果：前 i-1 个皇后已放置后，为第 i 个皇后选择合适的位置,row[]用于表示某行
//是否放置有皇后,backDiag[]表示某条反对角线是否放置有皇后,diag[]表示某条主
//对角线是否放置有皇后,x[]表示皇后所放置的行
{
    int r;
    if (c >n)
    {    // c>n 表示第 1～n 个皇后已放置好
        OutSolution(n, x);                                        // 已得到解,输出解
    }
    else
    {
        for (r =1; r <=n; r++)
        {    // 第 c 个皇后所放置的行
            if (!row[r] && !diag[n -c +r] && !backDiag[r +c -1])
            {    // 位置(r,c)所在的行,对角线没放置有皇后,
                // 则在位置(r, c)放置第 c 个皇后
                row[r] =diag[n -c +r] =backDiag[r +c -1] =true;
                                                                  // 表示位置(r, c)已有皇后
                x[c] =r;                                          // 表示第 c 个皇后所放置的行
                BackTrack(c +1, n, row, diag, backDiag, x);
                                                                  // 试探第 c +1 个皇后所放置的位置
                row[r] =diag[n -c +r] =backDiag[r +c -1] =false;
                                                                  // 释放位置(r,c),进行回溯
            }
        }
    }
}
```

```
void OutSolution(int n, int x[])
//操作结果: 输出皇后问题的解
{
    int static num = 0;                                    // num 表示当前已求得解的个数

    cout << "第" << ++num << "个解: ";
    for(int c = 1; c <= n; c++)
    {    // 输出解
        cout << "(" << x[c] << "," << c << ") ";
    }
    cout << endl;
}


#endif
```

3. 建立源程序文件 main.cpp, 实现 main() 函数, 具体代码如下:

```
// 文件路径名: queen\main.cpp
#include <iostream>    // 编译预处理命令
#include <cstdlib>         // 包含 C 函数 system() 的声明(stdlib.h 与 cstdlib 是 C 的头文件)
#include <cctype>         // 包含 C 函数 tolower() 的声明(ctype.h 与 cctype 是 C 的头文件)
using namespace std;    // 使用命名空间 std
#include "queen.h"       // 皇后问题算法

int main()                                                  // 主函数 main()
{
    char select;                                            // 接收用户是否继续的回答

    do
    {
        int n;                                              // 皇后数
        cout << "输入皇后数: ";
        cin >> n;
        Queen(n);                                           // 求解 n 皇后问题
        while (cin.get() != '\n');                          // 跳过当前行后面的字符
        cout << "是否继续(y/n)?";
        cin >> select;                                      // 输入用户的选择
        select = tolower(select);                           // 大写字母转换为小写字母
        while (select != 'y' && select != 'n')
        {    // 输入有错
            cout << "输入有错,请重新输入(y/n): ";
            cin >> select;                                  // 输入用户的选择
            select = tolower(select);                       // 大写字母转换为小写字母
        }
    } while (select == 'y');
```

```
        system("PAUSE");                              // 调用库函数 system()
        return 0;                                      // 返回值 0
}
```

4. 编译及运行程序。

五、测试与结论

测试时,屏幕显示如下:

输入皇后数: 4
第 1 个解: (2,1) (4,2) (1,3) (3,4)
第 2 个解: (3,1) (1,2) (4,3) (2,4)
是否继续: (y/n)?n

从上面的屏幕显示,可知本程序满足实验目标与要求。

六、思考与感悟

算法将在屏幕上显示所有解。如果 n 比较大,则解的个数较多,在屏幕显示所有解不太实用。可改成一次在屏幕上显示指定个数的解,用户可选择继续显示后面的解或中断显示,同时还可将所有解存储在一个文本文件中。

程序设计的目的是为用户服务,因此应全面考虑在各种情况下都能有良好的操作性与实用性。实际上,程序设计是一个无止境的工作,永远都可加以改进或提高。设计程序不应完成任务就了事,而应心中永远装着用户,要有较高的境界,将工作上升为享受是一种乐趣,这样才能算得上是合格的程序设计工作者。

第 3 部分

课 程 设 计

课程设计是学习数据结构与算法的一个重要环节，读者通过课程设计的综合训练，可以在学习理论知识的同时进一步提高对实际问题的分析、编程和动手能力，强化综合应用能力，扩充知识，开阔视野。

本书课程设计部分共有 11 个项目，难易程度不同，简单的项目可以一个人单独完成，复杂的项目可由几个人共同完成。每个设计项目都给出了分析与实现方法，还给出了一些改进建议，读者可以在完成基本任务的前提下，对程序加以改进和提高。

项目 1　算术表达式求值

一、问题描述

从键盘上输入中缀算术表达式,包括括号,计算出表达式的值。

二、基本要求

(1) 程序能对所输入的表达式作简单的判断,如表达式有错,能给出适当的提示。

(2) 能处理单目运算符:＋,－。

三、工具及准备工作

在开始实验前,应回顾或复习相关的内容。

需要一台计算机,其中安装有 Visual C＋＋ 6.0、Visual C＋＋ 2017、Dev-C＋＋ 或 CodeBlocks 等集成开发环境软件。

四、分析与实现

对于中缀表达式,一般运算规则如下:

(1) 先乘方,再乘除,最后加减;

(2) 同级运算从左算到右;

(3) 先括号内,再括号外。

根据实践经验,可以对运算符设置统一的优先级,从而方便比较。表 3.1.1 给出了包括加、减、乘、除、求余、左括号、右括号和分界符的优先级。

表 3.1.1　各种运算符优先级

运算符	＝	( )	＋和－	＊ 、/和％	＾
优先级	1	2	3	4	5

上面讨论的＋、－为双目运算符,如为单目运算符,编程实现时,可在前面加上 0 而转化为双目运算符。如在＋、－的前一个字符为' ＝'或' (',则为单目运算符。

具体实现算法时,可设置两个工作栈:一个为操作符栈 optr (operator);另一个为操作数栈 opnd(operand)。算法基本思路如下:

(1) 将 optr 栈和 opnd 栈清空,在 optr 栈中加入一个'＝' 。

(2) 从输入流获取一字符 ch,循环执行(3)~(5)直到求出表达式的值为止。

(3) 取出 optr 的栈顶 optrTop,当 optrTop ＝ '＝' 且 ch ＝ '＝' 时,整个表达式求值完毕,这时 opnd 栈的栈顶元素为表达式的值。

(4) 若 ch 不是操作符,则将字符放回输入流(cin.putback),读操作数 operand;将 operand 加入 opnd 栈,读入下一字符 ch。

(5) 若 ch 是操作符,按如下方式进行处理:

① 如果 ch 为单目运算符,则在 ch 前面加上操作数 0,也就是将 0 入 opnd 栈。

② 如果 optrTop 与 ch 不匹配,例如 optrTop＝ ')'且 ch＝ '(',显示错误信息。

③ 如果 optrTop = '(' 且 ch = ')'，则从 optr 栈退出栈顶的'('，去括号，然后从输入流中读入字符并送入 ch。

④ 如果 ch = '('或 optrTop 比 ch 的优先级低，则 ch 入 optr 栈，从输入流中取下一字符 ch。

⑤ 如果 optrTop 的优先级大于或等于 ch 的优先级，则从 opnd 栈退出 left 和 right，从 optr 栈退出 theta，形成运算指令 (left) theta (right)，结果入 opnd 栈。

下面，通过模拟一个简单的计算器来进行＋、－、＊、/、％、＾（乘方）运算，接受用户输入的表达式，计算表达式的值都包含在一个计算器类模板 Calculator 中。Calculator 类模板声明如下：

```
// 计算器类模板
template<class ElemType>
class MyCalculator
{
private:
    // 计算器的数据成员
    LinkStack<ElemType>opnd;                              // 操作数栈
    LinkStack<char>optr;                                  // 操作符栈

// 辅助函数模板
    int OperPrior(char op);                               // 操作符优先级
    void Get2Operands(ElemType &left, ElemType &right);   // 从栈 opnd 中退出两个操作数
    ElemType Operate(ElemType left, char op, ElemType right);
                                                          // 执行运算 left op right
    bool IsOperator(char ch);                             // 判断 ch 是否为操作符

public:
// 计算器类方法声明
    MyCalculator(){};                                     // 无参数的构造函数模板
    virtual ～MyCalculator(){};                           // 析构函数模板
    void Run();                                           // 运算表达式
};
```

类中辅助函数模板都比较简单，此处不给出具体的实现了，方法 Run()按上面的算法思路实现如下：

```
template<class ElemType>
void MyCalculator<ElemType>:: Run()
// 操作结果: 运算表达式
{
    optr.Clear();opnd.Clear();                    // 清空 optr 栈与 opnd 栈
    optr.Push('=');                               // 在 optr 栈中加入一个'='
    char ch;                                      // 临时字符
    char priorChar;            // 当前输入的前一个字符,如不为操作符,则令其值为'0'
    char optrTop;                                 // optr 栈的栈顶字符
```

```
ElemType operand;                                          // 操作数
char op;                                                   // 操作符

priorChar = '=';                                           // 前一字符
cin >> ch;                                                 // 读入一个字符
if (!optr.Top(optrTop)) { cout << "表达式有错!" << endl; exit(5); }
                                                           // 取出 optr 栈的栈顶出现异常
while (optrTop != '=' || ch != '=')
{   // 当前表达式还未运算结束, 继续运算
    if (isdigit(ch) || ch == '.')
    {   // ch 为一个操作数的第 1 个字符
        cin.putback(ch);                                   // 将字符 ch 放回输入流
        cin >> operand;                                    // 读入操作数
        opnd.Push(operand);                                // 操作数入 opnd 栈
        priorChar = '0';                   // 前一字符不是操作符, 规定前一字符为'0'
        cin >> ch;                                         // 读入下一个字符
    }
    else if(!IsOperator(ch))
    {   // 既不是操作符,也不属于操作数
        cout << "表达式有错!" << endl; exit(5);            // 出现异常
    }
    else
    {   // ch 为操作符
        if ((priorChar == '=' || priorChar == '(') && (ch == '+' || ch == '-'))
        {
            opnd.Push(0);                      // ch 为单目运算符+-, 在其前面加上操作数 0
            priorChar = '0';                   //在其前面加上操作数 0,'0'作为前一字符
        }
        if (optrTop == ')' && ch == '(' || optrTop == '(' && ch == '=' || optrTop =
        = '=' && ch == ')')
        {
            cout << "表达式有错!" << endl; exit(6);       // 出现异常
        }
        else if (optrTop == '(' && ch == ')')
        {   // 去括号
            if (!optr.Pop(optrTop)) { cout << "表达式有错!" << endl; exit(7); }
                                                           // 出现异常
            cin >> ch;                                     // 读入新字符
            priorChar = ')';                               // 新的前一字符为)
        }
        else if (ch == '(' || OperPrior(optrTop) < OperPrior(ch))
        {   // optrTop 为(,或 optrTop 比 ch 的优先级低
            optr.Push(ch);                                 // ch 入 optr 栈
            priorChar = ch;                                // 新的前一字符为 ch
            cin >> ch;                                     // 读入新字符
```

```
        }
    else
    {     // optrTop 的大于或等于 ch 的优先级
        if (!optr.Pop(op)) { cout <<"表达式有错!" <<endl; exit(8); }
                                        // 出现异常
        ElemType left, right;           // 操作数
        Get2Operands(left, right);      // 从 opnd 栈中取操作数
        opnd.Push(Operate(left, op, right));     // 运算结果入 opnd 栈
    }
    }
    if (!optr.Top(optrTop)) { cout <<"表达式有错!" <<endl; exit(9); }
                                        // 取 optr 栈顶出现异常
}
if (!opnd.Top(operand)) { cout <<"表达式有错!" <<endl; exit(10); }   //出现异常
cout <<operand <<endl;                  // 显示表达式的值
};
```

五、测试与结论

测试时,应注意尽量覆盖算法的各种情况,屏幕显示参考如下:

输入表达式:
-2 * (3+5)+2^3/4=
-14
是否继续(y/ n)?y
输入表达式:
2^4/8- (+2+8)%3=
1
是否继续(y/ n)?

从上面的屏幕显示,可知本程序满足课程设计的基本要求。

六、思考与感悟

在运行程序时,如果连续输入几个操作数,则前几个操作数不起作用,只有最后一个操作数参与运算,如下所示:

输入表达式:
2 3 5 +6 =
11
是否继续(y/ n)?

读者可对上面的情况加以判断,并显示适当信息。

读者还可先将中缀表达式转化为后缀表达式,然后再用后缀表达式进行计算。

表达式求值是编译系统中要解决的基本问题,是栈的典型应用。读者只有通过上机实现,才能提高对应用软件甚至系统软件的领悟。按同样的思路,读者在学编译原理时,最好自己开发一个简单的编译器;在学操作系统原理时,最好实现一个简化版的操作系统。

项目 2　停车场管理系统

一、问题描述

假设停车场只有一个可停放几辆汽车的狭长通道,且只有一个大门可供汽车进出。汽车在停车场内按车辆到达的先后顺序依次排列,如果车场内已停满汽车,则后来的汽车只能在门外的便道上等候,一旦停车场内有车开走,排在便道上的第一辆车即可进入;当停车场内某辆车要离开时,在它之后开入的车辆必须先退出场为它让路,待该车辆开出大门后,为它让路的车辆再按原次序进入车场。每辆汽车在离开时,都要依据停留时间交费(从进入便道开始计时)。在这里假设汽车从便道上开走时不收取任何费用,试设计这样一个停车场管理系统。

二、基本要求

(1) 汽车的输入信息格式为(汽车牌照号码,到达或离去的时刻)。

(2) 对于不合理的输入信息应提供适当的提示信息,要求离开的汽车没在停车场或便道时可显示"此车未在停车场或便道上"。

三、工具及准备工作

在开始实验前,应回顾或复习相关的内容。

需要一台计算机,其中安装有 Visual C++ 6.0、Visual C++ 2017、Dev-C++ 或 CodeBlocks 等集成开发环境软件。

四、分析与实现

在车辆信息中应包含车辆编号和到达/离开时间,具体声明如下:

```
struct VehicleType
{   // 车辆类型
    unsigned int num;                        // 车辆编号
    unsigned int time;                       // 到达/离开时间
};
```

由于停车场只有一个大门,可将停车场的停车道定义成栈,根据便道的特点,可以定义为一个线性表,声明停车场类如下:

```
// 停车场类
class StoppingPlace
{
private:
// 停车场类的数据成员
    LinkStack<VehicleType> * pStopPath;        // 停车场的停车道
    LinkList<VehicleType> * pShortcutPath;      // 便道
    int maxNumOfStopVehicle;                   // 停车场的停车道停放车辆的最大数
    int rate;                                  // 停单位时间的收费值
```

```
// 辅助函数
    bool ExistVehicleInStopPath(const VehicleType &vehicle) const;
        // 停车场的停车道中是否存在车辆 vehicle
    int LocateInShortcutPath(const VehicleType &vehicle) const;
        // 在便道中查找车辆 vehicle 的位置

public:
// 方法声明及重载编译系统默认方法声明
    StoppingPlace(int n, int r);                        // 构造函数
    virtual ～StoppingPlace();                          // 析构函数
    void DisplayStatus() const;                         // 显示停车道与便道中车辆状态
    void Arrive(const VehicleType &vehicle);            // 处理车辆到达的情形
    void Leave(const VehicleType &vehicle);             // 处理车辆离开的情形
};
```

实现方便起见,声明了辅助函数 ExistVehicleInStopPath()用于确定车辆 vehicle 是否在停车道中,在实现时利用一个临时栈,将停车场中的车辆依次移出停车场,存放在临时栈中,直接查找车辆 vehicle,或停车场中所有车辆都存放在临时栈中为止,然后再将临时栈中的车辆重回到停车道中,具体实现如下:

```
bool StoppingPlace:: ExistVehicleInStopPath(const VehicleType &vehicle) const
// 操作结果: 停车场的停车道中是否存在车辆 vehicle
{
    VehicleType ve;                                     // 临时元素
    LinkStack<VehicleType>temS;                         // 临时栈
    bool found = false;                                 // 表示是否找到车辆

    while (!pStopPath->Empty() && !found)
    {   // 检查停车场的停车道的车辆
        pStopPath->Pop(ve);                             // 车辆出栈
        temS.Push(ve);                                  // 车辆入临时栈
        if (vehicle.num == ve.num)
        {   // 已找到车辆
            found = true;
        }
    }
    while (!temS.Empty())
    {   // 将临时栈中的车辆送回停车道 pStopPath
        temS.Pop(ve);                                   // 车辆出栈
        pStopPath->Push(ve);                            // 车辆入栈
    }

    return found;
}
```

停车场类 StoppingPlace 中还声明了辅助函数 LocateInpShortcutPath(),用于返回在

便道中查找车辆 vehicle 的位置,如车辆 vehicle 没有在便道中,则返回 0,具体实现如下:

```
int StoppingPlace:: LocateInShortcutPath(const VehicleType &vehicle) const
// 操作结果: 在便道中查找车辆 vehicle 的位置, 查找成功, 返回正数, 否则返回 0
{
    VehicleType ve;                             // 临时元素

    for (int pos =1; pos <=pShortcutPath->Length(); pos++)
    {   // 查找在便道中的车辆
        pShortcutPath->GetElem(pos, ve);        // 取出车辆
        if (vehicle.num ==ve.num)
        {   // 已找到车辆
            return pos;                         // 返回车辆位置
        }
    }

    return 0;                                   // 查找失败
}
```

方法 DisplayStatus() 用于显示停车场与便道中车辆状态,比较简单的实现方式是依次遍历停车道与便道,在遍历时显示车辆信息即可,具体实现如下:

```
void StoppingPlace:: DisplayStatus() const
// 操作结果: 显示停车道与便道中车辆状态
{
    cout <<"停车道中的车辆: ";
    pStopPath->Traverse(Show);
    cout <<endl;

    cout <<"便道中的车辆: ";
    pShortcutPath->Traverse(Show);
    cout <<endl <<endl;
}
```

上面程序中的 Show 是一个辅助函数模板,用于显示数据元素,具体定义如下:

```
template <class ElemType>
void Show(const ElemType &e)
// 操作结果: 显示数据元素
{
    cout <<e <<" ";
}
```

方法 Arrive() 处理车辆到达的情形,如停车道有停车位,则进停车道栈,否则进入便道线性表,具体实现如下:

```
void StoppingPlace:: Arrive(const VehicleType &vehicle)
// 操作结果: 处理车辆到达的情形
```

```cpp
{
    if (pStopPath->Length() <maxNumOfStopVehicle)
    {   // 停车场未满
        pStopPath->Push(vehicle);                        // 车辆进入停车场的停车道
    }
    else
    {   // 停车场已满
        pShortcutPath->Insert(pShortcutPath->Length() +1, vehicle);
            // 车辆进入便道
    }
}
```

方法 Leave()处理车辆离开的情形,如果车辆在停车道中,则从停车道开走车辆,如这时便道中有车辆,则将便道中最前面的车辆开入停车道,并显示车辆与停车费信息;如果车辆在便道中,则从便道中开走车辆,显示车辆信息,具体实现如下:

```cpp
void StoppingPlace:: Leave(const VehicleType &vehicle)
// 操作结果: 处理车辆离开的情形
{
    LinkStack<VehicleType>temS;                        // 临时栈
    VehicleType ve;                                    // 临时元素

    if (ExistVehicleInStopPath(vehicle))
    {   // 车辆在停车道中
        for (pStopPath->Pop(ve); vehicle.num !=ve.num; pStopPath->Pop(ve))
        {   // 在停车道中查找车辆
            temS.Push(ve);                            // 车辆入栈
        }
        cout <<"在停车道中存在编号为" <<vehicle.num <<"的车辆" <<endl;
        cout <<"此车将离开, 应收停车费" << (vehicle.time -ve.time) * rate <<"元." <
        <endl;
        while (!temS.Empty())
        {   // 将临时栈中的车辆送回停车道 pStopPath
            temS.Pop(ve);                            // 车辆出栈
            pStopPath->Push(ve);                      // 车辆入栈
        }
        if (!pShortcutPath->Empty())
        {   // 便道中有车辆
            pShortcutPath->Delete(1, ve);            // 取出便道中的第 1 辆车
            pStopPath->Push(ve);                      // 将此车放到停车道中
        }
    }
    else if (LocateInShortcutPath(vehicle) !=0)
    {   // 车辆在便道中
        int pos =LocateInShortcutPath(vehicle); // 车辆在便道中的位置
        cout <<"在便道中存在编号为" <<vehicle.num <<"的车辆" <<endl;
```

```
        cout <<"此车将离开,不收停车费." <<endl;
        pShortcutPath->Delete(pos, ve);              // 在便道中开走车辆
    }
    else
    {    // 在停车道与便道中无车辆 vehicle
        cout <<"在停车道与便道中不存在编号为" <<vehicle.num <<"的车辆" <<endl;
    }
}
```

五、测试与结论

测试时,应注意尽量覆盖算法的各种情况,屏幕显示参考如下:

输入停车道停止车辆的最大数与停单位时间的收费值: 3　2

1. 车辆到达

2. 车辆离开

3. 显示状态

4. 结束

选择功能:

1

输入车辆编号与到达时间: 1　2

1. 车辆到达

2. 车辆离开

3. 显示状态

4. 结束

选择功能:

1

输入车辆编号与到达时间: 2　3

1. 车辆到达

2. 车辆离开

3. 显示状态

4. 结束

选择功能:

1

输入车辆编号与到达时间: 3　6

1. 车辆到达

2. 车辆离开

3. 显示状态

4. 结束

选择功能:

3

停车道中的车辆: (1,2)　(2,3)　(3,6)

便道中的车辆:

1. 车辆到达

2. 车辆离开

3. 显示状态

4．结束

选择功能：

1

输入车辆编号与到达时间：4　9

1．车辆到达

2．车辆离开

3．显示状态

4．结束

选择功能：

3

停车道中的车辆：(1,2)　(2,3)　(3,6)

便道中的车辆：(4,9)

1．车辆到达

2．车辆离开

3．显示状态

4．结束

选择功能：

2

输入车辆编号与离开时间：2　10

在停车道中存在编号为2的车辆

此车将离开，应收停车费14元．

1．车辆到达

2．车辆离开

3．显示状态

4．结束

选择功能：

3

停车道中的车辆：(1,2)　(3,6)　(4,9)

便道中的车辆：

1．车辆到达

2．车辆离开

3．显示状态

4．结束

选择功能：

……

从上面的屏幕显示，可知本程序满足课程设计的基本要求。

六、思考与感悟

在本算法中，当车辆从停车道中离开时，都要依据停留时间交费（从进入便道开始计时），车辆在便道中与停车道中的停车时间都按同样的收费率进行收费。读者最好将算法改进为车辆在便道与停车道中的停车时间按不同的收费率进行收费，这样更接近现实。

本课程设计中停车道中的某辆车要离开时，在它之后开入的车辆必须先退出停车场为它让路，待该车辆开出大门后，为它让路的车辆再按原次序进入车场。在现实中，在停车场中没离开的车辆的车主可能不在停车场,这时停车场的工作人员无法移动这些车辆,所以本课程设计只能说是一个虚拟的项目。当然也可假设是一个现代化的停车场,每个停车位都是活动的,停车场的工作人员可随时调度停车道中的停车位移出或移入停车场的大门。

有许多学生可能会埋怨没机会做具体项目,教材的练习题又太简单,学生时代就在一路埋怨中度过。实际上,处处留心皆学问,没实际项目,可虚设项目进行练习,这样才不至于当有机会开发实际项目时,感到自己什么都不太会,以至丢掉一个又一个的机会。

项目 3　电话客户服务模拟器

一、问题描述

一个模拟时钟提供接听电话服务的时间(精确到分钟),然后这个时钟将循环地自增 1 (分钟),直到到达指定时间为止。在时钟的每个"时刻",就会执行一次检查来看看对当前电话的服务是否已经完成了。如果是,这个电话从电话队列中删除,模拟服务将从队列中取出下一个电话(如果有的话)继续开始。同时还需要执行一个检查来判断是否有一个新的电话到达。如果是,其到达时间被记录下来,并为其产生一个随机服务时间,这个服务时间也被记录下来,然后这个电话被放入电话队列中,当客服人员空闲时,按照先来先服务的方式处理这个队列。当时钟到达指定时间时,不会再接听新电话,但是服务将继续,直到队列中所有电话都得到处理为止。

二、基本要求

(1) 程序需要的初始数据包括客服人员的人数、时间限制、电话的到达速率、平均服务时间。

(2) 程序产生的结果包括处理的电话数、每个电话的平均等待时间。

三、工具及准备工作

在开始实验前,应回顾或复习相关的内容。

需要一台计算机,其中安装有 Visual C++ 6.0、Visual C++ 2017、Dev-C++ 或 CodeBlocks 等集成开发环境软件。

四、分析与实现

由于要计算客户的等待时间,并且每个客户都有接受服务所需的时间,为实现这些功能,对客户加上当前接受服务的时间。具体客户结构类型如下:

```
// 客户类型
struct CustomerType
{
    unsigned int arrivalTime;              // 客户到达时刻
    unsigned int duration;                 // 客户接受服务所需的时间
    unsigned int curServiceTime;           // 当前接受服务的时间
};
```

为了模拟计时,本项目在电话客户服务模拟类中增加表示当前时间的变量 curTime,此处时间单位为分钟。为更好地模拟,使用泊松随机数;为模拟客户随机打进电话,需要知道客户到达率(平均每分钟打进电话人数);为模拟客户接受服务的时间,需要知道平均服务时间。具体电话客户服务模拟类声明如下:

```
// 电话客户服务模拟类
class CallSimulation
{
```

```
private:
// 电话客户服务模拟类的数据成员
    LinkQueue<CustomerType> * callsWaitingQueue;// 客服电话等待队列
    CustomerType * customerServed;                // 客服人员正在服务的客户
    int curTime;                                  // 当前时间
    int totalWaitingTime;                         // 总等待时间
    int numOfCalls;                               // 处理的电话数
    int numOfCustomerServiceStaffs;               // 客服人员的人数
    int limitTime;                                // 时间限制(不再接受更多电话)
    double arrivalRate;                           // 客户到达率
    int averageServiceTime;                       // 平均服务时间

// 辅助函数
    void Service();                               // 服务当前电话(如果有电话)
    void CheckForNewCall();            // 检查是否有新电话,如果有,则将电话添加到电话队列
    void Display();                               // 显示模拟结果
    int GetNumOfWaitingCall();                    // 得到电话队列中等待的电话数
    int MinLengthCallsWaitingQueue();             // 最短客服电话等待队列
    int MaxLengthCallsWaitingQueue();             // 最长客服电话等待队列

public:
// 电话客户服务模拟类方法声明
    CallSimulation();                             // 无参数的构造函数
    virtual ～CallSimulation();                   // 析构函数
    void Run();                                   // 模拟电话客户服务
};
```

　　类 CallSimulation 的构造函数初始化实施模拟与报告结果所需的数据成员,并且还用随机函数生成函数的随机数种子(本质上是通过 time(NULL)得到当前系统时钟的时间来完成的)。构造函数的源代码如下:

```
CallSimulation:: CallSimulation()
// 操作结果:初始化数据成员
{
    // 初始化数据成员
    curTime = 0;                                  // 当前时间初值为 0
    totalWaitingTime = 0;                         // 总等待时间初值为 0
    numOfCalls = 0;                               // 处理的电话数初值为 0

    // 获得模拟参数
    cout << "输入客服人员的人数: ";
    cin >> numOfCustomerServiceStaffs;            // 输入客服人员的人数
    cout << "输入时间限制: ";
    cin >> limitTime;                             // 不再接受新电话的时间
    int callsPerHour;                             // 每小时电话数
    cout << "输入每小时电话数: ";
```

```
    cin >> callsPerHour;                                    // 输入每小时电话数
    arrivalRate = callsPerHour / 60.0;                      // 转换为每分钟电话数
    cout << "输入平均服务时间: ";
    cin >> averageServiceTime;                              // 输入平均服务时间


    // 分配动态存储空间
    callsWaitingQueue = new LinkQueue<CustomerType>[numOfCustomerService-
        Staffs];                                            // 为客服电话等待队列数组分配存储空间

    customerServed = new CustomerType[numOfCustomerServiceStaffs];
        // 为客服人员正在服务的客户分配存储空间

    // 初始化客服人员正在服务的客户
    for (int i = 0; i < numOfCustomerServiceStaffs; i++)
    {   // 初始化每个客服人员正在服务的客户
        customerServed[i].curServiceTime = customerServed[i].duration = 0;
                                                            // 表示还没人接受服务
    }

    // 设置随机数种子
    srand((unsigned) time(NULL));                           // 设置当前时间为随机数种子
}
```

类 CallSimulation 的 Service() 辅助函数为客户服务人员服务当前的客户,如果当前客户接受服务的时间还未到达客户接受服务所需的时间,则继续为客户提供服务,否则如有客户在等待服务,则从等待队列中取出新客户进行服务,并更新总客户等待时间。具体实现如下:

```
void CallSimulation :: Service()
// 操作结果: 服务当前电话(如果有电话)
{
    for (int i = 0; i < numOfCustomerServiceStaffs; i++)
    {   // 处理每个客服工作人员提供的服务
        if (customerServed[i].curServiceTime < customerServed[i].duration)
        {   // 未到达客户接受服务所需的时间, 正在为客户提供服务
            customerServed[i].curServiceTime++; // 增加客户接受服务时间
        }
        else
        {   // 已到达客户接受服务所需的时间, 为下一客户提供服务
            if (!callsWaitingQueue[i].Empty())
            {   // 有客户在等待
                callsWaitingQueue[i].OutQueue(customerServed[i]);
                    // 从等待队列中取出新客户进行服务
                totalWaitingTime += curTime - customerServed[i].arrivalTime;
                                                    // 更新总等待时间
```

```
            }
        }
    }
}
```

类 CallSimulation 的 CheckForNewCall( )辅助函数用于生成当前时间打进电话的人数,对每个打进电话的客户,将其插入最短的客服电话等待队列中,具体实现如下:

```
void CallSimulation:: CheckForNewCall()
// 操作结果: 检查是否有新电话,如果有,则将电话添加到电话队列
{
    int calls =GetPoissionRand(arrivalRate);      // 当前时间打进电话的人数

    for (int i =1; i <=calls; i++)
    {   // 第 i 个电话
        CustomerType customer;                      // 客户
        customer.arrivalTime =curTime;              // 客户到达时间
        customer.duration =GetPoissionRand(averageServiceTime);
                                                    // 客户接受服务所需的时间
        customer.curServiceTime =0;                 // 当前接受服务的时间
        int pos =MinLengthCallsWaitingQueue();      // 最短客服电话等待队列的位置
        callsWaitingQueue[pos].InQueue(customer);   // 客户入等待队列
        numOfCalls++;                               // 处理的电话数
    }
}
```

类 CallSimulation 的 Display( )辅助函数用于在模拟的最后显示处理的总电话数和每个电话的平均等待时间,具体实现如下:

```
void CallSimulation:: Display()
// 操作结果: 显示模拟结果
{
    cout << "处理的总电话数: " << numOfCalls << endl;
    cout << "平均等待时间: " << (double)totalWaitingTime / numOfCalls << endl
        << endl;
}
```

类 CallSimulation 的 Run( )方法实现模拟电话客户服务,当未到达时间限制时,首先检查是否有新电话,如果有,则将电话添加到电话队列,然后客户服务人员再对当前客户进行服务,最后增加时间;当已到达时间限制时,不再检查是否有新电话,但客户服务人员还要对当前客户进行服务,并增加时间,具体实现如下:

```
void CallSimulation:: Run()
// 操作结果: 模拟电话客户服务
{
    while (curTime <limitTime)
    {   // 未到达时间限制,可检查新电话
```

```
        CheckForNewCall();                    // 检查是否有新电话,如果有,则将电话添加到电话队列
        Service();                            // 进行服务
        curTime++;                            // 增加时间
    }

    while (callsWaitingQueue[MaxLengthCallsWaitingQueue()].Length() >0)
    {   // 在电话等待队列中还有客户在等待服务
        Service();                            // 进行服务
        curTime++;                            // 增加时间
    }

    Display();                                // 显示模拟结果
}
```

五、测试与结论

测试时,假设时间限制为 600(分钟),每小时电话数为 60,平均服务时间为 1(分钟),对不同客服人员人数进行模拟如下:

输入客服人员的人数:1
输入时间限制:600
输入每小时电话数:60
输入平均服务时间:1
处理的总电话数:586
平均等待时间:67.5631

是否继续(y/ n)?y
输入客服人员的人数:2
输入时间限制:600
输入每小时电话数:60
输入平均服务时间:1
处理的总电话数:620
平均等待时间:16.5468

是否继续(y/ n)?y
输入客服人员的人数:3
输入时间限制:600
输入每小时电话数:60
输入平均服务时间:1
处理的总电话数:608
平均等待时间:1.06908

是否继续(y/ n)?y
输入客服人员的人数:4
输入时间限制:600
输入每小时电话数:60
输入平均服务时间:1

处理的总电话数：604

平均等待时间：0.604305

是否继续(y/ n)?n

从上面的屏幕显示,可知有 3 个客服人员比较恰当。

六、思考与感悟

在类 CallSimulation 中,每个客服工作人员都有一个客服电话等待队列,也可使所有客服工作人员共享一个客服电话等待队列。这样的算法实现更简捷。读者还可实现具有通用性的排队离散事件类 Simulation,可以有任意数量的工作人员与任意数量的客户等待队列,可指定每个工作人员对应的客户等待队列(比如通过一个数组 map[]实现对应关系)。

将解决特殊问题的方法推广为通用的解决一般问题的算法,不但能加深对算法的理解,也能为将来开发通用行业软件打下坚实的基础。

项目4   简单文本编辑器

一、问题描述

设计一个文本编辑器,允许将文件读到内存中,也就是存储在一个缓冲区中。这个缓冲区将作为一个类的内嵌对象实现。缓冲区中的每行文本是一个字符串,将每行存储在一个双向链表的节点中,设计在缓冲区中的行上的种种操作和在单个行中字符上执行的字符串操作的编辑命令。

二、基本要求

(1) 文本编辑器至少包含如下命令列表,这些命令可用大写或小写字母输入。

R:读取文本文件到缓冲区中,缓冲区中以前的任何内容将丢失,当前行是文件的第一行。

W:将缓冲区的内容写入文本文件,当前行或缓冲区均不改变。

I:插入单个新行,用户必须在恰当的提示符的响应中输入新行并提供其行号。

D:删除当前行并移到下一行。

F:可以从第1行开始或从当前行开始,查找包含有用户请求的目标串的第一行。

C:将用户请求的字符串修改成用户请求的替换文本,可选择是仅在当前行中有效还是对全文有效。

Q:退出编辑器,立即结束。

H:显示解释所有命令的帮助消息,程序也接受"?"作为 H 的替代者。

N:当前行移到下一行,也就是在缓冲区中进一行。

P:当前行移到上一行,也就是在缓冲区中退一行。

B:当前行移到开始处,也就是移到缓冲区的第一行。

E:当前行移到结束处,也就是移到缓冲区的最后一行。

G:当前行移到缓冲区中用户指定的行号。

V:查看缓冲区的全部内容,打印到终端上。

(2) 如能力与时间许可,可提供撤销操作,也就是回到上一步操作之前的状态。

三、工具及准备工作

在开始实验前,应回顾或复习相关的内容。

需要一台计算机,其中安装有 Visual C++ 6.0、Visual C++ 2017、Dev-C++ 或 CodeBlocks 等集成开发环境软件。

四、分析与实现

文本编辑器允许将文件读到内存中,即存储在一个缓冲区中。文本的每行文本是一个字符串,每行存储在一个双向链表的节点中,也就是用双向链表作为缓冲区,用 textBuffer 作为文本缓存。由于要做撤销操作,不妨用 textUndoBuffer 存储操作前的文本缓存,我们将设计在缓冲区中的行上执行操作和在单个行中的字符上执行字符串操作的编辑命令,不妨将文本编辑类称为 LineEditor。LineEditor 类的声明如下:

```
// 文本编辑类
class LineEditor
{
private:
// 文本编辑类的数据成员
    DblLinkList<CharString>textBuffer;                // 文本缓存
    int curLineNo;                                     // 当前行号
    DblLinkList<CharString>textUndoBuffer;            // 用于恢复的文本缓存
    int curUndoLineNo;                                // 用于恢复的当前行号
    ifstream inFile;                                  // 输入文件
    ofstream outFile;                                 // 输出文件

// 辅助函数
    bool UserSaysYes();                               // 用户肯定回答(yes)还是否定回答(no)
    bool NextLine();                                  // 转到下一行
    bool PreviousLine();                              // 转到前一行
    bool GotoLine();                                  // 转到指定行
    bool InsertLine();                                // 插入一行
    void ChangeLine();                                // 替换当前行或所有行的指定文本串
    void ReadFile();                                  // 读入文本文件
    void WriteFile();                                 // 写文本文件
    void FindString();                                // 查找串

public:
// 方法声明
    LineEditor(char infName[], char outfName[]);      // 构造函数
    void Run();                                       // 运行文本编辑器
};
```

为方便起见，专门定义了辅助函数模板 Swap()，实现交换两元素，具体定义如下：

```
template <class ElemType >
void Swap(ElemType &e1, ElemType &e2)
// 操作结果: 交换 e1、e2 之值
{
    ElemType temp =e1;e1 =e2; e2 =temp;              // 循环赋值实现交换 e1、e2
}
```

类 LineEditor 的辅助函数 ChangeLine()，用于实现替换当前行或所有行的指定文本串。首先让用户选择是替换当前行还是替换所有行的指定文本串，然后从用户那里获取目标串和替换文本串。在替换某行时，在该行中查找它。如果发现目标，则执行一系列的 CharString 和 C 风格串操作，将目标串从当前行删除并用替换文本串去替换它。具体实现如下：

```
void LineEditor:: ChangeLine()
```

```
// 操作结果: 用户输入指定文本串,在当前行或所有行中用输入的新文本串替换指定文本串
//    替换成功返回 true,否则返回 false
{
    char answer;                                    // 用户回答字符
    bool initialResponse =true;                     // 初始回答

    do
    {   // 循环直到用户输入恰当的回答为止
        if (initialResponse)
        {   // 初始回答
            cout <<"替换当前行 c(urrent)或替换所有行 a(ll): ";
        }
        else
        {   // 非初始回答
            cout <<"用 c 或 a 回答: ";
        }

        cin >>answer;                               // 从输入流跳过空格及制表符获取一字符
        while (cin.get() !='\n');                    // 忽略用户输入的其他字符
        answer =tolower(answer);                     // 转换为小写字母
        initialResponse =false;
    } while (answer !='c' && answer !='a');

    cout <<" 输入要被替换的指定文本串: ";
    CharString strOld =Read(cin);          // 旧串
    cout <<" 输入新文本串: ";
    CharString strNew =Read(cin);          // 新串

    for (int row =1; row <=textBuffer.Length(); row++)
    {
        if (answer =='c' && row !=curLineNo)
        {   // 只替换当前行,row 不为当前行
            continue;                       // 进入下一趟循环
        }

        CharString strRow;                  // 行
        textBuffer.GetElem(row, strRow);    // 取出行
        int index =Index(strRow, strOld);   // 在当前行中查找旧文本
        if (index !=-1)
        {   // 模式匹配成功
            CharString newLine;             // 新行
            Copy(newLine, strRow, index);   // 复制指定文本前的串
            Concat(newLine, strNew);        // 连接新文本串
            const char * oldLine =strRow.ToCStr();  // 旧行
            Concat(newLine, (CharString)(oldLine +index +strlen(strOld.ToCStr())));
```

```
            // 连接指定文本串后的串,oldLine +index +strlen(oldText.CStr())用于
            // 临时指针,计算一个指向紧跟在被替换字符串后的字符,然后将 C 风格串转换
            // 成 CharString,并被连接到 newline 的后面。
            textBuffer.SetElem(row, newLine);// 设置当前行新串
        }
    }
}
```

类 LineEditor 的辅助函数 FindString( ),将实现从当前行或第 1 行开始查找包含有用户指定的目标文本串的行。首先让用户选择是从当前行开始还是第 1 行开始查找,然后使用 CharString( )函数 Index 检查要查找的行是否包含目标。若目标没有出现在当前行中,那么查找缓冲区中的剩余部分。一旦发现了目标,则突出显示所找到的行,此时它成为当前行,并同时用一系列的上箭头(^)指示目标在行中出现的位置。具体实现如下:

```
void LineEditor:: FindString()
// 操作结果: 从当前行或第 1 行开始查找指定文本
{
    char answer;                              // 用户回答字符
    bool initialResponse =true;               // 初始回答

    do
    {   // 循环直到用户输入恰当的回答为止
        if (initialResponse)
        {   // 初始回答
            cout << "从第 1 行开始 f(irst)或从当前行开始 c(urrent): ";
        }
        else
        {   // 非初始回答
            cout << "用 f 或 c 回答: ";
        }

        cin >>answer;                          // 从输入流跳过空格及制表符获取一字符
        while (cin.get() != '\n');             // 忽略用户输入的其他字符
        answer =tolower(answer);               // 转换为小写字母
        initialResponse =false;
    } while (answer != 'f' && answer != 'c');
    if (answer == 'f') curLineNo =1;           // 从第 1 行开始

    int index;
    cout << "输入被查找的文本串: ";
    CharString searchString =Read(cin);        // 输入查找文本串
    CharString curLine;                        // 当前行
    textBuffer.GetElem(curLineNo, curLine);    // 取出当前行
```

```
    while ((index =Index(curLine, searchString)) ==-1)
    {    // 查找指定文本串
        if (curLineNo <textBuffer.Length())
        {    // 查找下一行
            curLineNo++;                          // 下一行
            textBuffer.GetElem(curLineNo, curLine);   // 取出下一行
        }
        else
        {    // 已查找完所有行
            break;
        }
    }

    if (index ==-1)
    {    // 查找失败
        cout <<"查找串失败.";
    }
    else
    {    // 查找成功
        cout <<curLine.ToCStr() <<endl;       // 显示行
        for (int i =0; i <index; i++)
        {    // 在查找串前的位置显行空格
            cout <<" ";
        }
        for (int j =0; j <(int)strlen(searchString.ToCStr()); j++)
        {    // 在查找串前的位置显示
            cout <<"^";
        }
    }
    cout <<endl;
}
```

类 LineEditor 的方式 Run()用于运行文本编辑器。首先让用户输入操作命令,然后根据所输入的命令做相应的操作,直到输入 q 或 Q 命令退出为止。具体实现如下:

```
void LineEditor:: Run()
// 操作结果: 运行文本编辑器
{
    char userCommand;                          // 用户命令

    do
    {
        CharString tempString;                 // 临时串
        CharString curLine;                    // 当前行

        if (curLineNo !=0)
```

```
{    // 存在当前行
    textBuffer.GetElem(curLineNo, curLine);    // 取出当前行
    cout <<curLineNo <<" : "                     // 显示行号
        <<curLine.ToCStr() <<endl <<"?";        // 显示当前行及问号?
}
else
{    // 不存在当前行
    cout <<"文件缓存空" <<endl <<"?";
}

cin >>userCommand;                              // 忽略空格并取得操作命令字符
userCommand =tolower(userCommand);              // 转换为小写字母
while (cin.get() !='\n');                        // 忽略用户输入的其他字符

if (userCommand !='u' && userCommand !='h' &&
    userCommand !='?' && userCommand !='v')
{    // 存储撤销信息
    textUndoBuffer =textBuffer;                 // 用于撤销的缓存
    curUndoLineNo =curLineNo;                    // 用于撤销的行号
}
// 运行操作命令
switch (userCommand)
{
case 'b':    // 转到第 1 行 b(egin)
    if (textBuffer.Empty())
    {    // 文本缓存空
        cout <<" 警告：文本缓存空 " <<endl;
    }
    else
    {    // 文本缓存非空，转到第 1 行
        curLineNo =1;
    }
    break;
case 'c':    // 替换当前行或所有行 c(hange)
    if (textBuffer.Empty())
    {
        cout <<" 警告：文本缓存空" <<endl;
    }
    else
    {    // 替换操作
        ChangeLine();
    }
    break;
case 'd':    // 删除当前行 d(delete)
    if (!textBuffer.Delete(curLineNo, tempString))
```

```cpp
            {   // 删除当前行失败
                cout << " 错误：删除失败 " << endl;
            }
        break;
    case 'e':   // 转到最后一行 e(nd)
        if (textBuffer.Empty())
        {
            cout << " 警告：文本缓存空 " << endl;
        }
        else
        {   // 转到最后一行
            curLineNo = textBuffer.Length();
        }
        break;
    case 'f':   // 从当前行或第 1 行开始查找指定文本 f(ind)
        if (textBuffer.Empty())
        {
            cout << " 警告：文本缓存空 " << endl;
        }
        else
        {   // 从当前行开始查找指定文本
            FindString();
        }
        break;
    case 'g':   // 转到指定行 g(o)
        if (!GotoLine())
        {   // 转到指定行失败
            cout << " 警告：没有那样的行" << endl;
        }
        break;
    case '?':   // 获得帮助?
    case 'h':   // 获得帮助 h(elp)
        cout << "有效命令: b(egin) c(hange) d(el) e(nd) " << endl
             << "f(ind) g(o) h(elp) i(nsert) n(ext) p(rior)" << endl
             << "q(uit) r(ead) u(ndo) v(iew) w(rite) " << endl;
        break;
    case 'i':   // 插入指定行 i(nsert)
        if (!InsertLine())
            cout << " 错误：插入行出错 " << endl;
        break;
    case 'n':   // 转到下一行 n(ext)
        if (!NextLine())
        {   // 无下一行
            cout << " 错误：操作失败" << endl;
        }
```

```cpp
            break;
        case 'p':    // 转到前一行 p(rior)
            if (!PreviousLine())
            {   // 无前一行
                cout << "错误：操作失败" << endl;
            }
            break;
        case 'q':    // 退出 p(uit)
            break;
        case 'r':    // 读入文本文件 r(ead)
            ReadFile();
            break;
        case 'u':    // 撤销上次操作 u(ndo)
            Swap(textUndoBuffer, textBuffer);
                                    // 交换 textUndoBuffer 与 textBuffer
            Swap(curUndoLineNo, curLineNo); // 交换 curUndoLineNo 与 curLineNo
            break;
        case 'v':    // 显示文本 v(iew)
            textBuffer.Traverse(Write);
            break;
        case 'w':    // 写文本缓存到输出文件中 w(rite)
            if (textBuffer.Empty())
            {   // 文本缓存空
                cout << "警告：文本缓存空" << endl;
            }
            else
            {   // 写文本缓存到输出文件中
                WriteFile();
            }
            break;
        default :
            cout << "输入 h 或?获得帮助或输入有效命令字符：\n";
        }
    }
    while (userCommand != 'q');
}
```

　　类 LineEditor 的其他部分与教材提供的类 Editor 的相应部分类似，在此不再加以分析。

五、测试与结论

测试时，主要测试 LineEditor 的新功能，测试界面参考如下：

请输入文件名(默认：file_in.txt)：
请输出文件名(默认：file_out.txt)：
1 : line1

```
?v
line1
line2
line3
1：line1
?c
 替换当前行 c(urrent)或替换所有行 a(ll)：a
输入要被替换的指定文本串：in
输入新文本串：as
1：lase1
?v
lase1
lase2
lase3
1：lase1
?u
1：line1
?v
line1
line2
line3
1：line1
?c
替换当前行 c(urrent)或替换所有行 a(ll)：c
输入要被替换的指定文本串：in
输入新文本串：as
1：lase1
?v
lase1
line2
line3
1：lase1
?n
2：line2
?f
从第 1 行开始 f(irst)或从当前行开始 c(urrent)：c
输入被查找的文本串：as
查找串失败．
3：line3
?f
从第 1 行开始 f(irst)或从当前行开始 c(urrent)：f
输入被查找的文本串：as
lase1
^^
1：lase1
```

```
?h
有效命令：b(egin) c(hange) d(el) e(nd)
f(ind) g(o) h(elp) i(nsert) n(ext) p(rior)
q(uit) r(ead) u(ndo) v(iew) w(rite)
1：lase1
?
...
```

从上面的屏幕显示，可知本程序满足课程设计的基本要求。

六、思考与感悟

程序在运行时，首先建立输入流文件与输出流文件。如果失败将产生异常而退出，读者可改为由用户选择是打开一个已有文件作为输入流文件，还是不打开输入文件而只建立新文件。此外，还可增加由输入的新行去替换（substitute）当前行的功能。当然，读者还可想出其他新功能。

通过不断增加程序功能，相当于不断更新程序（也就是不断进行版本升级），不但能加深对算法的理解，也能为将来设计实际应用程序打下坚实的基础。

项目 5　压 缩 软 件

一、问题描述

设计一个压缩软件，能对输入的任何类型的文件进行哈夫曼编码，产生编码后的文件——压缩文件；也能对输入的压缩文件进行译码，生成压缩前的文件——解压文件。

二、基本要求

要求编码和译码效率尽可能高。

三、工具及准备工作

在开始实验前，应回顾或复习相关的内容。

需要一台计算机，其中安装有 Visual C++ 6.0、Visual C++ 2017、Dev-C++ 或 CodeBlocks 等集成开发环境软件。

四、分析与实现

在哈夫曼树中，叶节点应包含字符及对应权值，而内部节点应含权及指向孩子的指针，因此最好采用异构数据结构方式来表示节点，为此首先声明哈夫曼树节点的抽象基类：

```
// 哈夫曼树节点的抽象基类模板
template <class CharType, class WeightType>
class MyHuffNode
{
public:
// 哈夫曼树节点的方法
    virtual WeightType Weight() = 0;                          // 返回节点的权值
    virtual bool IsLeaf() = 0;                               // 判断节点是否为叶节点
    virtual MyHuffNode<CharType, WeightType> * Left() = 0;  // 返回节点的左孩子
    virtual MyHuffNode<CharType, WeightType> * Right() = 0; // 返回节点的右孩子
    virtual void SetLeft(MyHuffNode<CharType, WeightType> * child) = 0;
        // 设置节点的左孩子
    virtual void SetRight(MyHuffNode<CharType, WeightType> * child) = 0;
        // 设置节点的右孩子
};
```

对于叶节点，数据成员包含字符和权值，具体声明如下：

```
// 哈夫曼树叶节点派生类模板
template <class CharType, class WeightType>
class MyLeafNode : public MyHuffNode<CharType, WeightType>
{
private:
// 哈夫曼树叶节点派生类的数据成员
    CharType cha;                                            // 叶节点包含的字符
    WeightType weight;                                       // 权值
```

```
public:
// 哈夫曼树叶节点方法声明及重载编译系统默认方法声明
    MyLeafNode(const CharType &ch, const WeightType &w);     // 构造函数模板
    virtual ~MyLeafNode(){}                                   // 析构函数模板
    CharType Char();                                          // 返回叶节点的字符
    WeightType Weight();                                      // 返回节点的权值
    bool IsLeaf();                                            // 判断节点是否为叶节点
    MyHuffNode<CharType, WeightType> * Left();                // 返回节点的左孩子
    MyHuffNode<CharType, WeightType> * Right();               // 返回节点的右孩子
    void SetLeft(MyHuffNode<CharType, WeightType> * child){}  // 设置节点的左孩子
    void SetRight(MyHuffNode<CharType, WeightType> * child){} // 设置节点的右孩子
};
```

对于内部节点，应包含指向孩子的指针与权值数据成员，具体声明如下：

```
// 哈夫曼树内部节点派生类模板
template <class CharType, class WeightType>
class MyIntlNode : public MyHuffNode<CharType, WeightType>
{
private:
// 哈夫曼树叶节点派生类模板的数据成员
    MyHuffNode<CharType, WeightType> * lChild;               // 左孩子
    MyHuffNode<CharType, WeightType> * rChild;               // 右孩子
    WeightType weight;                                        // 权值

public:
// 哈夫曼树内部节点方法声明及重载编译系统默认方法声明
    MyIntlNode(const WeightType &w, MyHuffNode<CharType, WeightType> * lc,
        MyHuffNode<CharType, WeightType> * rc);               // 构造函数模板
    virtual ~MyIntlNode(){}                                   // 析构函数模板
    WeightType Weight();                                      // 返回节点的权值
    bool IsLeaf();                                            // 判断节点是否为叶节点
    MyHuffNode<CharType, WeightType> * Left();                // 返回节点的左孩子
    MyHuffNode<CharType, WeightType> * Right();               // 返回节点的右孩子
    void SetLeft(MyHuffNode<CharType, WeightType> * child);  // 设置节点的左孩子
    void SetRight(MyHuffNode<CharType, WeightType> * child); // 设置节点的右孩子
};
```

对于哈夫曼树类，具体声明如下：

```
// 哈夫曼树类模板
template <class CharType, class WeightType>
class MyHuffmanTree
{
protected:
// 哈夫曼树的数据成员
    MyHuffNode<CharType, WeightType> * root;                 // 根
```

```
        CharString * charCodes;                                    // 字符编码信息
        MyHuffNode<CharType, WeightType> * pCurNode;
                                        // 译码时从根节点到叶节点路径的当前节点
        int num;                                                   // 叶节点个数
        unsigned int ( * CharIndex)(const CharType &);             // 字符位置映射

    // 辅助函数模板
        void CreatCode(MyHuffNode<CharType, WeightType> * r, char code[], int len = 0);
            // 生成字符编码
        void Clear(MyHuffNode<CharType, WeightType> * r); // 释放以 r 为根的树所占用空间

    public:
    // 哈夫曼树方法声明及重载编译系统默认方法声明
        MyHuffmanTree(CharType ch[], WeightType w[], int n, unsigned int ( * ChIndex)
            (const CharType &));           // 由字符,权值,字符个数及字符位置映射构造哈夫曼树
        virtual ～MyHuffmanTree();                                  // 析构函数模板
        CharString Encode(CharType ch);                            // 编码
        LinkList<CharType>Decode(CharString strCode);              // 译码
    };
```

将各字符的编码存储在一个数组 charCodes 中,为了能快速找到一个字符的编码,用函数(* CharIndex)()来实现字符位置的映射,由于在节点中没有存储指向双亲的指针,因此不能由叶节点到根节点的路径来求字符编码,只能采用先序遍历二叉树的方式来求各字符的编码方案。具体由辅助函数 CreatCode()实现,代码如下:

```
template <class CharType, class WeightType>
void MyHuffmanTree < CharType, WeightType >:: CreatCode (MyHuffNode < CharType,
WeightType> * r,
    char code[], int len)
// 操作结果: 生成字符编码
{
    if (r->IsLeaf())
    {   // 到达叶节点
        CharType ch = ((MyLeafNode<CharType, WeightType> * )r)->Char();
                                                        // 叶节点的字符
        code[len] = '\0';                               // 字符串结束符
        CharString strCode(code);                       // 编码串
        charCodes[( * CharIndex)(ch)] = strCode;        // 将字符编码存入 charCodes
    }
    else
    {   // 内部节点
        code[len] = '0';                                // 左分支编码为'0'
        CreatCode(r->Left(), code, len + 1);            // 向左分支搜索

        code[len] = '1';                                // 左分支编码为'1'
        CreatCode(r->Right(), code, len + 1);           // 向右分支搜索
```

```
        }
    }
```

在生成哈夫曼树时,要选择根节点权值最小的两棵二叉树,按一般方法效率较低,为最大程度提高效率,可采用小顶堆的方式存储各二叉树的根,实际是存储指向根节点的指针。而在堆的实现中要求比较各元素的大小,因此应重载关系运算符。然而重载运算符的操作数应包含非基本类型,不能全是指针类型,为此定义一个辅助结构如下:

```cpp
// 哈夫曼树节点的抽象基类模板辅助结构
template <class CharType, class WeightType>
struct MyHuffNodehelp
{
    MyHuffNode<CharType, WeightType> * ptr;              // 哈夫曼树节点的抽象基类指针
};
```

这样在小顶堆中存储类型为结构 MyHuffNodehelp 的元素,并对结构重载关系运算符,具体需实现的关系运算符如下:

```cpp
template <class CharType, class WeightType>
bool operator <(const MyHuffNodehelp<CharType, WeightType>&first,
    const MyHuffNodehelp<CharType, WeightType>&second)
// 操作结果: 重载关系运算符<
{
    return first.ptr->Weight() <second.ptr->Weight();    // 比较权值
}


template <class CharType, class WeightType>
bool operator >(const MyHuffNodehelp<CharType, WeightType>&first,
    const MyHuffNodehelp<CharType, WeightType>&second)
// 操作结果: 重载关系运算符>
{
    return first.ptr->Weight() >second.ptr->Weight();    // 比较权值
}


template <class CharType, class WeightType>
bool operator <=(const MyHuffNodehelp<CharType, WeightType>&first,
    const MyHuffNodehelp<CharType, WeightType>&second)
// 操作结果: 重载关系运算符<=
{
    return first.ptr->Weight() <=second.ptr->Weight();   // 比较权值
}
```

这样,按照哈夫曼算法,容易实现哈夫曼树类 MyHuffmanTree 的构造函数如下:

```cpp
template <class CharType, class WeightType>
MyHuffmanTree<CharType, WeightType>:: MyHuffmanTree(CharType ch[],
```

```
    WeightType w[], int n, unsigned int (* ChIndex)(const CharType &))
    // 操作结果: 由字符,权值和字符个数构造哈夫曼树
{
    CharIndex =ChIndex;                                          // 字符位置映射
    num =n;                                                      // 叶节点个数
    charCodes =new CharString[num];                             // 字符编码信息
    MinPriorityHeapQueue<MyHuffNodehelp<CharType, WeightType>>minHeap;
                                                                 // 小顶堆
    int pos;                                                     // 临时变量

    for (pos =0; pos <num; pos++)
    {   // 生成森林
        MyHuffNodehelp<CharType, WeightType>tem;
                                              // 哈夫曼树节点的抽象基类辅助结构变量
        tem.ptr =new MyLeafNode<CharType, WeightType>(ch[pos], w[pos]);
        minHeap.InQueue(tem);
            // 森林中每棵树为只含一个节点的二叉树
    }

    for (pos =0; pos <num -1; pos++)
    {   // 建立哈夫曼树
        MyHuffNodehelp<CharType, WeightType>r, r1, r2;    // 临时变量
        minHeap.OutQueue(r1);                             // 第 1 棵二叉树
        minHeap.OutQueue(r2);                             // 第 2 棵二叉树
        r.ptr =new MyIntlNode<CharType, WeightType>(r1.ptr->Weight() +r2.ptr->
        Weight(),
            r1.ptr, r2.ptr);                              // 合并 r1 与 r2 成 r
        minHeap.InQueue(r);                               // 入队
    }

    MyHuffNodehelp<CharType, WeightType>rt;               // 临时变量
    minHeap.OutQueue(rt);                        // 森林中的二叉树为所求的哈夫曼树
    root =rt.ptr;                                // 将哈夫曼树的根赋值给 root
    pCurNode =root;                                       // 译码时从根节点开始
    char * code =new char[num];                          // 字符编码信息
    CreatCode(root, code);                               // 生成字符编码
    delete []code;                                        // 释放存储空间
}
```

译码时,由根节点出发,左分支编码为'0',右分支编码为'1',直到遇到叶节点,叶节点包含的字符为所求的字符,具体实现如下:

```
template <class CharType, class WeightType>
LinkList<CharType>MyHuffmanTree<CharType, WeightType>:: Decode(CharString
    strCode)
// 操作结果: 对编码串 strCode 进行译码,返回编码前的字符序列
```

```
{
    LinkList<CharType> charList;                              // 编码前的字符序列

    for (int pos = 0; pos < strCode.Length(); pos++)
    {    // 处理每位编码
        if (strCode[pos] == '0') pCurNode = pCurNode->Left();  // '0'表示左分支
        else pCurNode = pCurNode->Right();                      // '1'表示右分支

        if (pCurNode->IsLeaf())
        {    // 译码时从根节点到叶节点路径的当前节点为叶节点
            charList.Insert(charList.Length() + 1,
                ((MyLeafNode<CharType, WeightType> *) pCurNode)->Char());
            pCurNode = root;                                   // pCurNode 回归根节点
        }
    }
    return charList;                                            // 返回编码前的字符序列
}
```

使用哈夫曼编码可以对文件进行压缩。由于字符的哈夫曼编码以比特为单位,而当将哈夫曼编码以压缩文件进行存储时,压缩文件最少以字节(字符)为单位进行存储,因此需要定义字符缓存器,以便自动将比特转换为字节。具体定义如下:

```
// 字符缓存器
struct BufferType
{
    char ch;                                                  // 字符
    unsigned int bits;                                        // 实际位数
};
```

下面是哈夫曼压缩类的声明:

```
// 哈夫曼压缩类
class MyHuffmanCompress
{
protected:
// 哈夫曼压缩类的数据成员
    MyHuffmanTree<char, unsigned long> * pMyHuffmanTree;
    FILE * infp, * outfp;                                     // 输入文件和输出文件
    BufferType buf;                                           // 字符缓存

//辅助函数
    void Write(unsigned int bit);                            // 向目标文件中写入一位的内容
    void WriteToOutfp();                                     // 强行将字符缓存写入目标文件

public:
// 哈夫曼压缩类方法声明及重载编译系统默认方法声明
    MyHuffmanCompress();                                      // 无参数的构造函数
```

```
        ~MyHuffmanCompress();                                    // 析构函数
        void Compress();                                         // 压缩算法
        void Decompress();                                       // 解压缩算法
    };


    // 相关函数
    unsigned int CharIndex(const char &ch);                      // 字符位置映射
```

辅助函数 Write()用于一次向字符缓存中写入一位,当缓存器中的位数为 8(也就是为 1B)时,将缓存中的字符写入目标文件中。具体实现如下:

```
void MyHuffmanCompress:: Write(unsigned int bit)
// 操作结果: 向目标文件中写入一位
{
    buf.bits++;                                                  // 缓存位数自增 1
    buf.ch = (buf.ch << 1) | bit;                                // 将 bit 加入缓存字符中
    if (buf.bits ==8)
    {    // 缓存区已满,写入目标文件
        fputc(buf.ch, outfp);                                    // 写入目标文件
        buf.bits = 0;                                            // 初始化 bits
        buf.ch = 0;                                              // 初始化 ch
    }
}
```

辅助函数 WriteToOutfp()用于在哈夫曼编码结束时,强行将缓存写入目标文件中。具体实现如下:

```
void MyHuffmanCompress:: WriteToOutfp()
// 操作结果: 强行将字符缓存写入目标文件
{
    unsigned int len =buf.bits;                                  // 缓存实际位数
    if (len >0)
    {    // 缓存非空, 将缓存的位数增加到 8, 自动写入目标文件
        for (unsigned int i =0; i <8 -len; i++) Write(0);
    }
}
```

压缩操作 Compress 首先要求用户输入源文件与目标文件名,然后统计源文件中各字符出现的频度,以字符出现频度为权建立哈夫曼树,再将源文件大小和各字符出现的频度写入目标文件中,最后对源文件中各字节(字符)进行哈夫曼编码,将编码按比特为单位写入目标文件。具体实现如下:

```
void MyHuffmanCompress:: Compress()
// 操作结果: 用哈夫曼编码压缩文件
{
    char infName[256], outfName[256];                            // 输入(源)/出(目标)文件名
```

```cpp
cout << "请输入源文件名(文件小于 4GB): ";              // 被压缩文件小于 4GB
cin >> infName;                                      // 输入源文件名
if ((infp = fopen(infName, "rb")) == NULL)
{    // 出现异常
    cout << "打开源文件失败!" << endl;                 // 提示信息
    exit(1);                                         // 退出程序
}

fgetc(infp);                                         // 取出源文件第一个字符
if (feof(infp))
{    // 出现异常
    cout << "空源文件!" << endl;                       // 提示信息
    exit(2);                                         // 退出程序
}

cout << "请输入目标文件: ";
cin >> outfName;
if ((outfp = fopen(outfName, "wb")) == NULL)
{    // 出现异常
    cout << "打开目标文件失败!" << endl;                // 提示信息
    exit(3);                                         // 退出程序
}

cout << "正在处理,请稍候..." << endl;

const unsigned long n = 256;                         // 字符个数
char ch[n];                                          // 字符数组
unsigned long w[n];                                  // 字符出现频度(权)
unsigned long size = 0;
int pos;
char cha;

for (pos = 0; pos < n; pos++)
{    // 初始化 ch[]和 w[]
    ch[pos] = (char)pos;                            // 初始化 ch[pos]
    w[pos] = 0;                                      // 初始化 w[pos]
}

rewind(infp);                                        // 使源文件指针指向文件开始处
cha = fgetc(infp);                                   // 取出源文件第一个字符
while (!feof(infp))
{    // 统计字符出现频度
    w[(unsigned char)cha]++;                         // 字符 cha 出现频度自加 1
    size++;                                          // 文件大小自加 1
    cha = fgetc(infp);                               // 取出源文件下一个字符
```

```
    }
    if (pMyHuffmanTree !=NULL) delete []pMyHuffmanTree; // 释放空间
    pMyHuffmanTree =new MyHuffmanTree<char, unsigned long>(ch, w, n, CharIndex);
        // 生成哈夫曼树
    rewind(outfp);                                      // 使目标文件指针指向文件开始处
    fwrite(&size, sizeof(unsigned long), 1, outfp);     // 向目标文件写入源文件大小
    for (pos =0; pos <n; pos++)
    {    // 向目标文件写入字符出现频度
        fwrite(&w[pos], sizeof(unsigned long), 1, outfp);
    }

    buf.bits =0;                                        // 初始化 bits
    buf.ch =0;                                          // 初始化 ch
    rewind(infp);                                       // 使源文件指针指向文件开始处
    cha =fgetc(infp);                                   // 取出源文件的第一个字符
    while (!feof(infp))
    {    // 对源文件字符进行编码,并将编码写入目标文件
        CharString strTem =pMyHuffmanTree->Encode(cha);// 字符编码
        for (pos =0; pos <strTem.Length(); pos++)
        {    // 向目标文件写入编码
            if (strTem[pos] =='0') Write(0);            // 向目标文件写入 0
            else Write(1);                              // 向目标文件写入 1
        }
        cha =fgetc(infp);                               // 取出源文件的下一个字符
    }
    WriteToOutfp();                                     // 强行写入目标文件

    fclose(infp); fclose(outfp);                        // 关闭文件
    cout <<"处理结束." <<endl;
}
```

解压缩操作 UnCompress 同样地首先要求用户输入压缩文件与目标文件名,然后从压缩文件中读入源文件的大小以及各字符出现的频度,以字符出现频度为权建立哈夫曼树,再对压缩文件的各字节进行解码,并将解码后的字符写入目标文件中。具体实现如下:

```
void MyHuffmanCompress:: Decompress()
// 操作结果: 解压缩用哈夫曼编码压缩的文件
{
    char infName[256], outfName[256];                   // 输入(压缩)/出(目标)文件名

    cout <<"请输入压缩文件名: ";
    cin >>infName;
    if ((infp =fopen(infName, "rb")) ==NULL)
    {    // 出现异常
        cout <<"打开压缩文件失败!" <<endl;               // 提示信息
```

```cpp
        exit(4);                                            // 退出程序
    }

    fgetc(infp);                                            // 取出压缩文件第一个字符
    if (feof(infp))
    {   // 出现异常
        cout << "压缩文件为空!" << endl;                     // 提示信息
        exit(5);                                            // 退出程序
    }

    cout << "请输入目标文件名: ";
    cin >> outfName;
    if ((outfp = fopen(outfName, "wb")) == NULL)
    {   // 出现异常
        cout << "打开目标文件失败!" << endl;                 // 提示信息
        exit(6);                                            // 退出程序
    }

    cout << "正在处理,请稍候..." << endl;

    const unsigned long n = 256;                            // 字符个数
    char ch[n];                                             // 字符数组
    unsigned long w[n];                                     // 权
    unsigned long size = 0;
    int pos;
    char cha;

    rewind(infp);                                           // 使源文件指针指向文件开始处
    fread(&size, sizeof(unsigned long), 1, infp);           // 读取目标文件的大小
    for (pos = 0; pos < n; pos++)
    {
        ch[pos] = (char)pos;                                // 初始化 ch[pos]
        fread(&w[pos], sizeof(unsigned long), 1, infp);     // 读取字符频度
    }
    if (pMyHuffmanTree != NULL) delete []pMyHuffmanTree;    // 释放空间
    pMyHuffmanTree = new MyHuffmanTree<char, unsigned long>(ch, w, n, CharIndex);
        // 生成哈夫曼树

    unsigned long len = 0;                                  // 解压的字符数
    cha = fgetc(infp);                                      // 取出源文件的第一个字符
    while (!feof(infp))
    {   // 对压缩文件字符进行解码,并将解码的字符写入目标文件
        CharString strTem = "";                             // 将 cha 转换成二进制形式的串
        unsigned char c = (unsigned char)cha;               // 将 cha 转换成 unsigned char 类型
        for (pos = 0; pos < 8; pos++)
```

```
{                                           // 将 c 转换成二进制串
    if (c <128) Concat(strTem, "0");                    // 最高位为 0
    else Concat(strTem, "1");                           // 最高位为 1
    c =c <<1;                                           // 左移一位
}

LinkList<char>lkText =pMyHuffmanTree->Decode(strTem);// 译码
CharString strTemp(lkText);
for (pos =0; pos <strTemp.Length(); pos++)
{    // 向目标文件写入字符
    len++;                                             // 目标文件长度自加 1
    fputc(strTemp[pos], outfp);                        // 将字符写入目标文件中
    if (len ==size) break;                             // 解压完毕退出内循环
}
if (len ==size) break;                                 // 解压完毕退出外循环
cha =fgetc(infp);                                      // 取出源文件的下一个字符
}

fclose(infp); fclose(outfp);                           // 关闭文件
cout <<"处理结束." <<endl;
}
```

五、测试与结论

测试时,可分别压缩纯文本文件、Word 文档、图像文件,然后再解压,查看压缩前文件与解压后的文件是否相同,图像文件可用图像软件打开看看解压后的图像是否发生变化,从实际测试结果表明本程序满足课程设计的基本要求。

六、思考与感悟

采用异构数据结构方式实现哈夫曼树的节点是比较完美的方案。在算法实现时,为简单起见,采用类 CharString,这样实现的通用性更强,但算法效率较低,读者可试着采用 C 语言风格的串来处理。

程序在压缩文件时,要扫描两次源文件,降低了效率,最完美的方案是采用自适应形式的哈夫曼编码方案。此方案的本质是在读入文件字符时,不断地根据已读入的字符统计出各种字符出现的频度,动态建立哈夫曼树,实现对读入字符的编码。

为更方便地编程,实现更复杂的算法,一般需要更复杂的数据结构,但这样一般会降低算法效率。这也是当前的流行软件(如 Windows)版本越高、速度越慢的原因。在具体编程时,应在算法效率与编程复杂度之间做出平衡。

项目6 排课软件

一、问题描述

在大学中,每个专业都要进行排课。假设所有专业都有固定的学习年限,每学年含两学期,每个专业开设的课程都是确定的,而且课程开设时间的安排必须满足先修关系。每门课程有哪些先修课程是确定的。每门课恰好占一个学期,假定每天上午与下午各有 5 节课。试在这样的前提下设计一个教学计划编制程序。

二、基本要求

(1) 输入数据包括各学期所开的课程数(必须使每学期所开的课程数之和与课程总数相等)、课程编号、课程名称、周学时数以及指定的开课学期和先决条件。若指定的开课学期为 0,表示由计算机自行指定开课学期。

(2) 若输入数据不合理,例如每学期所开的课程数之和与课程总数不相等,则应显示适当的提示信息。

(3) 用文本文件存储输入数据。

(4) 由文本文件存储产生的各学期的课表。

三、工具及准备工作

在开始实验前,应回顾或复习相关的内容。

需要一台计算机,其中安装有 Visual C++ 6.0、Visual C++ 2017、Dev-C++ 或 CodeBlocks 等集成开发环境软件。

四、分析与实现

在算法实现时,首先定义课程结构如下:

```
// 课程结构
struct CourseType
{
    char courseNo[5];                    // 课程编号
    char courseName[100];                // 课程名
    int period;                          // 学时数
    int term;                            // 开课学期
};
```

在课程表类 Schedule 中,包括输入与输出流文件、有向图、顶点入度、每学期应开设的课程数等数据成员,还包括读数据、读排课结果、利用拓扑排序的方法进行排课,以及相关的辅助函数,具体声明如下:

```
// 课程表类模板
template<int termsNum>                    // termsNum 表示要排课的学期数
class Schedule
{
```

```
private:
// 课程表类的数据成员
    AdjListDirGraph<CourseType> * pGraph;              // 由课程信息所建立的图
    int * indegree;                                     // 顶点入度
    ifstream * pInFile;                                 // 输入流
    ofstream * pOutFile;                                // 输出流
    LinkQueue<int> q[termsNum +1];                      // 入度为 0 的节点的缓冲队列
    char courseTable[termsNum +1][11][6][100];
        // 课表,下标分别表示:学期、节次、星期、课程名
    int coursesNumOfPerTerm[termsNum +1];              // 每学期的课程数

// 辅助函数模板
    int LocateVex(char courseNo[]);                     // 返回编号为 courseNo 的课程在图的位置
    void SkipOneLine ();                                // 跳过一行
    void Range(int num, int term, char courseName[]);  // 排课
    bool RangeOne(int &weekDay, int term, char courseName[]);    // 排一天的 1 节课
    bool RangeTwo(int &weekDay, int term, char courseName[]);    // 排一天的 2 节课
    bool RangeThree(int &weekDay, int term, char courseName[]); // 排一天的 3 节课
    int FindOne(int weekDay, int term);                // 查找一天 1 节空课
    int FindTwo(int weekDay, int term);                // 查找一天连续 2 节空课
    int FindThree(int weekDay, int term);              // 查找一天连续 3 节空课
    void Write(const char s[], int l);                 // 输出指定长度的字符串
    char * DecimalToChineseChar(int n, char * s);      // 用中文表示十进制数
    char GetChar(istream &inStream);   // 从输入流 inStream 中跳过空格及制表符获取一字符

public:
// 抽象数据类型方法声明及重载编译系统默认方法声明
    Schedule(ifstream * pIFile, ofstream * pOFile); // 构造函数模板
    virtual ～Schedule();                              // 析构函数模板
    void Read();                                       // 从输入流中输入有关信息,以建立一个有向图
    void TopologicalOrder();                           // 用拓扑排序方式进行排课
    void Write();                                      // 输出课表信息
};
```

课程信息在文件 course_inf.txt 中,为提高可读性,以"//"开始的行为注释行,具体示例如下:

```
// 以 // 开始的行为注释行
// 文件名: course_inf.txt


// 此处的程序中的类为图的派生类,程序最简单,但对图的存储结构依赖较大
// 程序中的算法是一种启发式算法,优点是速度快,但课程信息中课程的有些
// 排列顺序可能得不到解


// 下面为各学期所开的课程数,必须使每学期所开的课程数之和与课程总数相等
```

6   7   3   6   5   5   5   1

```
// 下面为课程信息
// 指定开课学期为 0 表示由电脑设定开课学期
// 课程编号为以小写字母 c 开头的 3 个字母数字
// 课程编号     课程名称          学时数     指定开课学期     先修课程
c01          程序设计基础       5          0
c02          离散数学          6          0              c01
c03          数据结构          4          0              c01 c02
c04          汇编语言          5          0              c01
c05          算法设计          4          0              c03 c04
c06          计算机组成原理     6          0
c07          微机原理          4          0              c03
c08          单片机应用        3          0              c03
c09          编译原理          5          0              c03
c10          操作系统原理       4          0              c03
c11          数据库原理        5          0              c03
c12          高等数学          6          0
c13          线性代数          6          0
c14          数值分析          6          0              c12
c15          普通物理          4          0              c12
c16          计算机文化        3          0
c17          计算机系统结构     6          0              c06
c18          计算机网络        5          0              c03
c19          数据通信          6          0
c20          面向对象程序设计   3          0              c01 c03
c21          Java            3          0              c01 c03
c22          C#.NET          5          0              c01 c03
c23          PowerBuilder    5          0              c01 c03
c24          VC++            3          0              c01 c03
c25          ASP 程序设计      5          0              c01 c03
c26          JSP 程序设计      5          0              c01 c03
c27          VB.NET          5          0              c01 c03
c28          Delphi          5          0              c01 c03
c29          C++Builder      5          0              c01 c03
c30          英语            5          1
c31          英语            5          2
c32          英语            5          3
c33          英语            5          4
c34          英语            5          5
c35          英语            5          6
c36          英语            5          7
c37          英语            5          8
c38          大学语文         3          1
```

// 注："先修课程"列中不同先修课程的课程编号必须以空格分开,课程名中不能含空格。

假设周一～周五上课,每天分 4 个时段上 10 节课,第 1 时段为第 1～2 节课,第 2 时段为第 3～5 节课,第 3 时段为第 6～7 节课,第 4 时段为第 8～10 节课。在排课时,如一门课程有 3 节课,优先安排 3 节课连续上(也就是安排在第 2 时段或第 4 时段),若 3 节课连续上无法进行安排,再优先安排两节课连续上(也就是安排在第 1 时段或第 3 时段),最后才安排单节课上的情况;还有如果一门课程要安排两天上,为教学效果较好,最好不安排相邻的两天,比如优先安排相隔两天上课,设 weekDay 表示当前要安排上课的星期,下次排课的星期的策略为:

weekDay = (weekDay + 2 > 5) ? (weekDay + 2 - 5) : (weekDay + 2);

当然读者也可能有其他实现策略。具体实现方法请参考提供的源程序。

方法 Read()用于从输入流中输入有关信息,以建立一个有向图。

方法 Write()用于输出课表信息。

方法 TopologicalOrder()用拓扑排序算法进行排课,形成课表信息,具体实现如下:

```cpp
template<int termsNum>
void Schedule<termsNum>:: TopologicalOrder()
// 操作结果: 用拓扑排序方式进行排课
{
    CourseType courseV, courseW;            // 顶点相应课程信息
    int i, size0, sizeTerm, term, v, w;     // 临时变量
    for (v = 0; v < pGraph->GetVexNum(); v++)
    {   // 建立入度为 0 顶点的队列 q[0..termsNum]
        if (indegree[v] == 0)
        {   // 入度为 0 者进入相应学期的队列
            pGraph->GetElem(v, courseV);    // 取出顶点 v 的数据信息
            q[courseV.term].InQueue(v);
        }
    }


    //生成课表
    for (term = 1; term <= termsNum; term++)
    {   // 第 term 学期
        size0 = q[0].Length();              // 无特别要求在哪学期开课的课程
        sizeTerm = q[term].Length();        // 要求在第 term 学期开课的课程


        if (size0 + sizeTerm < coursesNumOfPerTerm[term] || sizeTerm > courses-
        NumOfPerTerm[term])
        {   // 表示排课时出现冲突
            cout << "term: " << term << endl;
            cout << "size0: " << size0 << endl;
            cout << "sizeTerm: " << sizeTerm << endl;
            cout << "coursesNumOfPerTerm[term]: " << coursesNumOfPerTerm[term] <<
            endl << endl;
```

```
        cout <<"排课时出现冲突!" <<endl;   // 出现异常
        exit(10);                        // 退出程序
    }
    for (i =1; i <=sizeTerm; i++)
    {   // 排要求第 term 学期开的课程
        q[term].OutQueue(v);              // 出队
        pGraph->GetElem(v, courseV);      // 取出顶点 v 的数据信息
        Range(courseV.period, term, courseV.courseName);   // 排课
        for (w =pGraph->FirstAdjVex(v); w !=-1; w =pGraph->NextAdjVex(v, w))
        {   // w 为 v 的邻接点
            indegree[w]--;                // w 的入度自减 1
            pGraph->GetElem(w, courseW); // 取出顶点 w 的数据信息
            if (indegree[w] ==0 && (courseW.term ==0 || courseW.term >term))
            {   // 顶点 w 入度为 0
                q[courseW.term].InQueue(w);// w 入相应队列
            }
            else if (indegree[w] ==0 && (courseW.term >0 && courseW.term <=
                term))
            {   // 出现异常
                cout <<"排课时出现冲突!" <<endl;
                                                  // 提示信息
                exit(11);                         // 退出程序
            }
        }
    }
    for (i =1; i <=coursesNumOfPerTerm[term] -sizeTerm; i++)
    {   // 排无特别要求在哪学期开课的课程
        q[0].OutQueue(v);                 // 出队
        pGraph->GetElem(v, courseV);      // 取出顶点 v 的数据信息
        Range(courseV.period, term, courseV.courseName);
        for (w =pGraph->FirstAdjVex(v); w !=-1; w =pGraph->NextAdjVex(v, w))
        {   // w 为 v 的邻接点
            indegree[w]--;                // w 的入度自减 1
            pGraph->GetElem(w, courseW); // 取出顶点 w 的数据信息
            if (indegree[w] ==0 && (courseW.term ==0 || courseW.term >term))
            {   // 顶点 w 入度为 0
                q[courseW.term].InQueue(w);// w 入相应队列
            }
            else if (indegree[w] ==0 && (courseW.term >0 && courseW.term <=
                term))
            {   // 出现异常
                cout <<"排课时出现冲突!" <<endl;
                                                  // 提示信息
                exit(12);                         // 退出程序
            }
```

```
                }
            }
        }
    }
```

五、测试与结论

按"分析与实现"中的示例课程信息，运行程序后的课程表文件 curriculum_scedule.txt
内容如下：

第一学期课表

节次	星期一	星期二	星期三	星期四	星期五
第一节	程序设计基础				英语
第二节	程序设计基础				英语

课间休息

第三节	线性代数	高等数学	计算机组成原理		
第四节	线性代数	高等数学	计算机组成原理		
第五节	线性代数	高等数学	计算机组成原理		

午间休息

第六节					
第七节					

课间休息

第八节			线性代数	高等数学	计算机组成原理
第九节			线性代数	高等数学	计算机组成原理
第十节			线性代数	高等数学	计算机组成原理

晚自习

第二学期课表

节次	星期一	星期二	星期三	星期四	星期五
第一节	汇编语言	数值分析			
第二节	汇编语言	数值分析			

课间休息

节次	星期一	星期二	星期三	星期四	星期五
第三节		离散数学	计算机系统结构	计算机文化	英语
第四节		数值分析	计算机系统结构	计算机文化	英语
第五节			计算机系统结构	计算机文化	英语

午间休息

节次	星期一	星期二	星期三	星期四	星期五
第六节					
第七节					

课间休息

节次	星期一	星期二	星期三	星期四	星期五
第八节	数据通信			数值分析	计算机系统结构
第九节	数据通信			数值分析	计算机系统结构
第十节	数据通信			数值分析	计算机系统结构

晚自习

第三学期课表

节次	星期一	星期二	星期三	星期四	星期五
第一节	数据结构	普通物理	英语		
第二节	数据结构	普通物理	英语		

课间休息

节次	星期一	星期二	星期三	星期四	星期五
第三节	英语			数据结构	普通物理
第四节	英语			数据结构	普通物理
第五节	英语				

午间休息

节次	星期一	星期二	星期三	星期四	星期五
第六节					
第七节					

课间休息

节次	星期一	星期二	星期三	星期四	星期五
第八节					
第九节					
第十节					

晚自习

第四学期课表

节次	星期一	星期二	星期三	星期四	星期五
第一节			操作系统原理	编译原理	英语
第二节			操作系统原理	编译原理	英语

课间休息

节次	星期一	星期二	星期三	星期四	星期五
第三节	操作系统原理	编译原理	英语		
第四节	操作系统原理	编译原理	英语		
第五节		编译原理	英语		

午间休息

节次	星期一	星期二	星期三	星期四	星期五
第六节					
第七节					

课间休息

节次	星期一	星期二	星期三	星期四	星期五
第八节					单片机应用
第九节					单片机应用
第十节					单片机应用

晚自习

第五学期课表

节次	星期一	星期二	星期三	星期四	星期五
第一节	数据库原理	英语			计算机网络
第二节	数据库原理	英语			计算机网络

课间休息

节次	星期一	星期二	星期三	星期四	星期五
第三节			计算机网络	Java	英语
第四节			计算机网络	Java	英语
第五节			计算机网络	Java	英语

午间休息

节次	星期一	星期二	星期三	星期四	星期五
第六节					
第七节					

课间休息

第八节　　　　　　　　　面向对象程序设计
第九节　　　　　　　　　面向对象程序设计
第十节　　　　　　　　　面向对象程序设计

晚自习

第六学期课表

节次	星期一	星期二	星期三	星期四	星期五
第一节	PowerBuilder	ASP 程序设计	英语		
第二节	PowerBuilder	ASP 程序设计	英语		

课间休息

节次	星期一	星期二	星期三	星期四	星期五
第三节	英语			PowerBuilder	ASP 程序设计
第四节	英语			PowerBuilder	ASP 程序设计
第五节	英语			PowerBuilder	ASP 程序设计

午间休息

第六节
第七节

课间休息

节次	星期一	星期二	星期三	星期四	星期五
第八节			VC++		
第九节			VC++		
第十节			VC++		

晚自习

第七学期课表

节次	星期一	星期二	星期三	星期四	星期五
第一节	英语			VB.NET	JSP 程序设计
第二节	英语			VB.NET	JSP 程序设计

课间休息

第三节	C++Builder	Delphi	英语
第四节	C++Builder	Delphi	英语
第五节	VB.NET	JSP 程序设计	英语

午间休息

第六节
第七节

课间休息

第八节	Delphi				C++Builder
第九节	Delphi				C++Builder
第十节	Delphi				C++Builder

晚自习

第八学期课表

节次	星期一	星期二	星期三	星期四	星期五
第一节	英语				
第二节	英语				

课间休息

第三节				英语	
第四节				英语	
第五节				英语	

午间休息

第六节
第七节

课间休息

第八节
第九节
第十节

晚自习

由上面的课表表明本程序满足课程设计的基本要求。

六、思考与感悟

程序只采用了 C 风格的串,读者可试着用串类 CharString 实现,方法 TopologicalOrder( ) 实际是按学期进行排课,读者可对学期 term 用递归的方式实现。

为使功能较全面,故程序代码较长(超过 500 行),读者要用心读完程序才能完全理解, 达到融会贯通、举一反三的学习效果。

开发接近于实现项目的程序更能提高对算法领悟程度。若要实现更全面的功能,往往 需要更长的程序。程序的目的是功能全面,使用户使用更容易。

** 项目7　公园导游系统

一、问题描述

给出一张某公园的导游图,游客通过终端询问从某一景点到另一景点的最短路径。能显示游客从公园入口进入,可以不重复地游览各景点,最后到公园出口的路线。这样的路线可能有多条,最多显示指定条数的路线。

二、基本要求

(1) 将导游图作为带权无向图,顶点表示公园的各个景点,边表示各景点之间的道路,边上的权值表示距离。

(2) 将导游图信息存入一文件中,程序运行时可自动读入文件,建立相关数据结构。

(3) 显示线路时应同时显示路径长度。

三、工具及准备工作

在开始实验前,应回顾或复习相关的内容。

需要一台计算机,其中安装有 Visual C++ 6.0、Visual C++ 2017、Dev-C++ 或 CodeBlocks 等集成开发环境软件。

四、分析与实现

在算法实现时,有关操作及需要的数据封装成公园导游类 ParkDragoman。类 ParkDragoman 及相关操作具体声明如下:

```
// 公园导游类
class ParkDragoman
{
private:
// 公园导游类的数据成员
    AdjListUndirNetwork<CharString, double> * pNet;    // 由公园信息所建立的网
    ifstream * pInFile;                                // 输入流
    int maxNumOfShowPath;                              // 最多显示路线条数
    double * * dist;                   // 各对顶点 u 和 v 之间的最短路径长度 dist[u][v]
    int * * path;                      // 各对顶点 u 和 v 之间的最短路径 path[u][v]

// 辅助函数
    int LocateVex(const CharString &e);                // 返回顶点元素在网中的位置
    void SkipOneLine ();                               // 跳过一行
    void ShowTourismPath(int tourismPath[]);           // 输出游览线路
    void CreateTourismPath(int to, int v, int tourismPath[], int pathVertexNum);
    // tourismPath 为游览路径,出口为 to, v 为当前顶点, pathVertexNum 为路径当前顶点数
    void ShortestPathFloyd();          // 用 Floyd 算法求有向网 net 中各对顶点的最短路径
```

```
public:
// 抽象数据类型方法声明及重载编译系统默认方法声明
    ParkDragoman(ifstream * pIFile);                    // 构造函数
    virtual ~ParkDragoman();                           // 析构函数
    void Run();                                         // 公园导游
};


// 相关操作
Static char GetChar(istream &inStream);
                            // 从输入流 inStream 中跳过空格及制表符获取一字符
ostream &operator << (ostream &outStream, const CharString &outStr);
                                                       // 重载运算符<<
istream &operator >> (istream &inStream, CharString &inStr);
                                                       // 重载运算符>>
```

采用 Floyd 算法求各对顶点之间的最短路径,在一般数据结构与算法的教材中都有介绍,此处不加详述。

对于求从入口到出口不重复地游览所有景点的线路,可采用回溯策略搜索所有从出口到入口不重复游览景点的线路,输出线路上的顶点个数为图的顶点个数的线路(也就是从入口到出口不重复地游览所都有景点的线路),为了最多输出指定条数的线路,可在实现函数 CreateTourismPath() 用静态变量 static int n 存储已输出的线路条数。具体算法实现如下:

```
void ParkDragoman:: CreateTourismPath (int to, int v, int tourismPath[], int
pathVertexNum)
// 初始条件: tourismPath 为游览路径, 出口为 to, v 为当前顶点, pathVertexNum 为路径当
// 前顶点数
// 操作结果: 生成并输出游览路径
{
    static int n = 0;                                  // 已输出的游览线路个数

    for (int w = pNet->FirstAdjVex(v); w >= 0; w = pNet->NextAdjVex(v, w))
    {   // 对 v 的所有邻接点进行循环
        if (n == maxNumOfShowPath)
        {   // 已输出最多显示路线数
            break;                                     // 退出循环
        }
        else if (!pNet->GetTag(w) && pathVertexNum == pNet->GetVexNum() -1 &&
            w == to && n < maxNumOfShowPath)
        {   // 得到一条游览线路
            ++n;                                       // 已输出的游览线路个数自加1
            tourismPath[pathVertexNum++] = w;          // 将 w 加入游览线路中
            ShowTourismPath(tourismPath);              // 输出游览线路
        }
        else if (!pNet->GetTag(w))
        {   // w 未被访问过
```

```
            tourismPath[pathVertexNum++] =w;              // 将 w 加入游览线路中
            pNet->SetTag(w, true);                        // 置访问标志为 true
            CreateTourismPath(to, w, tourismPath, pathVertexNum);
                // 将 w 作为新的当前节点建立游览线路
            pathVertexNum--;                              // 恢复路径顶点个数,回溯
            pNet->SetTag(w, false);                       // 重置访问标志为 false,以便回溯
        }
    }
}
```

为输入公园信息,将公园信息存储在一个文本文件 park_infor.txt 中,这样对于不同的公园可修改文本文件 park_infor.txt 即可。为使程序具有一定的通用性,且可读性强,在 park_infor.txt 中以"//"开始的行为注释行。假设 park_infor.txt 内容如下:

```
// 以//开始的行为注释行
// 文件名: park_infor.txt

// 景点数, 景点数必须填在"n="后面
n=10

// 景点名称, 景点数必须填在"v="后面, 假设景点名不含空格,不同景点名之间用空格分隔
v=景点 1 景点 2 景点 3 景点 4 景点 5 景点 6 景点 7 景点 8 景点 9 景点 10

// 公园道路, 每道路占用一行,格式为: (景点名 1 景点名 2 道路长度)
(入口     景点 1    1.2)
(景点 1    景点 2    3.3)
(景点 2    景点 3    4.8)
(景点 3    景点 4    5.1)
(景点 4    景点 5    6  )
(景点 5    景点 6    8.1)
(景点 6    景点 7    3.8)
(景点 7    景点 8    6.6)
(景点 8    景点 9    6.9)
(景点 9    景点 10   1.9)
(景点 10   景点 1    5  )
(景点 10   出口      1.8)
(景点 1    景点 6    3.6)
(景点 3    景点 9    8.9)
(景点 5    景点 8    10 )
(景点 3    景点 9    9.1)
(景点 6    景点 8    16 )

// 最多显示路线条数, 显示游客从公园入口进入, 使游客可以不重复地游览各景点, 最后到公
// 园出口的路线, 这样的路线可能有多条, 这里指定最多显示路线的条数; 最后显示路线条数
// 必须填写在"s="的后面
s=3
```

构造函数 ParkDragoman(ifstream * pIFile)从输入流 * pIFile 中读入公园信息,建立网 * pNet,并用 Floyd 算法求无向网 net 中各对顶点 u 和 v 之间的最短路径,将最短路径信息存储在二维数组 path 与 dist 中。具体实现如下:

```
ParkDragoman:: ParkDragoman(ifstream * pIFile)
// 操作结果: 由输入文件建立表示公园信息的网
{
    pInFile =pIFile;                                    // 输入文件
    char ch;                                            // 临时变量

    // 从输入流中输入景点数, 景点数在"n="后面
    ( * pInFile).seekg(0);                              // 定位到文件开始处
    ch =GetChar( * pInFile);                            // 读字符
    while (ch !='n')
    {   // 查找以'n'开始的行
        if (ch !='\n') SkipOneLine ();                  // 跳行
        ch =GetChar( * pInFile);                        // 读入字符
    }
    GetChar( * pInFile);                                // 跳过"="
    int n;                                              // 景点数
     * pInFile >>n;                                     // 读入景点数

    CharString * es =new CharString[n +2];             // 网顶点元素, 包括景点与出入口
    // 从输入流中输入景点名称, 景点数在"v="后面, 假设景点名不含空格,不同景点名之
    // 间用空格分隔
    ( * pInFile).seekg(0);                              // 定位到文件开始处
    ch =GetChar( * pInFile);                            // 读字符
    while (ch !='v')
    {   // 查找以'v'开始的行
        if (ch !='\n') SkipOneLine ();                  // 跳行
        ch =GetChar( * pInFile);                        // 读入字符
    }
    ch=GetChar( * pInFile);                             // 跳过"="
    int i;                                              // 临时变量
    for (i =0; i <n; i++)
    {   // 读入景点名称
        * pInFile >>es[i];                              // 从输入流 * pInFile 中输入景点名称
    }
    es[n] ="入口";                                       // 入口
    es[n +1] ="出口";                                    // 出口

    // 从输入流中输入最多显示路线条数, 最后显示路线条数在"s="后面
    ( * pInFile).seekg(0);                              // 定位到文件开始处
    ch =GetChar( * pInFile);                            // 读字符
    while (ch !='s')
```

```cpp
{    // 查找以's'开始的行
    if (ch != '\n') SkipOneLine ();                      // 跳行
    ch = GetChar( * pInFile);                             // 读入字符
}
GetChar( * pInFile);                                      // 跳过"="
* pInFile >>maxNumOfShowPath;                             // 读入最多显示路线条数

pNet =new AdjListUndirNetwork<CharString, double>(es, n +2);
    // 生成网


// 从输入流中输入边信息
( * pInFile).seekg(0);                                    // 定位到文件开始处
ch =GetChar( * pInFile);                                  // 读字符
while (true)
{    // 文件未结束
    while (ch != '(' && ch !=EOF)
    {    // 查找以'('开始的行或输入流已结束
        if (ch != '\n') SkipOneLine ();                  // 跳行
        ch =GetChar( * pInFile);                          // 读入字符
    }
    if (ch ==EOF) break;                                 // 输入流已结束
    CharString e1, e2;                                   // 边顶点元素
    int v1, v2;                                           // 边顶点
    double w;                                             // 权值
    ( * pInFile) >>e1 >>e2 >>w;                           // 读入顶点元素及权值
    if ((v1 =LocateVex(e1)) ==-1) { cout <<"边顶点元素错!" <<endl; exit(1); }
                                                         // 出现异常
    if ((v2 =LocateVex(e2)) ==-1) { cout <<"边顶点元素错!" <<endl; exit(2); }
                                                         // 出现异常
    pNet->InsertEdge(v1, v2, w);                          // 插入边
    ch =GetChar( * pInFile);                              // 读入字符
}


dist =new double * [pNet->GetVexNum()], path =new int * [pNet->GetVexNum()];
    // 分配存储空间
for (i =0; i <pNet->GetVexNum(); i++)
{    // 对二维数组的每一行分配存储空间
    dist[i] =new double[pNet->GetVexNum()]; path[i] =new int[pNet->
        GetVexNum()];
}
ShortestPathFloyd();   // 用 Floyd 算法求无向网 net 中各对顶点 u 和 v 之间的最短路径
}
```

五、测试与结论

按"分析与实现"中的公园信息文件 park_infor.txt，运行程序的屏幕显示如下：

1.最短路径

2.游览线路

3.退出

1

起点：景点 1

终点：景点 9

最短路径长度为：6.9

最短路径：景点 1 景点 10 景点 9

1.最短路径

2.游览线路

3.退出

2

游览线路及长度：

线路：入口 景点 1 景点 2 景点 3 景点 4 景点 5 景点 6 景点 7 景点 8 景点 9 景点 10 出口

长度：49.5

1.最短路径

2.游览线路

3.退出

读者最好用某个具体公园信息进行测试,这样实用性更强。

六、思考与感悟

程序中要求景点名中不含空格,各景点名以空格分隔,读者可加以改进,使景点名称中可以包含空格,比如用制表符'\t'作为各景点名称之间的分隔,通过修改重载操作符函数 istream &operator >>(istream &inStream，String &inStr)来实现相关功能;读者还可输出从入口到出口,不重复地游览各景点的长度最短的几条路径。

算法与武功中的招式类似,所有武功的招式都有破绽,都可以加以改进,当然一般的人能力不足,连学都学不精,远远达不到能改进的境界;如果能在学算法时,对所学算法都能用心发现算法的不足,并且加以改进,自然会提高对所学算法领悟功能,而且还容易达到具有创造新算法的能力。

*项目 8　理论计算机科学家族谱的文档/视图模式

一、问题描述

美国计算机协会（ACM）的 SIGACT（自动机与可计算性理论专业组）Theoretical Computer Science Genealogy（TCS，理论计算科学家族谱）网页 http：//sigact.acm.org/提供的全世界获得博士学位的理论计算机科学家相关信息的文本文件 database.txt（具体内容已导入本书配套程序），文件由首部和下面的条目组成。首部每行以字符"♯"标识。每个条目包含由 tab 字符分割的 4 个成分，从左到右分别是学生姓名、学生论文导师姓名、授予博士学位的大学名称缩写以及授予博士学位的年份。仅仅包含"?"的成分表明此成分的信息未知。"?"也用于表明此成分提供的信息可能不准确。对于没有获得博士学位的人员（这些人员因为是其他博士生的导师而出现），其条目下的大学和年份成分都是"--"字符串。试将 TCS 族谱信息（文档）以学术谱系树组成的整个森林形式显示出来（视图）。

二、基本要求

（1）选择适当的数据结构组织谱系树组成的整个森林。

（2）谱系树的根为那些导师已不可考证的理论计算机科学家。

（3）学术谱系树组成的整个森林形式视图不但要求在屏幕上显示，同时也以 viewtree.txt 文件加以存储。

三、工具及准备工作

在开始实验前，应回顾或复习相关的内容。

需要一台计算机，其中安装有 Visual C++ 6.0、Visual C++ 2017、Dev-C++ 或 CodeBlocks 等集成开发环境软件。

四、分析与实现

对每个科学家条目下的学生姓名、导师姓名、授予学位的大学和授予学位的年份 4 个成分，很自然地将前 3 个的数据类型定为 CharString 类型，考虑到年份必然是 4 位数字（从 1000 到 9999，对于我们的应用足够了），将日期也当作字符串类型。具体元素结构如下：

```
// 元素结构
struct ElemType
{
    CharString student;              // 学生姓名
    CharString adivisor;             // 学生论文导师姓名
    CharString place;                // 授予博士学位的大学名称缩写
    CharString dataOfPHD;            // 授予博士学位的年份
};
```

由于要求输出到屏幕与文件，为加以区别，声明如下的枚举输出类型 OutputType：

```
// 输出类型
```

```
enum OutputType {OUTPUT_TO_SCREEN, OUTPUT_TO_FILE};
```

在算法实现时,将森林与输入流进行封装,形成理论计算机科学家族谱类。具体声明如下:

```
// 理论计算机科学家族谱类
class TCSGenealogy
{
private:
// 理论计算机科学家族谱类的数据成员:
    ParentForest<ElemType> * pForest;              // 由理论计算机科学家族谱组成的森林
    ifstream inFile;                               // 输入流

// 辅助函数:
    void SkipOneLine ();                           // 跳过一行
    void BuildForest();                            // 建立理论计算机科学家族谱组成的森林
    void OutputHelp(ostream &outStream, int r, int level);
        // 输出理论计算机科学家族谱辅助函数,level 为层次数,可设根节点的层次数为 1

public:
// 抽象数据类型方法声明及重载编译系统默认方法声明:
    TCSGenealogy();                                // 无参数的构造函数
    virtual ~TCSGenealogy();                       // 析构函数
    void Output(OutputType tp);                    // 输出理论计算机科学家族谱, tp 为输出类型
};
```

为了输入方便起见,我们重载了串操作的输入和输出运算符,具体重载如下:

```
ostream &operator << (ostream &outStream, const CharString &outStr)
// 操作结果:重载运算符<<
{
    outStream <<outStr.ToCStr();                   // 输出串值
    return outStream;                              // 返回输出流对象
}


istream &operator >> (istream &inStream, CharString &inStr)
// 操作结果:重载运算符>>
{
    LinkList<char>temp;                            // 临时线性表
    int size =0;                                   // 初始线性表长度
    char ch=GetChar(inStream);      // 从输入流 inStream 中跳过空格及制表符获取一字符
    inStream.putback(ch);                          // 将 ch 回送输入流
    while ((ch =inStream.peek()) !=EOF &&          // peek() 从输入流中取一个字符
                                                   // 输入流指针不变
        (ch =inStream.get()) !='\n'                // get() 从输入流中取一个字符 ch
                                                   // 输入流指针指向下一字符,ch 不为换行符
        && ch !='\t')                              // ch 也不为制表符
```

```
    {       // 将输入的字符追加到线性表中
        temp.Insert(++size, ch);
    }
    CharString answer(temp);                    // 构造串
    inStr =answer;                              // 用 inStr 返回串
    return inStream;                            // 返回输入流对象
}
```

辅助函数 BuildForest()用于从输入文件建立森林,根据森林的构造函数 ParentForest(ElemType items[],int parents[],int n,int size)的要求,先建立森林节点的数组 elems,节点双亲数组 parents,具体实现时可扫描输入文件流,分别统计文件中包含节点信息的行数,以及输入森林节点信息,并查找节点的双亲信息。具体实现如下:

```
void TCSGenealogy:: BuildForest()
// 操作结果:建立由理论计算机科学家族谱组成的森林
{
    int n =0;                                  // 森林包含的节点个数
    char ch;                                   // 临时字符

    while ((ch =inFile.peek()) !=EOF)
    {       // 统计文件中包含节点信息的行数
        if (ch >='a' && ch <='z'               // 以小写字母
            || ch >='A' && ch <='Z'            // 大写字母
            || ch =='?') n++;                  // 和问号'?'开始的行为节点信息
        SkipOneLine ();                        // 跳过一行
    }

    ElemType * elems =new ElemType[2 * n];     // 节点元素
    int * parents =new int[2 * n];             // 节点双亲
    int count =0;                              // 当前节点数

    inFile.clear();                            // 清除 EOF 标志
    inFile.seekg(0);                           // 将输入流定位到开始处
    while ((ch =inFile.peek()) !=EOF)
    {       // 输入森林节点信息
        if (ch >='a' && ch <='z'               // 以小写字母
            || ch >='A' && ch <='Z'            // 大写字母
            || ch =='?')                       // 和问号'?'开始的行为节点信息
        {
            ElemType e;                        // 数据元素
            inFile >>e.student;                // 输入学生姓名
            inFile >>e.adivisor;               // 输入学生论文导师姓名
            inFile >>e.place;                  // 输入授予博士学位的大学名称缩写
            inFile >>e.dataOfPHD;              // 输入授予博士学位的年份
            elems[count++] =e;                 // 将元素存入数组 elems 中
        }
```

```
        else
        {    // 非节点信息行
            SkipOneLine ();                            // 跳过一行
        }
    }


    for (int pos =0; pos <n; pos++)
    {    // 第 pos 个元素 elems[pos]
        if (elems[pos].adivisor =="---" || elems[pos].adivisor =="?")
        {    // elems[pos]无双亲
            parents[pos] =-1;
        }
        else
        {
            int par;                                   // 双亲
            for (par =0; par <n; par++)
            {    // 查找元素 elems[pos]的双亲
                if (elems[pos].adivisor ==elems[par].student)
                {    // 找到 elems[pos]的双亲
                    parents[pos] =par;                 // 元素 elems[pos]的双亲为 par
                    break;
                }
            }

            if (par >=n)
            {    // 表示导师 elems[pos].adivisor 没有包含在 elems 中
                // 将导师 elems[pos].adivisor 存入 elems
                elems[n].student =elems[pos].adivisor;   // 导师名
                elems[n].adivisor =elems[n].place =elems[n].dataOfPHD ="---";
                    // 无双亲的导师的其他部分都为"---"
                parents[pos] =n;
                n++;        // 在导师 elems[pos].adivisor 插入在 elems 后,节点个数自加 1
            }
        }
    }

    pForest =new ParentForest<ElemType>(elems, parents, n, n);   // 生成森林

    delete []elems;                                    // 释放 elems 存储空间
    delete []parents;                                  // 释放 parents 存储空间
}
```

输出理论计算机科学家族谱辅助函数 OutputHelp() 按先根遍历显示各节点信息,通过节点的层次数控制显示位置,具体实现如下:

```
void TCSGenealogy:: OutputHelp(ostream &outStream, int r, int level)
```

```
// 操作结果: 输出理论计算机科学家族谱辅助函数, level 为层次数, 可设根节点的层次数为 1
{
    if (r >=0 && r <pForest->NodeCount())
    {   // 存在节点 r, 才显示 r 的信息
        outStream<<endl;                          // 输出新行
        for(int i =0; i<level -1; i++)
            outStream <<" ";                       // 输出位置
        ElemType e;
        pForest->GetElem(r, e);                    // 取出节点 r 的元素值

        outStream <<e.student;                     // 输出学生姓名
        outStream <<"(";                           // 输出插号"("
        if (e.place !="---") outStream <<e.place <<" ";
                                                   // 输出授予博士学位的大学名称缩写
        if (e.dataOfPHD !="---") outStream <<e.dataOfPHD;
                                                   // 输出授予博士学位的年份
        outStream <<")";                           // 输出插号")"

        for (int child =pForest-> FirstChild(r); child !=-1; child =pForest->
        RightSibling(child))
        {   // 依次显示各棵子树
            OutputHelp(outStream, child, level +1);
        }
    }
}
```

显示函数 OutputHelp 的参数较多, 通过一个所谓的"驱动函数"Output()简化有关操作, 具体实现如下:

```
void TCSGenealogy:: Output(OutputType tp)
// 操作结果: 输出理论计算机科学家族谱, tp 为输出类型
{
    bool isFirstTree =true;                       // 是否是第 1 棵树
    ofstream * pOutFile =NULL;                    // 输出流

    if (tp ==OUTPUT_TO_FILE)
    {   // 建立输出流
        pOutFile =new ofstream("viewtree.txt");
    }

    for (int cur =0; cur <pForest->NodeCount(); cur++)
    {   // 查找森林中各棵树的根节点
        if (pForest->Parent(cur) ==-1)
        {   // 根节点
            if (isFirstTree) isFirstTree =false;
            else if (tp ==OUTPUT_TO_SCREEN) system("PAUSE");
```

```
        if (tp ==OUTPUT_TO_SCREEN)
        {    // 在屏幕上输出理论计算机科学家族谱
            OutputHelp(cout, cur, 1);
            cout <<endl;                        // 换行
        }
        else
        {    // 在输出流上输出理论计算机科学家族谱
            OutputHelp( * pOutFile, cur, 1);
            * pOutFile <<endl;                  // 换行
        }
    }
}

    if (tp ==OUTPUT_TO_FILE)
    {    // 输出到文件
        pOutFile->close();                      // 关闭文件
        delete pOutFile;                        // 释放存储空间
    }
}
```

五、测试与结论

运行程序时,屏幕显示如下:

请选择
1. 输出到屏幕
2. 输出到文件
3. 退出
1

Lars Aarvik(Oslo ?)
请按任意键继续...

```
? Biezeno()
  Aad van_Wijngaarden(? 1945)
    Brandt Corstius(? 1970)
        H. Bunt(? 1981)
    Jaco W. de_Bakker(Amsterdam UvA 1967)
        ? de_Bruin(? 1986)
        W.P. de_Roever(Amsterdam VU 1975)
        Erik P. de_Vink(Amsterdam VU 1990)
        J.N. Kok(Amsterdam VU 1989)
            R.T. Udink(Utrecht 1995)
        A. Nijholt(Amsterdam VU 1980)
        P.M.B. Vitanyi(Amsterdam VU 1978)
            John Tromp(Amsterdam UvA 1993)
    ? de_Troye(? 1958)
```

```
Edsger Wybe Dijkstra(Amsterdam UvA 1959)
     A. Nico Habermann(Eindhoven 1967)
         Anita Jones(CMU 1973)
         Larry Snyder(CMU 1973)
             Akhilesh Tyagi(Washington 1988)
     Martin Rem(Eindhoven 1976)
         ? Ebergen(Eindhoven 1987)
         ? Kaldewaij(Eindhoven 1986)
         ? Snepscheut(Eindhoven 1983)
         ? Udding(Eindhoven 1984)
          ? Veen(Eindhoven 1985)
     ? Grune(? 1982)
     ? Mailloux(? 1968)
     H.J.J. te_Riele(Amsterdam UvA 1976)
     ? Van_der_Poel(? 1956)
         ? Derksen(? 1973)
         ? van_Katwijk(? 1987)
     ? van_de_Riet(? 1968)
         ? Apers(? 1982)
         Wiebren de_Jonge(? 1985)
         ? Kersten(? 1985)
         ? Teer(? 1978)
     M.H. van_Emden(Amsterdam UvA 1971)
     Peter van_Emde_Boas(Amsterdam UvA 1974)
         P.W. Adriaans(Amsterdam UvA 1992)
         W. Bosma(Amsterdam UvA 1990)
         Harry Buhrman(Amsterdam UvA 1993)
         D.M.G. de_Champeaux_de_laboulaye(Amsterdam UvA 1981)
         A.F. de_Geus(Groningen 1992)
         Sophie Fischer(Amsterdam UvA 1995)
         Theo M.V. Janssen(Amsterdam UvA 1983)
          Mart Trautwein(Amsterdam UvA 1995)
         K.L. Kwast(Amsterdam UvA 1992)
         A.K. Lenstra(Amsterdam UvA 1984)
         E.P. Rotterdam(Groningen 1992)
         M. Smid(Amsterdam UvA 1989)
         Leen Torenvliet(Amsterdam UvA 1986)
             Harry Buhrman(Amsterdam UvA 1993)
             Sophie Fischer(Amsterdam UvA 1995)
             Mart Trautwein(Amsterdam UvA 1995)
         Mart Trautwein(Amsterdam UvA 1995)
         S. van_Denneheuvel(Amsterdam UvA 1991)
         M.P. van_der_Hulst(Amsterdam UvA 1990)
         C. Witteveen(Utrecht 1984)
         Huang Zhisheng(Amsterdam UvA 1994)
```

```
        J. Zwiers(Eindhoven 1988)
    ? van_Vliet(? 1979)
    ? Verhoef(? 1969)
    ? Zonneveld(? 1964)
    ? Zoutendijk(? 1960)
        ? Buys(? 1972)
        ? Spijker(? 1968)
            Jan van_der_Craats(? 1972)
```
请按任意键继续...

上面只是部分显示内容,读者可具体运行程序。从上面的显示结果来看,程序满足基本要求。

六、思考与感悟

程序中使用了双亲表示森林类,读者也可换为森林的其他实现类,读者还可通过重载关于 ElemType 的输出运算符＜＜进一步简化程序。

通过编写类似本"国际"算法不但能提高算法设计的素养,也可迅速达到国际水平;不但可以提高自信心,也可提高将来在国际上的竞争力。

*项目9 动物游戏

一、问题描述

本游戏非常古老,游戏时有两个参与者:玩者和猜者。玩者要求想一个动物,猜者要尽力猜测。猜者要问玩者一系列"是/否"的问题,例如:

猜者:是陆生的吗?假如玩者回答"是",那么猜者可以不考虑那些非陆地上的动物,并且用这个信息产生下一个问题。

猜者:有翅膀吗?

问题的答案允许猜者不考虑有翅膀动物或者没有翅膀的动物来猜测。基于玩者的答复,仔细陈述每一个问题可以让猜者排除一大群动物。最后,通过这些给定的特征,猜者知道仅有一种动物。

猜者:你想的动物是象吗?

假如猜者是对的,那么就赢了这个游戏。否则,玩者赢了该游戏,猜者会问玩者问题。

猜者:你想的什么动物呢?

玩者:猪。

猜者:象和猪有什么不同?

玩者:象有长鼻子,而猪则没有。

通过记住新的动物以及所猜的动物和新动物的区别,猜者学会了区分这两种动物。

二、基本要求

(1) 程序的用户作为玩者的角色,计算机是猜者的角色。

(2) 程序保存了一个基本问题的知识库,每一个问题让它减少考虑中的动物数。当程序减少它的考虑到仅剩一只动物,它就猜这个动物。假如猜者是对的,程序赢了;否则程序问玩者所想动物的名字,然后问如何区分新的动物和所猜的动物。最后它保存这个问题并且存储这个新的动物。

(3) 每一次学到的新动物的特征,就被这个程序加入基本知识库中。随着时间的流逝,程序的基本知识在增长,玩者想出不在基本知识库中的动物变得越来越难——这个程序在猜动物时成为了一位专家。在某些领域,通过用一些基本知识来陈述专家见解的程序称为专家系统,这个系统的研究是人工智能的一个分支。尽管大部分专家系统使用程序不能修改的固定知识,但此动物游戏程序是一个特殊的自学习专家系统的例子,因为当它未猜中时它可以增加新的动物到基本知识库里。这个改变基本知识库的能力,使得动物游戏程序能模仿学习的过程。

三、工具及准备工作

在开始实验前,应回顾或复习相关的内容。

需要一台计算机,其中安装有 Visual C++ 6.0、Visual C++ 2017、Dev-C++ 或 CodeBlocks 等集成开发环境软件。

四、分析与实现

玩游戏时,程序通过一个特殊的决策树保存它的基本知识,其中它包含了问题和它"知道"的动物。例如,当程序第一次被编写时,它只"知道"3 种动物——鸭子、象、鲸。它的基本知识的原始结构如图 3.9.1 所示。

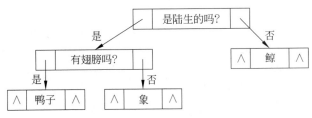

图 3.9.1　原始决策树示意图

决策树的每一个分支节点包含需要在它的两个子树里做是或否决定的信息。猜者从最高的问题开始,基于玩家的回复,顺着是或否的分支到下一个问题。猜者继续这个过程,沿着树下来直至到达叶节点,叶节点包含了动物名称,在这里它问最后的问题,并且猜保存在那个节点的动物。

然而在第二个游戏里,用户正考虑鲨鱼——程序尚不知道的动物。用玩家提供的信息,程序通过创建并插入让它区分这两个动物的节点来区分鲸和鲨鱼,如图 3.9.2 所示。

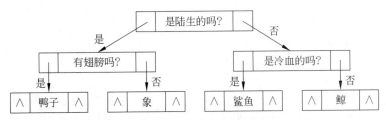

图 3.9.2　增加鲨鱼信息后的决策树示意图

将程序需要的数据与操作封装在动物游戏类,动物游戏类相关操作具体声明如下:

```
// 动物游戏类
class GameOfAnimal
{
private:
// 动物游戏类的数据成员
    BinaryTree<CharString> * pDTree;                   // 决策树

// 辅助函数
    void WriteHelp(const BinTreeNode<CharString> * root, ofstream &outFile);
                                                       // 写决策树信息
    bool IsQuestion(CharString strSentence);     // 是否为疑问句

public:
// 公有函数
    GameOfAnimal();                                    // 构造函数
```

```
        virtual ～GameOfAnimal();                        // 析构函数
        void Run();                                      // 运行动物游戏
    };


    // 重载串输入/输出运算符
    static char GetChar(istream &inStream =cin);
                                    // 从输入流 inStream 中跳过空格及制表符获取一字符
    static bool UserSaysYes();
                    // 当用户肯定(yes)回答时, 返回 true, 用户否定(no)回答时,返回 false
    ostream &operator <<(ostream &outStream, const CharString &outStr);
                                                        // 重载运算符<<
    istream &operator >>(istream &inStream, CharString &inStr);
                                                        // 重载运算符>>
```

程序运行时,每次遇见其基本知识中没有的动物时就扩充它的决策树,因此具有了学习能力。具体实现如下:

```
    void GameOfAnimal:: Run()
    // 操作结果: 运行动物游戏
    {
        cout <<"欢迎来到动物游戏!" <<endl;
        do
        {
            cout <<"想出一个动物, 我将尽力猜它..." <<endl;
            BinTreeNode<CharString > * p = (BinTreeNode < CharString > * ) pDTree - >
            GetRoot();
                                                // 根节点开始进行处理
            CharString strElem =p->data;        // 决策树元素
            while (IsQuestion(strElem))
            {   // 疑问句, 为决策树分支节点
                cout <<strElem;                 // 显示疑问句
                cout <<"请回答";
                if (UserSaysYes()) p =p->leftChild; // 肯定回答为左孩子
                else p =p->rightChild;          // 否定回答为右孩子
                strElem =p->data;               // 决策树元素
            }

            cout <<"你想的动物是" <<strElem <<"吗? 请回答";
            if (UserSaysYes())
            {   // 肯定回答
                cout <<"哈! 一台计算机都打败了你..." <<endl;
            }
            else
            {   // 否定回答
                cout <<"你是幸运的..." <<endl;
                cout <<"你想的什么动物呢?" <<endl;
```

```
        CharString strNewAnimal, strOldAnimal = strElem;      // 动物名词
        cin >> strNewAnimal;                                   // 输入动物名称
        cout << "请输入一个疑问句, 肯定回答为" << strNewAnimal
            << ", 否定回答为" << strOldAnimal << endl;
        cin >> strElem;                                        // 输入疑问句
        p->data = strElem;                                     // 改为疑问句
        p->leftChild = new BinTreeNode<CharString>(strNewAnimal);  // 左孩子
        p->rightChild = new BinTreeNode<CharString>(strOldAnimal);  // 右孩子
    }

        cout << "想再玩一次吗? 请回答";
    }while (UserSaysYes());
}
```

为了避免"忘记"它所"学到"的东西, 程序终止时, 还应将树的数据写到一个文件中, 对决策树采用后序遍历的次序将节点的数据写到文件 animal.dat 中。具体实现如下:

```
void GameOfAnimal: : WriteHelp(const BinTreeNode<CharString> * root, ofstream
&outFile)
// 操作结果: 将决策树信息写到文件 outFile
{
    if (root != NULL)
    {
        WriteHelp(root->leftChild, outFile);                  // 写左子树
        WriteHelp(root->rightChild, outFile);                 // 写右子树
        outFile << root->data << endl;                        // 写根信息
    }
}
```

当程序运行时, 程序将从这个文件中读入信息来初始化决策树。这个简单的机制让程序"记住"在前面的游戏中它学到了什么。基于它被告知的特征, 如此的一个程序在确认动物时就能变得非常熟练。建立决策树, 采用栈暂存所建立的新节点, 算法思想如下:

(1) 建立输入文件流 inFile 与栈 s。

(2) 从输入文件流 inFile 中读入元素 strElem, 重复执行(3)与(4), 直到 strElem 为空时为止, 这时栈 s 的栈顶为决策树的根。

(3) 如果 strElem 是疑问句, 则从栈 s 中出栈 r1 与 r2, 用 r1、r2 与 strElem 建立决策树分支节点 r, 将 r 入栈。

(4) 如果 strElem 不是疑问句, 则用 strElem 建立决策树叶节点 r, 将 r 入栈。

算法具体实现如下:

```
GameOfAnimal: : GameOfAnimal()
// 操作结果: 由知识库文件建立决策树
{
    ifstream inFile("animal.dat");                            // 输入文件流
    if (!inFile) { cout << "不能打开知识库文件!" << endl; exit(1); }   // 出现异常
```

```
CharString strElem;                                               // 决策树元素
LinkStack<BinTreeNode<CharString> * >s;                           // 栈
BinTreeNode<CharString> * r, * r1, * r2;                          // 指向二叉树节点的指针

inFile >> strElem;                                                // 读入决策树元素
while (!strElem.Empty())
{    // 存在决策树元素，循环
    if (IsQuestion(strElem))
    {    // 疑问句，为决策树分支节点
        s.Pop(r2);   s.Pop(r1);                                   // 从栈中弹出左右孩子
        r = new BinTreeNode<CharString>(strElem, r1, r2);         // 构造新节点
        s.Push(r);                                                // 新节点入栈
    }
    else
    {    // 非疑问句，表示动物名，为决策树叶节点
        r = new BinTreeNode<CharString>(strElem);                 // 构造新节点
        s.Push(r);                                                // 新节点入栈
    }
    inFile >> strElem;                                            // 读入决策树元素
}
s.Top(r);                                                         // 取出栈顶元素
pDTree = new BinaryTree<CharString>(r);                           // 生成决策树
inFile.close();                                                   // 关闭文件
}
```

五、测试与结论

运行程序时，屏幕显示参考如下：

欢迎来到动物游戏！
想出一个动物，我将尽力猜它…
是陆生的吗?请回答(y, n)?y
有翅膀吗?请回答(y, n)?n
你想的动物是象吗? 请回答(y, n)?y
哈！一台计算机都打败了你…
想再玩一次吗? 请回答(y, n)?y
想出一个动物，我将尽力猜它…
是陆生的吗?请回答(y, n)?n
你想的动物是鲸吗? 请回答(y, n)?n
你是幸运的…
你想的什么动物呢?
鲨
请输入一个疑问句，肯定回答为鲨，否定回答为鲸
是冷血的吗?
想再玩一次吗? 请回答(y, n)?

从上面的显示结果来看，程序满足基本要求。

六、思考与感悟

决策树的分支节点存储疑问句,叶节点存储动物名称,读者可通过定义节点抽象类,对分支节点与叶节点采用不同结构的派生类,也就是所谓的异构数据结构的方式来进行处理。

根据美国计算机学会(ACM)的课程建议,计算机专业基础课程应帮助学生树立对学科各个方面的整体认识,力求为计算机科学后续课程的学习打下坚实的基础。读者不但要具有对计算机学科各个方面的整体认识,而且还能编程实现相关的程序。这必将激发强烈的学习兴趣,成长为相关计算机专业真正的专家。

项目 10 简单个人图书管理系统

一、问题描述

学生在学习过程中拥有很多书籍，对自己购买的书籍进行分类和统计是一种良好的习惯。如果用文件来存储书号、书名、作者名、价格与购买日期等相关书籍的信息，辅之以程序对里面的书籍信息进行统计和查询，将使管理工作变得轻松而有趣。

二、基本要求

(1) 系统至少应具备如下的功能：

① 存储书籍各种相关信息；

② 提供查找功能，按照书名或作者名查找需要的书籍；

③ 提供插入、删除与更新功能；

④ 排序功能，按照作者名对所有的书籍进行排序，并按排序后的结果进行显示。

(2) 要求程序能按书号、书名索引。

三、工具及准备工作

在开始实验前，应回顾或复习相关的内容。

需要一台计算机，其中安装有 Visual C++ 6.0、Visual C++ 2017、Dev-C++ 或 CodeBlocks 等集成开发环境软件。

四、分析与实现

为具有实用性，采用文件的形式存储书籍信息。需要操作时，从文件中读入相关记录。由于要求按书号、书名索引，书号为关键字，书名为次关键字，采用多重表文件方式组织索引。为接收文件中的内容，需要有结构来存储相应内容，并且建立索引，还应建立相应的索引项结构。在查找和排序时需要对记录或关键字进行比较操作，为此重载相关关系运算符。结构声明与重载的运算符如下：

```
// 日期
struct DateType
{
    int year, month, day;                                        // 年、月和日
};


// 图书结构
struct BookType
{
    char num[14];                                                // 书号
    char title[21];                                              // 书名
    long titleNext;                                              // 书名相同的下一本书
    char author[11];                                             // 作者名
    float price;                                                 // 价格
```

```
        DateType buyDate;                                          // 购买日期
        bool isDeleted;                                            // 删除标记
};
```

// 重载排序与查找需要的关系运算符
```
bool operator <=(const BookType &first, const BookType &second); // 重载关系运算符<=
bool operator >=(const BookType &first, const BookType &second); // 重载关系运算符>=
```

// 书号索引项结构
```
struct NumIndexItemType
{
        char num[14];                                              // 书号
        long offset;                                               // 对应记录在主文件中的位置
};
```

// 重载排序与查找需要的关系运算符
```
bool operator <=(const char num[14], const NumIndexItemType &item);
                                                                   // 重载关系运算符<=
bool operator <(const char num[14], const NumIndexItemType &item);
                                                                   // 重载关系运算符<
bool operator ==(const char num[14], const NumIndexItemType &item);
                                                                   // 重载关系运算符==
```

// 书名次索引项结构
```
struct TitleIndexItemType
{
        char title[21];                                            // 书名
        long head;                                                 // 头指针
};
```

// 重载排序与查找需要的关系运算符
```
bool operator <=(const char title[21], const TitleIndexItemType &item);
                                                                   // 重载关系运算符<=
bool operator <(const char title[21], const TitleIndexItemType &item);
                                                                   // 重载关系运算符<
bool operator ==(const char title[21], const TitleIndexItemType &item);
                                                                   // 重载关系运算符==
```

将对数据文件的相关操作及相关数据封装成个人图书管理系统类 MyBook
ManageSystem。具体声明及相关常量定义如下：

```
static const long INCREMENT_OF_INDEX_TABLE =100;                   // 索引表增量
```

// 个人图书管理系统类
```
class MyBookManageSystem
{
```

```
private:
// 数据成员
    fstream bookFile;                                    // 图书文件
    NumIndexItemType * pNumIndexTable;                   // 书号主索引表
    long sizeOfNumIndex;                                 // 书号主索引表当前索引项数
    long maxSizeOfNumIndex;                              // 书号主索引表最大索引项数
    TitleIndexItemType * pTitleIndexTable;               // 书名次索引表
    long sizeOfTitleIndex;                               // 书名次索引表当前索引项数
    long maxSizeOfTitleIndex;                            // 书名次索引表最大索引项数

// 辅助函数
    void Display(const BookType &book) const;            // 显示图书信息
    void InsertHelp(BookType &book, long offset);        // 插入记录辅助函数
    void Insert();                                       // 插入记录
    void DeleteHelp(BookType &book, long offset);        // 删除记录辅助函数
    void Delete();                                       // 删除记录
    void Update();                                       // 更新记录
    void SearchByTile();                                 // 按书名查询记录
    void SearchByAuthor();                               // 按作者名查询记录
    void Search();                                       // 查询记录
    void SortByAuthor();                                 // 按作者名排序
    void CStrCopy(char * target, const char * source)
                                            // C 风格将串 source 复制到串 target
    { while((* target++= * source++) !='\0'); }

public:
// 构造函数, 析构函数与方法
    MyBookManageSystem();                                // 无参数的构造函数
    virtual ~MyBookManageSystem();                       // 析构函数
    void Run();                                          // 处理图书
};
```

由于插入与删除操作都要对索引表做相应操作,为简单起见,对更新操作,更新索引表时,先在索引表中删除旧索引项,再插入新索引项,为此定义辅助函数 InsertHelp()与 DeleteHelp()完成相应功能。具体实现如下:

```
void MyBookManageSystem: : InsertHelp(BookType &book, long offset)
// 操作结果: 插入辅助函数, book 为要插入的记录,offset 为记录在主文件中的插入位置
{
    if (sizeOfNumIndex >=maxSizeOfNumIndex)
    {     // 书号主索引项已达到最大容量
        maxSizeOfNumIndex +=INCREMENT_OF_INDEX_TABLE;   // 扩大最大容量
        NumIndexItemType * pTem;                         // 临时索引表
        pTem =new NumIndexItemType[maxSizeOfNumIndex];   // 重新分配存储空间
        for (int pos =0; pos <maxSizeOfNumIndex; pos++)
            pTem[pos] =pNumIndexTable[pos];              // 复制索引项
        delete []pNumIndexTable;                         // 释放 pNumIndexTable
```

```cpp
        pNumIndexTable =pTem;                          // pNumIndexTable 指向新存储空间
    }
    int j;                                             // 临时变量
    for (j =sizeOfNumIndex -1; j >=0 && book.num <pNumIndexTable[j]; j--)
    {   // 将比 book.num 大的书号主索引项后移
        pNumIndexTable[j +1] =pNumIndexTable[j];
    }
    CStrCopy(pNumIndexTable[j +1].num, book.num);      // 学号
    pNumIndexTable[j +1].offset =offset;               // 记录在主文件中的相应位置
    sizeOfNumIndex++;                                  // 书号主索引项个数自加 1

    if (sizeOfTitleIndex >=maxSizeOfTitleIndex)
    {   // 书名次索引项已达到最大容量
        maxSizeOfTitleIndex +=INCREMENT_OF_INDEX_TABLE; // 扩大最大容量
        TitleIndexItemType * pTem;                      // 临时索引表
        pTem =new TitleIndexItemType[maxSizeOfTitleIndex]; // 重新分配存储空间
        for (int pos =0; pos <sizeOfTitleIndex; pos++)
            pTem[pos] =pTitleIndexTable[pos];           // 复制索引项
        delete []pTitleIndexTable;                      // 释放 pNumIndexTable
        pTitleIndexTable =pTem;                         // pNumIndexTable 指向新存储空间
    }
    int pos =BinSerach(pTitleIndexTable, sizeOfTitleIndex, book.title);
                                                        // 二分查找

    if (pos ==-1)
    {   // 查找失败
        for (j =sizeOfTitleIndex -1; j >=0 && book.title <pTitleIndexTable[j]; j
--)
        {   // 将比 book.title 大的书名次索引项后移
            pTitleIndexTable[j +1] =pTitleIndexTable[j];
        }
        CStrCopy(pTitleIndexTable[j +1].title, book.title);  // 书名
        pTitleIndexTable[j +1].head =offset;            // 记录在主文件中的相应位置
        sizeOfTitleIndex++;                             // 书名次索引项个数自加 1
        book.titleNext =-1;                             // 书名链表只有一个节点，无后继
    }
    else
    {   // 查找成功
        book.titleNext =pTitleIndexTable[pos].head;
                                        // book 后继为 pTitleIndexTable[pos].head
        pTitleIndexTable[pos].head =offset;             // book 为书名链表第 1 节点
    }
}


void MyBookManageSystem: : DeleteHelp(BookType &book, long offset)
// 操作结果：删除记录辅助函数
{
    int pos =BinSearch(pNumIndexTable, sizeOfNumIndex, book.num);  // 二分查找
```

```
        for (int i =pos +1; i <sizeOfNumIndex; i++)
        {    // 在书号主索引表中删除索引项
            pNumIndexTable[i -1] =pNumIndexTable[i];
        }
        sizeOfNumIndex--;                                          // 书号主索引项个数自减 1

        pos =BinSearch(pTitleIndexTable, sizeOfTitleIndex, book.title);// 二分查找
        long pre =-1, p =pTitleIndexTable[pos].head; // p 指向当前记录, pre 指向前驱记录
        BookType tem;                                    // 临时变量
        while (p !=offset)
        {    // pre 与 p 移向后继
            pre =p;                                       // p 为 pre 的后继
            bookFile.clear();                             // 清除标志
            bookFile.seekg(p, ios: : beg);                // 文件定位
            bookFile.read((char *)&tem, sizeof(BookType)); // 读主文件
            p =tem.titleNext;                             // p 移向后继
        }
        if (pre ==-1)
        {    // book 为链表的第 1 个节点
            pTitleIndexTable[pos].head =book.titleNext;    // book 后继为第 1 节点
        }
        else
        {    // book 不为书名链表的第 1 个节点
            bookFile.clear();                                     // 清除标志
            bookFile.seekg(pre, ios: : beg);                      // 文件定位
            bookFile.read((char *)&tem, sizeof(BookType));        // 读主文件
            tem.titleNext =book.titleNext;                        // pre 后继改为 book 的后继
            bookFile.clear();                                     // 清除标志
            bookFile.seekg(pre, ios: : beg);                      // 文件定位
            bookFile.write((char *)&tem, sizeof(BookType));       // 写主文件
        }
    }
```

按作者名排序时,先将数据主文件记录读入内存,在内存中对记录进行排序,然后再将排序后的记录重新写回数据主文件,并同时建立索引文件。具体实现如下:

```
void MyBookManageSystem: : SortByAuthor()
// 操作结果: 按作者名排序
{
    BookType * books =new BookType[sizeOfNumIndex];      // 图书数组
    BookType book;                                        // 图书记录
    bookFile.clear();                                     // 清除标志
    bookFile.seekg(0, ios: : end);                        // 定位到文件尾
    long endOffset =bookFile.tellg();                     // 文件尾位置
    bookFile.clear();                                     // 清除标志
    bookFile.seekg(0, ios: : beg);                        // 定位到文件头
```

```
    int n = 0;                                              // 当前读到的未被删除的记录数
    do
    {
        bookFile.read((char *)&book, sizeof(BookType));  // 读主文件
        if (!book.isDeleted)
        {   // 将未被删除的记录存入 books
            books[n++] = book;
        }
    }
    while (endOffset != bookFile.tellg());
    QuickSort(books, n);                                    // 快速排序
    bookFile.clear();                                       // 清除标志
    bookFile.seekg(0, ios::beg);                            // 定位到文件头

    sizeOfNumIndex = sizeOfTitleIndex = 0;                  // 清空索引表
    cout << setw(14) << "书号" << setw(21) << "书名" << setw(11) << "作者名" <<
        setw(8) << "价格" << setw(12) << "购买日期" << endl;
    for (int pos = 0; pos < n; pos++)
    {   // 依次将 books[]中的记录写入 bookFile

        long offset = bookFile.tellg();                     // 记录插入位置
        InsertHelp(books[pos], offset);                     // 在索引表中插入 books[pos]
        bookFile.write((char *)&books[pos], sizeof(BookType));  // 写主文件
        Display(books[pos]);                                // 显示图书信息
    }
}
```

按书名查找时,由于建立有索引,可先在索引表中进行查询,找到后,根据索引表中 head 项在主文件的书名链表中查找相应记录,具体实现如下:

```
void MyBookManageSystem::SearchByTile()
// 操作结果: 按书名查询记录
{
    char title[21];                                         // 书名
    cout << "输入书名: ";
    cin >> title;
    int pos = BinSearch(pTitleIndexTable, sizeOfTitleIndex, title);  // 二分查找
    if (pos == -1)
    {   // 查找失败
        cout << "查无此书!" << endl;
    }
    else
    {   // 查找成功
        BookType book;                                      // 图书记录
        cout << setw(14) << "书号" << setw(21) << "书名" << setw(11) << "作者名" <<
```

```
                setw(8) <<"价格" <<setw(12) <<"购买日期" <<endl;
            long offset =pTitleIndexTable[pos].head;              // 记录在主文件中的位置
            while (offset !=-1)
            {
                bookFile.clear();                                 // 清除标志
                bookFile.seekg(offset, ios: : beg);               // 定位文件
                bookFile.read((char * ) &book, sizeof(BookType));  // 读主文件
                Display(book);                                    // 显示图书信息
                offset =book.titleNext;                           // 下一同名图书
            }
        }
    }
```

按作者名查询记录时,由于没有相应的索引表,只能依次读出图书记录,按顺序进行查找。具体实现如下:

```
void MyBookManageSystem: : SearchByAuthor()
// 操作结果: 按作者名查询记录
{
    char author[11];                                          // 作者名
    cout <<"输入作者名: ";
    cin >>author;
    BookType book;                                            // 图书记录
    bookFile.clear();                                         // 清除标志
    bookFile.seekg(0, ios: : end);                            // 定位到文件尾
    long endOffset =bookFile.tellg();                         // 文件尾位置
    cout <<setw(14) <<"书号" <<setw(21) <<"书名" <<setw(11) <<"作者名" <<
        setw(8) <<"价格" <<setw(12) <<"购买日期" <<endl;
    bookFile.clear();                                         // 清除标志
    bookFile.seekg(0, ios: : beg);                            // 定位到文件头
    do
    {
        bookFile.read((char * ) &book, sizeof(BookType));     // 读主文件
        if (strcmp(book.author, author) ==0) Display(book);  // 显示图书信息
    }
    while (endOffset !=bookFile.tellg());
}
```

五、测试与结论
测试时,应注意尽量覆盖算法的各种情况,屏幕显示参考如下:

1.插入记录 2.删除记录 3.更新记录 4.查找记录 5.按作者名排序 6.退出
输入选择: 1
输入书号: 9787302023685
输入书名: 数据结构
输入作者名: 严蔚敏
输入价格: 22

输入购买日期: 2003 12 18
插入成功！
　1.插入记录 2.删除记录 3.更新记录 4.查找记录 5.按作者名排序 6.退出
输入选择: 1
输入书号: 9787811240351
输入书名: OpenCV教程
输入作者名: 刘瑞祯
输入价格: 49
输入购买日期: 2008 6 19
插入成功！
1.插入记录 2.删除记录 3.更新记录 4.查找记录 5.按作者名排序 6.退出
输入选择: 5

书号	书名	作者名	价格	购买日期
9787811240351	OpenCV教程	刘瑞祯	49	2008-6-19
9787302023685	数据结构	严蔚敏	22	2003-12-18

1.插入记录 2.删除记录 3.更新记录 4.查找记录 5.按作者名排序 6.退出
输入选择: 4
1.按照书名查找 2.按照作者名查找 3.退出查找
输入选择: 1
输入书名: 数据结构

书号	书名	作者名	价格	购买日期
9787302023685	数据结构	严蔚敏	22	2003-12-18

1.按照书名查找 2.按照作者名查找 3.退出查找
输入选择: 2
输入作者名: 刘蔚敏

书号	书名	作者名	价格	购买日期

1.按照书名查找 2.按照作者名查找 3.退出查找
输入选择: 3
1.插入记录 2.删除记录 3.更新记录 4.查找记录 5.按作者名排序 6.退出
输入选择: 3
输入书号: 9787302023685

书号	书名	作者名	价格	购买日期
9787302023685	数据结构	严蔚敏	22	2003-12-18

输入书号: 9787302023685
输入书名: 数据结构
输入作者名: 严蔚敏
输入价格: 22
输入购买日期: 2005 8 16
更新成功！
1.插入记录 2.删除记录 3.更新记录 4.查找记录 5.按作者名排序 6.退出
输入选择: 5

书号	书名	作者名	价格	购买日期
9787811240351	OpenCV教程	刘瑞祯	49	2008-6-19
9787302023685	数据结构	严蔚敏	22	2005-8-16

1.插入记录 2.删除记录 3.更新记录 4.查找记录 5.按作者名排序 6.退出

```
输入选择：2
输入书号：9787811240351
        书号                书名        作者名      价格      购买日期
9787811240351          OpenCV 教程    刘瑞祯      49      2008-6-19
删除成功！
1.插入记录 2.删除记录 3.更新记录 4.查找记录 5.按作者名排序 6.退出
输入选择：5
        书号                书名        作者名      价格      购买日期
9787302023685          数据结构      严蔚敏      22      2005-8-16
1.插入记录 2.删除记录 3.更新记录 4.查找记录 5.按作者名排序 6.退出
输入选择：
```

从上面的显示结果来看，程序满足基本要求。

六、思考与感悟

程序采用多重表文件来解决多关键字文件，读者还可采用倒排文件来实现；由于删除操作只做删除标志，没有从物理上删除，还可设计重构数据操作，用以从物理上删除记录。

本系统的实现包含了查找、排序与文件操作，覆盖知识面广，只有多做这些综合性的项目，才能迅速提高算法设计能力，为应用所学知识解决实际问题打下坚实的基础。

项目 11 词典变位词检索系统

一、问题描述

在英文中,把某个单词字母的位置(顺序)加以改变所形成的新字词,称为 anagram,中文不妨译为变位词。譬如 said(say 的过去式)就有 dais(讲台)这个变位词。在中世纪,这种文字游戏盛行于欧洲各地,当时很多人相信一种神奇的说法,认为人的姓名倒着拼所产生的意义可能跟本人的命运有某种程度的关联。所以除了消遣娱乐之外,变位词一直被很严肃地看待,很多学者穷毕生精力在创造新的变位词。本项目要求设计词典变位词检索系统,实现变位词的查找功能。

二、基本要求

(1) 用文件 diction.txt 存储词典。
(2) 尽力改进算法、提高效率。

三、工具及准备工作

在开始实验前,应回顾或复习相关的内容。

需要一台计算机,其中安装有 Visual C++ 6.0、Visual C++ 2017、Dev-C++ 或 CodeBlocks 等集成开发环境软件。

四、分析与实现

为提高程序的可读性,我们将词典变位词检索系统封装成类 Dictionary AnagramSearchSystem。类及相关函数具体声明如下:

```
// 词典变位词检索系统类
class DictionaryAnagramSearchSystem
{
private:
// 词典变位词检索系统类的数据成员
    CharString * dict;                              // 词典
    int size;                                       // 单词数

// 辅助函数
    void AllArrageCreateAnagram(CharString word, CharString &anagram, int curLen
    =0);                                            // 由 word 各字符的全排列产生变位词


public:
// 公共函数
    DictionaryAnagramSearchSystem();                // 无参数的构造函数
    virtual ~DictionaryAnagramSearchSystem();       // 析构函数
    void Run();                                     // 运行词典变位词检索系统
```

```
};

// 相关函数(模板)
template <class ElemType >
static void Swap(ElemType &e1, ElemType &e2);              // 交换 e1, e2 之值
static bool UserSaysYes();
                    // 当用户肯定(yes)回答时, 返回 true, 用户否定(no)回答时, 返回 false
static char GetChar(istream &inStream =cin);
                                    // 从输入流 inStream 中跳过空格及制表符获取一字符
istream &operator >> (istream &inStream, CharString &inStr);   // 重载输入运算符>>
ostream &operator << (ostream &outStream, const CharString &outStr);
                                                          // 重载输出运算符<<
static void SkipOneLine (istream &inStream);           // 从输入流 inStream 跳过一行
```

构造函数 DictionaryAnagramSearchSystem()首先打开词典文件 diction.txt, 然后统计词典包含的单词数, 为词典数据成员 dict 分配存储空间, 再将词典文件中的单词读入 dict, 之后再对单词进行排序。具体实现如下:

```
DictionaryAnagramSearchSystem: : DictionaryAnagramSearchSystem()
// 操作结果: 读词典文件
{
    ifstream dictFile("diction.txt");                          // 词典文件
    if (!dictFile) { cout <<"打开文件失败!" <<endl; exit(1); }   // 出现异常
    size =0;                                                   // 统计单词数
    char ch;                                                   // 临时变量

    cout <<"正在统计词典包含的单词数..." <<endl;
    while ((ch =dictFile.peek()) !=EOF && ch !='\n')
    {    // 当前行的第一个字符不是文件结束符与换行符, 统计单词数
        SkipOneLine (dictFile);                                // 跳过一行
        size++;                                                // 一个单一行
    }
    cout <<"词典包含" <<size <<"个单词" <<endl;

    cout <<"正在读取词典..." <<endl;
    dict =new CharString[size];                                // 分配存储空间
    dictFile.clear();                                          // 清除 EOF 标志
    dictFile.seekg(0);                                         // 定位到文件头
    for (int pos =0; pos <size; pos++)
    {    // 读入单词
        dictFile >>dict[pos];
    }

    cout <<"正在进行排序..." <<endl;
    QuickSort(dict, size);                                     // 对单词进行排序
```

```
    dictFile.close();                                                  // 关闭文件
}
```

查询一个单词的所有变位词最直接的实现方法，就是找出给定单词（字符串）的所有排列。在词典中查找排列，如果存在，该排列就是合法的单词，输出即可。

对于全排列的解空间可构造一个虚拟的解空间树，比如 $n=3$ 个字符 abc 的解空间树如图 3.11.1 所示，可对此树按先序遍历方式进行遍历，并用回溯法进行递归，产生这 3 个字符的全排列，输出其中在词典中出现的单词。

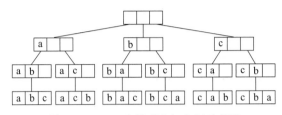

图 3.11.1　abc 全排列的解空间示意图

具体算法实现如下：

```
void DictionaryAnagramSearchSystem: : AllArrageCreateAnagram(CharString word,
    CharString &anagram, int curLen)
// 操作结果: 由 word 各字符的全排列产生变位词
{
    if (curLen == anagram.Length())
    {    // 产生一个可能的变位词
        if (anagram != word && BinSearch(dict, size, anagram) >= 0)
        {    // word 为词典中的单词
            cout << anagram << " ";                              // 输出变位词
        }
    }
    else
    {    // 对解空间进行前序遍历, anagram[curLen..anagram.Length()-1]有多个排列,
         // 递归地生成排列
        for (int pos = curLen; pos < anagram.Length(); pos++)
        {    // 依次取出 anagram[curLen..anagram.Length()-1]中的字符
            Swap(anagram[curLen], anagram[pos]);
                                         // 交换 anagram[curLen]与 anagram[pos]
            AllArrageCreateAnagram(word, anagram, curLen +1); // 递归的生成排列
            Swap(anagram[curLen], anagram[pos]);
                                         // 交换 anagram[curLen]与 anagram[pos]
        }
    }
}
```

为使程序可读性强，重载输出运算符 << 与输入运算符 >> 用于输出或输入单词。具体实现如下：

```
istream &operator >>(istream &inStream, CharString &inStr)
// 操作结果：重载运算符>>
{
    LinkList<char>temp;                                    // 临时线性表
    int length = 0;                                        // 初始线性表长度
    char ch=GetChar(inStream);      // 从输入流 inStream 中跳过空格及制表符获取一字符
    inStream.putback(ch);                                  // 将 c 回送输入流
    while ((ch =inStream.peek()) !=EOF &&                  // peek()从输入流中取一个字符
                                                           // 输入流指针不变
        (ch =inStream.get()) !='\n')    // get()从输入流中取一个字符 ch,ch 不为换行符
    {   // 将输入的字符追加到线性表中
        temp.Insert(++length, ch);
    }
    CharString answer(temp);                               // 构造串
    inStr =answer;                                         // 用 inStr 返回串
    return inStream;                                       // 返回输入流对象
}

ostream &operator <<(ostream &outStream, const CharString &outStr)
// 操作结果：重载运算符<<
{
    cout <<outStr.ToCStr();                                // 输出串值
    return outStream;                                      // 返回输出流对象
}
```

在词典中一行只存储一个单词，读入一个单词后，应跳过当前行中此单词后面的所有字符，为此专门声明函数 SkipOneLine 来实现这一功能。具体实现如下：

```
static void SkipOneLine (istream &inStream)
// 操作结果：从输入流 inStream 跳过一行
{
    char ch;                                               // 临时变量
    while ((ch =inStream.peek()) !=EOF &&                  // peek()从输入流中取一个字符
                                                           // 输入流指针不变
        (ch =inStream.get()) !='\n');
                            // get()从输入流中取一个字符 ch,ch 不为换行符与文件结束符
}
```

五、测试与结论

测试时，应注意尽量覆盖算法的各种情况，屏幕显示如下：

正在统计词典包含的单词数...
词典包含 234946 个单词
正在读取词典...
正在进行排序...
输入单词：care
care 的变位词有：crea acre race

是否继续(y, n)?y

输入单词：tea

tea 的变位词有：tae eta eat ate

是否继续(y, n)?y

输入单词：triangle

triangle 的变位词有：teraglin integral

是否继续(y, n)?

从上面的显示结果来看，程序满足基本要求。

六、思考与感悟

程序采用对所查单词的全排列进行查找，对于长单词的全排列，很多种排列是无效的，而在词典中查找这么多无效的排列，效率自然就很低。判断两个词是否互为变位词，最有效的方法是将这两个词都排序，如果它们的排序版本相同，则这两个单词就互为变位词。如 tae、eta、eat 和 ate，它们的排序版本都是 aet。可以用单词的排序版本实现变位词应用的特征码，将它和原单词一起组织成如下的结构：

```
struct Pair
{    // 特征码单词对
    CharString stampCode;                        // 特征码
    CharString word;                             // 单词
};
```

将词典的所有词条都按照特征码组织，查找给定单词的变位词时，只需在词典中查找特征码，找到所有特征码条目，就找到了所有变位词。若查找失败，就能确定该字符串不存在变位词（字符串本身也不是有意义的词条）。相比于上面版本尝试所有的排列之后才得出不存在变位词的结论，效率大为改善。

前面使用特征码单词方案很好地解决了字符串查找的时间效率问题。然而，对于具有多个变位词的单词，我们要对它们的特征码存储多个副本，如果能将这个特征码只存储一次，将具有这个特征码的单词存储在线性链表中，即组织成如下的结构：

```
struct Pair
{    // 特征码单词链表对
    CharString stampCode;                        // 特征码
    LinkList<CharString>words;                   // 单词链表
}
```

那么将词典的所有词条都按照特征码插入相应的单词链表中，用 Pair 结构变量组织词典，就不但能提高时间效率，还能提高空间效率。

解决任何问题都有多种实现算法，通过不断改进算法，逐步达到在别人看来不经意间设计出最适合实际应用的算法（比如时间效率与空间效率之间作出某种平衡，或两者都达到最优化），或在设计程序（算法）方面，达到在一般人看来无法达到的境界。

参 考 文 献

[1] KRUSE R L, RYBA A J.Data Structures and Program Design in C++[M].北京：高等教育出版社,2002.

[2] SHAFFER C A.A Practical Introduction to Data Structures and Algorithm Analysis[M]. 2 版. 北京：电子工业出版社, 2002.

[3] DROZDEK A.数据结构与算法(C++ 版)[M]. 郑岩,战晓苏,译.3 版.北京:清华大学出版社,2006.

[4] MALIK D S.数据结构(C++ 版)[M].王海涛,丁炎炎,译.北京:清华大学出版社,2004.

[5] NYHOFF L.数据结构与算法分析——C++ 语言描述[M]. 黄达明,等译.2 版.北京:清华大学出版社,2006.

[6] SAHNI S. 数据结构、算法与应用：C++ 语言描述[M].汪诗林,孙晓东,译.北京:机械工业出版社,2000.

[7] BRUNO R. PREISS. 数据结构与算法——面向对象的 C++ 设计模式[M]. 胡广斌，王崧，惠民，等译.北京：电子工业出版社,2003.

[8] LANGSAM Y,AUGENSTEIN M J,TENENBAUM A M.数据结构 C 和 C++ 语言描述[M]. 李化，潇东,译.2 版.北京：清华大学出版社,2004.

[9] LEVITIN A.算法设计与分析基础[M].潘彦,译.2 版.北京:清华大学出版社,2007.

[10] SEDGEWICK R,FLAJOLET P. 算法分析导论[M]. 冯学武，斐伟东，等译.北京：机械工业出版社, 2006.

[11] 王晓东.计算机算法设计与分析[M].2 版.北京:电子工业出版社,2006.

[12] 严蔚敏,吴伟民.数据结构(C 语言版)[M].北京:清华大学出版社,2003.

[13] 殷人昆,陶永雷,谢若阳,等.数据结构(用面向对象方法与 C++ 描述)[M].北京:清华大学出版社,2002.

[14] 金远平.数据结构(C++ 描述)[M].北京:清华大学出版社,2005.

[15] 齐德昱.数据结构与算法[M].北京:清华大学出版社,2003.

[16] SAVITCH W.C++ 面向对象程序设计——基础、数据结构与编程思想[M].周靖,译.4 版.北京：清华大学出版社,2004.

[17] OVERLAND B. C++ 语言命令详解[M].董梁，李君成，李自更，等译.2 版.北京:电子工业出版社,2003.

[18] STEVENS A I.C++ 大学自学教程[M].林瑶，蒋晓红，彭卫宁，等译.7 版. 北京：电子工业出版社,2004.

[19] 李涛,游洪跃,陈良银,等.C++：面向对象程序设计[M].北京:高等教育出版社,2005.

[20] 陈良银,游洪跃,李旭伟.C 语言程序设计(C99 版)[M].北京:清华大学出版社,2006.

[21] 冼镜光.C 语言名题精选百则技巧篇[M].北京:机械工业出版社,2005.

[22] 张筑生. 数据分析新讲 第一册[M].北京:北京大学出版社,2004.

[23] 张筑生. 数据分析新讲 第二册[M].北京:北京大学出版社,2004.

[24] 张筑生. 数据分析新讲 第三册[M].北京:北京大学出版社,2004.

［25］ 耿素云,屈婉玲,王捍贫.离散数学教程[M].北京：北京大学出版社,2004.

［26］ 王栋.数学手册[M].北京：科学技术文献出版社,2007.

［27］ COOK S A.The complexity of theorem-proving procedures[C]//In Proceedings of the Third Annual
ACM Symposium on the Theory of Computing. [S.l.]：[s.n.],1971：151-158.

［28］ LEVIN L A. Universal sorting problems[J]. Problemy Peredachi Informatsii，vol. 9，no. 3，1973：
115-116.

附录 A 本书配套软件包

表 A.1 列出了本书用到的所有软件包。

表 A.1 本书配套软件包

名　　称	头　文　件	测试程序文件夹
顺序表	sq_list.h	test_sq_list
简单线性链表	simple_lk_list.h node.h	test_simple_lk_list
简单循环链表	simple_circ_lk_list.h node.h	test_simple_circ_lk_list
简单双向链表	simple_dbl_lk_list.h dbl_node.h	test_ simple_dbl_lk_list
线性链表	lk_list.h node.h	test_lk_list
循环链表	circ_lk_list.h node.h	test_circ_lk_list
双向链表	dbl_lk_list.h dbl_node.h	test_ dbl_lk_list
顺序栈	sq_stack.h	test_sq_stack
链式栈	lk_stack.h node.h	test_lk_stack
链队列	lk_queue.h node.h	test_lk_queue
循环队列	circ_queue.h	test_circ_queue
最小优先链队列	min_priority_lk_queue.h lk_queue.h node.h	test_ min_priority_lk_queue
最大优先链队列	max_priority_lk_queue.h lk_queue.h node.h	test_ max_priority_lk_queue
最小优先循环队列	min_priority_circ_queue.h sq_queue.h	test_ min_priority_circ_queue
最大优先循环队列	max_priority_circ_queue.h sq_queue.h	test_ max_priority_circ_queue
串	char_string.h lk_list.h node.h	test_char _string

名　称	头　文　件	测试程序文件夹
KMP 算法	kmp_match.h char_string.h lk_list.h node.h	test_kmp_match
数组	array.h	test_array
矩阵	matrix.h	test_matrix
三对角矩阵	tri_diagonal_matrix.h	test_tri_diagonal_matrix
下三角矩阵	lower_triangular_matrix.h	test_lower_triangular_matrix
对称矩阵	symmetry_matrix.h	test_symmetry_matrix
稀疏矩阵三元组顺序表	tri_sparse_matrix.h triple.h	test_tri_sparse_matrix
稀疏矩阵十字链表	cro_sparse_matrix.h cro_node.h triple.h	test_cro_sparse_matrix
引用数法广义表	ref_gen_list.h ref_gen_node.h	test_ref_gen_list
使用空间法广义表	gen_list.h use_space_list.h gen_node.h node.h base.h	test_use_space_gen_list
顺序存储二叉树	sq_binary_tree.h sq_bin_tree_node.h lk_queue.h node.h	test_sq_binary_tree
二叉链表二叉树	binary_tree.h bin_tree_node.h lk_queue.h node.h	test_binary_tree
三叉链表二叉树	tri_lk_binary_tree.h tri_lk_bin_tree_node.h lk_queue.h node.h	test_tri_lk_binary_tree
先序线索二叉树	pre_thread_binary_tree.h thread_bin_tree_node.h binary_tree.h bin_tree_node.h lk_queue.h node.h	test_pre_thread_binary_tree

名　称	头　文　件	测试程序文件夹
中序线索二叉树	in_thread_binary_tree.h thread_bin_tree_node.h binary_tree.h bin_tree_node.h lk_queue.h node.h	test_in_thread_binary_tree
后序线索二叉树	post_thread_binary_tree.h post_thread_bin_tree_node.h tri_lk_binary_tree.h tri_lk_bin_tree_node.h lk_queue.h node.h	test_post_thread_binary_tree
双亲表示树	parent_tree.h parent_tree_node.h lk_queue.h node.h	test_ parent_tree
孩子双亲表示树	child_parent_tree.h child_parent_tree_node.h lk_list.h lk_queue.h node.h	test_child_parent_tree
孩子兄弟表示树	child_sibling_tree.h child_sibling _tree_node.h lk_queue.h node.h	test_child_sibling_tree
双亲表示森林	parent_forest.h parent_tree_node.h lk_queue.h node.h	test_parent_forest
孩子双亲表示森林	child_parent_forest.h child_parent_tree_node.h lk_list.h lk_queue.h node.h	test_child_parent_forest
孩子兄弟表示森林	child_sibling_forest.h child_ sibling _tree_node.h lk_queue.h node.h	test_child_sibling_forest

名　　称	头　文　件	测试程序文件夹
哈夫曼树	huffman_tree.h huffman_tree_node.h char_string.h lk_list.h node.h	test_huffman_tree
简单等价类	simple_equivalence.h	test_simple_equivalence
等价类	equivalence.h	test_equivalence
邻接矩阵有向图	adj_matrix_dir_graph.h lk_queue.h node.h	test_adj_matrix_dir_graph
邻接矩阵无向图	adj_matrix_undir_graph.h lk_queue.h node.h	test_adj_matrix_undir_graph
邻接矩阵有向网	adj_matrix_dir_network.h lk_queue.h node.h	test_adj_matrix_dir_network
邻接矩阵无向网	adj_matrix_undir_network.h lk_queue.h node.h	test_adj_matrix_undir_network
邻接表有向图	adj_list_dir_graph.h adj_list_graph_vex_node.h lk_list.h lk_queue.h node.h	test_adj_list_ dir_graph
邻接表无向图	adj_list_undir_graph.h adj_list_graph_vex_node.h lk_list.h lk_queue.h node.h	test_adj_list_ undir_graph
邻接表有向网	adj_list_dir_network.h adj_list_network_edge.h adj_list_network_vex_node.h lk_list.h lk_queue.h node.h	test_adj_list_ dir_network

名　　称	头　文　件	测试程序文件夹
邻接表无向网	adj_list_undir_network.h adj_list_network_edge.h adj_list_network_vex_node.h lk_list.h lk_queue.h node.h	test_adj_list_un dir_network
Prim 算法	prim.h adj_matrix_undir_network.h lk_queue.h node.h	test_prim
Kruskal 算法	kruskal.h adj_list_undir_network.h adj_list_network_edge.h adj_list_network_vex_node.h lk_list.h lk_queue.h node.h	test_kruskal
拓扑排序算法	top_sort.h adj_list_dir_graph.h adj_list_graph_vex_node.h lk_list.h lk_queue.h lk_stack.h node.h	test_top_sort
关键路径算法	critical_path.h adj_list_dir_network.h adj_list_network_edge.h adj_list_network_vex_node.h lk_list.h lk_queue.h lk_stack.h node.h	test_critical_path
最短路径 Dijkstra 算法	shortest_path_dij.h adj_matrix_dir_network.h lk_queue.h node.h	test_shortest_path_dij

名 称	头 文 件	测试程序文件夹
最短路径 Floyd 算法	shortest_path_floyd.h adj_list_dir_network.h adj_list_network_edge.h adj_list_network_vex_node.h lk_list.h lk_queue.h node.h	test_shortest_path_floyd
顺序查找算法	sq_search.h	test_sq_search
折半查找算法	bin_search.h	test_bin_search
二叉排序树	binary_sort_tree.h bin_tree_node.h lk_queue.h node.h	test_binary_sort_tree
平衡二叉树	binary_avl_tree.h bin_avl_tree_node.h lk_queue.h lk_stack.h node.h	test_binary_avl_tree
哈希表	hash_table.h	test_hash_table
直接插入排序算法	straight_insert_sort.h	test_straight_insert_sort
Shell(谢尔)排序算法	shell_sort.h	test_shell_sort
冒泡排序算法	bubble_sort.h	test_bubble_sort
快速排序算法	quick_sort.h	test_quick_sort
简单选择排序算法	simple_selection_sort.h	test_simple_selection_sort
堆排序算法	heap_sort.h	test_heap_sort
简单归并排序算法	simple_merge_sort.h	test_ simple_merge_sort
归并排序算法	merge_sort.h	test_merge_sort
基数排序算法	radix_sort.h lk_list.h node.h	test_radix_sort
最小优先堆队列	min_priority_heap_queue.h	test_min_priority_heap_queue
最大优先堆队列	max_priority_heap_queue.h	test_max_priority_heap_queue
泊松分布	poisson_distribution.h	test_poisson_distribution

附录 B　实验报告格式

实验题目

一、目标与要求

由老师公布,说明实验的具体目标,以及实现要求。

二、工具及准备工作

在开始做实验前,应回顾或复习的相关内容;需要的硬件设施与需要安装哪些 C++ 集成开发环境软件。

三、实验分析

分析算法设计方法、类结构以及主要算法实现原理等内容。

四、实验步骤

详细介绍实验操作步骤。

五、测试与结论

提交实验程序运行的图像,并加以简要的文字说明,注意程序运行要覆盖算法的各种情况,最后说明实验程序是否满足实验目标与要求。

六、思考与感悟

主要说明算法的其他实现方法、功能扩展,相关实验最有价值的内容,在哪些方面需要进一步了解或得到帮助,以及编程实现实验的感悟等内容。

注:如没有某些内容(例如没有算法的其他实现方法、功能扩展),则不用填写。

附录 C　课程设计报告格式

课程设计题目

一、问题描述

由老师公布,描述课程设计的内容、约束条件、要求达到的目标等内容。

二、基本要求

由老师公布,课程设计项目应达到的基本要求;读者实现时,在满足基本要求的情况下可扩展课程设计的功能。

三、工具及准备工作

在开始做课程设计项目前,应回顾或复习的相关内容;需要的硬件设施与需要安装哪些C++集成开发环境软件。

四、分析与实现

分析课程设计项目的实现方法,采用适当的数据结构与算法,并写出类声明与核心算法实现代码。

五、测试与结论

粘贴课程设计程序运行的图像,并加以简要的文字说明,注意程序运行要覆盖算法的各种情况,最后说明课程设计程序是否满足课程设计题目的要求。

六、思考与感悟

主要说明算法的其他实现方法、功能扩展,相关课程设计项目最有价值的内容,在哪些方面需要进一步了解或得到帮助,以及编程实现课程设计项目的感悟。

注:如没有某些内容(例如没有算法的其他实现方法、功能扩展),则不用填写。

附录 D　流行 C++ 开发环境的使用方法

　　本书的所有程序都在 Visual C++ 6.0、Visual C++ 2017、Dev-C++ v5.11 和 CodeBlocks v16.01 开发环境中进行了严格测试，可能有部分读者对这几个编译器还不太熟悉，读者可选择感兴趣的开发环境进行学习，为更容易理解，下面以一个具体的有关圆的类模板的实例讲解操作步骤，由于可有多种方式进行操作，下面的操作步骤仅供参考，具体操作演示见 circle_1.mp4 ~ circle_4.mp4。

　　操作步骤具体如下。

　　第 1 步：建立项目 circle，对于 Dev-C++ v5.11，不能自动建立目标文件夹，所以应先用手动方式建立文件夹 circle，在 Dev-C++ v5.11 中建立一个项目后会自动产生一个默认的 main.cpp 文件，可先用"移除文件"方法删除此文件。

　　第 2 步：建立头文件 circle.h，声明及实现圆类模板。具体内容如下：

```cpp
#ifndef __CIRCLE_H__                    // 如果没有定义 __CIRCLE_H__
#define __CIRCLE_H__                    // 那么定义 __CIRCLE_H__

const int DEFAULT_RADIUS =10;          // 缺省圆半径
const double PI =3.1415926;            // 圆周率常数

// 圆类模板
template<class ElemType>
class Circle
{
private:
// 数据成员
    ElemType radius;                    // 圆半径

public:
// 公有函数
    Circle(ElemType r =DEFAULT_RADIUS) : radius(r) {}          // 构造函数模板
    void SetRadius(ElemType r =DEFAULT_RADIUS) { radius =r; }  // 设置圆半径
    void Show() const;                  // 显示圆有关信息
};

// 圆类模板的实现部分
template<class ElemType>
void Circle<ElemType>::Show() const     // 显示圆有关信息
{
    cout <<"半径:" <<radius <<" ";       // 显示半径
    cout <<"周长:" <<2 * PI * radius <<" "; // 显示周长
```

```
        cout <<"面积:" <<PI *  radius *  radius <<endl;      // 显示面积
}


#endif
```

第 3 步：建立源程序文件 main.cpp，实现 main()函数，具体代码如下：

```
#include <iostream>                          // 编译预处理命令
using namespace std;                         // 使用命名空间 std
#include "circle.h"                          // 圆类模板

int main()                                   // 主函数 main()
{
    Circle<double>c;                         // 圆对象
    c.Show();                                // 显示圆有关信息
    c.SetRadius(4);                          // 设置圆半径
    c.Show();                                // 显示圆有关信息

    return 0;                                // 返回值 0, 返回操作系统
}
```

第 4 步：编译及运行程序。

图 书 资 源 支 持

感谢您一直以来对清华版图书的支持和爱护。为了配合本书的使用,本书提供配套的资源,有需求的读者请扫描下方的"书圈"微信公众号二维码,在图书专区下载,也可以拨打电话或发送电子邮件咨询。

如果您在使用本书的过程中遇到了什么问题,或者有相关图书出版计划,也请您发邮件告诉我们,以便我们更好地为您服务。

我们的联系方式:

资源下载、样书申请

书 圈

地　　址:北京市海淀区双清路学研大厦 A 座 701

邮　　编:100084

电　　话:010-83470236　010-83470237

资源下载:http://www.tup.com.cn

客服邮箱:2301891038@qq.com

QQ:2301891038(请写明您的单位和姓名)

扫一扫,获取最新目录

课 程 直 播

用微信扫一扫右边的二维码,即可关注清华大学出版社公众号"书圈"。